计算机技术开发与应用丛书

HarmonyOS
App开发从0到1

张诏添　李凯杰 ◎ 著

清华大学出版社
北京

内 容 简 介

本书系统阐述了 HarmonyOS 开发基础知识。

全书共分为 8 章，第 1 章为 HarmonyOS 概述；第 2 章和第 3 章为 HarmonyOS 的开发准备和基础知识；第 4 章和第 5 章为 HarmonyOS 开发的完整案例；第 6~8 章为 HarmonyOS 的进阶开发。书中主要内容包括 HarmonyOS 技术特性、Page Ability、生命周期、UI 框架、真机调试与运行、分布式调度、分布式迁移与回迁、轻量级偏好数据库、分布式数据库等。

书中包含了大量的应用实例，让读者不仅可以学会理论知识，还可以灵活运用。书中通过多个完整的案例详细阐述如何在 HarmonyOS 上开发 App，内容完整，步骤清晰。

本书可作为 HarmonyOS 开发初学者的入门书籍，也可作为从事 HarmonyOS 开发的技术人员及培训机构的参考书籍。

本书封面贴有清华大学出版社防伪标签，无标签者不得销售。
版权所有，侵权必究。举报：010-62782989，beiqinquan@tup.tsinghua.edu.cn。

图书在版编目(CIP)数据

HarmonyOS App 开发从 0 到 1/张诏添，李凯杰著. —北京：清华大学出版社，2022.6
（计算机技术开发与应用丛书）
ISBN 978-7-302-60284-2

Ⅰ. ①H… Ⅱ. ①张… ②李… Ⅲ. ①移动终端－应用程序－程序设计 Ⅳ. ①TN929.53

中国版本图书馆 CIP 数据核字(2022)第 039115 号

责任编辑：赵佳霓
封面设计：吴　刚
责任校对：郝美丽
责任印制：杨　艳

出版发行：清华大学出版社
网　　址：http://www.tup.com.cn，http://www.wqbook.com
地　　址：北京清华大学学研大厦 A 座　　邮　编：100084
社 总 机：010-83470000　　邮　购：010-62786544
投稿与读者服务：010-62776969，c-service@tup.tsinghua.edu.cn
质量反馈：010-62772015，zhiliang@tup.tsinghua.edu.cn
课件下载：http://www.tup.com.cn,010-83470236

印　装　者：三河市东方印刷有限公司
经　　销：全国新华书店
开　　本：186mm×240mm　　印　张：21.25　　字　数：478 千字
版　　次：2022 年 7 月第 1 版　　印　次：2022 年 7 月第 1 次印刷
印　　数：1~2000
定　　价：89.00 元

产品编号：095512-01

前言
PREFACE

致读者

作为全国第 1 个校园 HarmonyOS 自学组织的成立者，笔者组织了两轮"木棉花"成员自学 HarmonyOS，其中第一届成员一共有 26 人，第二届成员一共有 9 人，成员绝大部分为大一、大二的同学，其中不乏目前拥有较高成就的成员，但这两届成员中一共有 24 人退出了，退出的原因也不完全一样。

经过与这些退出成员以及想要学习 HarmonyOS 应用开发的 50 位同学交谈发现，退出的原因或者阻碍他们想要学习 HarmonyOS 应用开发的原因总结起来主要为 8 个。快来看一看你是不是也有这些焦虑：

1. 大部分学习者会感觉时间压力大

时间问题其实是两个问题，一个是本身的价值，另外一个是玩法。本身的价值说到底就是学习 HarmonyOS 这个全新的操作系统能给你带来什么。如果说学习完 HarmonyOS 后给你 100 万元，你会不会选择学呢？答案是不言而喻的，所以说，要回答这个问题就是要思考其所给你带来的价值，能为你带来一份好工作、能为你提供项目经历就能在简历上添上有价值的一笔、能为你带来直接的效益等，这些都是因人而异的。关于工作，目前已经有上百家企业在招聘 HarmonyOS 开发工程师了。关于项目比赛，华为公司举办的 HarmonyOS 开发者创新大赛、各平台的征文比赛等都很值得去参加。

关于玩法，就是丰富学习 HarmonyOS 的路径，就如笔者一样，在 51CTO 创建了专栏，分享了学习成果，与其他开发者交流，参与直播分享，参与开源项目 Awesome-HarmonyOS_木棉花等。这些玩法都是大家可以参与的，归根到底就是学习→开源→再学习→再开源，虽然只是多了开源这一步，但能学到的东西还是很多的。

2. 纠结编程语言

相信大家都听说过一句话，程序＝数据结构＋算法，这个公式并没有编程语言这一项。其实也是对的，编程语言只是一种工具，语言与语言之间具有一定的相通性，详情可以参看 5.17 节 JavaScript 与 Java 的对比，在这一节笔者列举了用不同编程语言开发同样项目的对比。各位学习者不需要过于纠结编程语言，你需要什么语言，就去学习什么语言。要牢牢记住，编程语言只是一个工具，哪个用着趁手就用哪个。

3. 疑惑所掌握语言的用处

上述就提到了编程语言之间具有一定的相通性，C 语言也不例外。C 语言中的变量、循环及函数等知识都能为学习 HarmonyOS 提供较大的帮助,并不存在没有用这一说法。更何况,程序多为 MVC 模式,即模型(Model)-视图(View)-控制器(Controller),在不同语言的程序中,MVC 都采用同样的模式。

4. Android 与 HarmonyOS

关于这一点的疑惑并不是没有道理的,都觉得学习 HarmonyOS 有一种赌博的成分存在,但这种赌博并不是没有依据的,目前 HarmonyOS 硬件的合作伙伴约有 1000 家,应用合作伙伴约有 300 家,开源共建单位有 58 家,社区代码贡献者约有 580 名,HarmonyOS 注册开发者约有 128 万人,OpenHarmony 下载次数约为 21 万次,HarmonyOS 产品有 58 个,这一数据无不说明 HarmonyOS 发展的前景十分广阔。更何况,正因为 HarmonyOS 是一个刚起步的操作系统,更少人涉足的道路,也更容易留下自己的足迹,也更容易创造出自己的舞台。

5. 上手难

查阅资料时发现有很多知识不懂,这是学习的一个难点。笔者作为成功自学 HarmonyOS 的过来人,为大家分享这一经过多人实践过的学习路径,能够为大家更好地迈入学习 HarmonyOS 的门槛。

6. 基础差

HarmonyOS 刚开始时确实缺少系统性的资料学习,但截至目前,HarmonyOS 的学习资料已经较为完善了,学习的环境十分好。笔者也总结出一条适合各层次的读者自学 HarmonyOS 的路径,除此之外,Awesome-HarmonyOS_木棉花是一个关于 HarmonyOS 资料的开源项目,里面有较为齐全的资料,网址为 https://gitee.com/hiharmonica/awesome-harmony-os-kapok。

7. 无从下手

经过个人的自学和组织两届成员自学 HarmonyOS,笔者摸索出了一条适合各个层次的读者学习 HarmonyOS 的路径。做到清楚了解首先要学习什么及为什么应先学这个,也明白了学习完这一步后下一步又应该学习什么,做到心中有数,学习不乱,对于每步学习的内容都有项目配套学习并检测知识掌握程度。

8. 与本专业的重合度不高

这些问题的答案自然是否定的。HarmonyOS 是每个人的 HarmonyOS,适合每个人去学习。说到专业,笔者是数学专业,这与计算机、与 HarmonyOS 也基本毫不相关,但笔者也照样能够学习 HarmonyOS,学习程度也非常不错呢!在笔者看来,学习 HarmonyOS 与专业并不直接挂钩,它只需两个品质:始于足下和持之以恒。

作为大二的学生能走到 51CTO 社区明星、基金会优秀开发者、华为校园大使、华为公司 HDE 官方认证的位置是不容易的,作为过来人在这个过程中会遇到很多障碍,例如时间管理障碍、学习迷茫障碍和寻求学习帮助障碍等,不仅是技术门槛,最大的问题在于上述这些任何学习途径都会遇到的障碍。

(1) 时间管理障碍包括正常的学业冲突、正常的工作冲突和合理的娱乐时间冲突等。

老话说的是"只要愿挤时间总会有的",笔者想说的是"兴趣和目标是挤时间的最好老师"。正常的学业或工作时间不能删减,但娱乐时间是可以不定期地适当删减的,以游戏类的项目为初始学习的起点,不仅能在学中玩,激起更大的学习积极性,而且玩自己成功开发出来的游戏更有一种喜悦之情。

（2）学习迷茫障碍具体指在学习的不同阶段都会感到的迷茫,这本书的章节是按照笔者自身作为一名读者学习HarmonyOS的路径安排的,跟着这本书去学习,便可较好地度过每个阶段的迷茫时期。当你处于迷茫阶段时,有一个公式很适用：进阶之路＝(学习＋实践项目＋总结＋敢于走在前列)×不断重复。

（3）寻求学习帮助障碍是指在学习中遇到问题却不知道该去哪里寻求帮助,在这本书中详细地讲述了避坑点。对于遇到的其他问题,除了与笔者交流之外,还可以在51CTO平台、深鸿会组织等地方与其他开发者一起交流学习。关于这点,最后想说的是一个公式：克服困难＝51CTO社区＋官网＋深鸿会＋自己。

本书读者对象

本书面向想学习HarmonyOS App开发的学习者。本书对编写的每行代码进行讲解,即使读者没有相应的编程经验,也能在本书的一步步指导下完成书中整个项目的编写,从而实现项目的所有功能并将项目运行起来。

关于本书

第1章介绍HarmonyOS。解释这个全新操作系统的定位、技术架构的4个层,以及其含有的独特技术特性,然后简要叙述系统安全的原理。

第2章详细介绍了搭建HarmonyOS应用开发的环境,然后通过编译和运行Hello World典型项目,指导读者使用预览器和模拟器运行代码。

第3章开始讨论HarmonyOS开发的基础知识。这一章涉及的知识有程序、配置文件、资源文件、其他文件、3个Ability、JS生命周期和Java UI框架。对于使用过程序设计语言的程序员来讲,学习这一章的内容将会感觉十分轻松,但对于其他读者来讲,仔细阅读这一章非常有必要。

第4章详细介绍了用编程语言JavaScript开发的运行在HarmonyOS智能手机上的"数字华容道"项目。整个项目采用任务向导的方式,每个任务完成项目中的一部分功能,每小节包括运行效果、实现思路、代码详细讲解3部分。在本章对编写的每行代码进行讲解,即便读者没有JavaScript开发的编程经验,也能在本章的指导下一步步完成整个项目代码的编写,从而实现项目的所有功能并将项目运行起来。

第5章详细介绍了用编程语言Java开发的运行在HarmonyOS智能手机上的"俄罗斯方块"项目。整个项目采用任务向导的方式,每个任务完成项目中的一部分功能,每小节包括运行效果、实现思路、代码详细讲解3部分。在本章对编写的每行代码进行讲解,即便读者没有Java开发的编程经验,也能在本章的指导下一步步完成整个项目代码的编写,从而实现项目的所有功能并将项目运行起来,然后,给出了用编程语言JavaScript开发的"俄罗斯方块"项目的代码,并对这两个用不同编程语言开发的同一个项目进行对比。

第 6 章讨论的是应用运行在真机上的步骤，并且介绍了 HarmonyOS App 上架发布的流程，读者可在这里了解将 HarmonyOS 项目上架到应用商店的步骤。

第 7 章详细讨论了分布式能力。在这里读者会了解到分布式任务调度、带数据传递的分布式任务调度、分布式迁移与回迁，对于每个分布式能力都配有相应的小项目，读者会清楚地了解其实现的原理。

第 8 章是本书的最后一章，将讨论数据管理服务。数据管理是应用开发中很重要的一门技术。在这一章会介绍轻量级偏好数据库和分布式数据库，通过这两个数据库，读者能实现本地数据和远程数据的存储。

因笔者能力有限，书中难免存在疏漏之处，恳请读者批评指正。

张诏添　李凯杰

2022 年 5 月

本书源代码

目 录
CONTENTS

第 1 章 初识鸿蒙：HarmonyOS 介绍 ………………………………………… 1

    1.1 系统特征 ………………………………………………………………… 1

    1.2 1＋8＋N 全场景终端设备 ……………………………………………… 2

    1.3 技术架构 ………………………………………………………………… 3

        1.3.1 内核层 …………………………………………………………… 4

        1.3.2 系统服务层 ……………………………………………………… 4

        1.3.3 框架层 …………………………………………………………… 4

        1.3.4 应用层 …………………………………………………………… 4

    1.4 硬件互助，资源共享 …………………………………………………… 5

        1.4.1 分布式软总线 …………………………………………………… 5

        1.4.2 分布式设备虚拟化 ……………………………………………… 6

        1.4.3 分布式数据管理 ………………………………………………… 6

        1.4.4 分布式任务调度 ………………………………………………… 7

    1.5 一次开发，多端部署 …………………………………………………… 8

    1.6 统一 OS，弹性部署 …………………………………………………… 8

    1.7 系统安全 ………………………………………………………………… 9

        1.7.1 正确的人 ………………………………………………………… 9

        1.7.2 正确的设备 ……………………………………………………… 9

        1.7.3 正确地使用数据 ………………………………………………… 10

    1.8 OpenHarmony …………………………………………………………… 11

    1.9 小结 ……………………………………………………………………… 11

第 2 章 万事开头难：项目准备工作 …………………………………………… 12

    2.1 搭建开发环境 …………………………………………………………… 12

    2.2 Hello World ……………………………………………………………… 19

第 3 章　万事俱备：基础知识 ··· 31

3.1　开发基础知识 ··· 31
3.1.1　程序 ··· 31
3.1.2　配置文件 ··· 31
3.1.3　资源文件 ··· 32
3.1.4　其他 ··· 34

3.2　Page Ability ··· 34
3.2.1　Page 的生命周期 ··· 35
3.2.2　AbilitySlice 的生命周期 ··· 36
3.2.3　Page 与 AbilitySlice 的生命周期关联 ··· 36

3.3　Service Ability ··· 37
3.4　Data Ability ··· 38
3.5　JS 生命周期 ··· 38
3.6　Java UI 框架 ··· 39

第 4 章　小试牛刀："数字华容道"游戏项目 ··· 41

4.1　在主页面删除标题栏和添加项目标志 ··· 44
4.2　在主页面中添加一个按钮并响应其单击事件 ··· 49
4.3　添加副页面并实现其与主页面之间的相互跳转 ··· 52
4.4　修改页面中按钮的文本和显示的文本 ··· 58
4.5　添加简单游戏页面并实现副页面向其跳转 ··· 60
4.6　在简单游戏页面的画布中绘制网格 ··· 66
4.7　在简单游戏页面的画布中绘制数字 ··· 68
4.8　在简单游戏页面中绘制随机生成的数字 ··· 73
4.9　在简单游戏页面的画布中添加一个滑动事件 ··· 77
4.10　在画布上响应滑动事件：格子滑动 ··· 80
4.11　在画布上显示文本：游戏结束 ··· 84
4.12　在画布上隐藏游戏结束的文本 ··· 87
4.13　在游戏结束时显示隐藏的文本 ··· 89
4.14　在游戏结束后不再响应滑动事件 ··· 94
4.15　在游戏结束后网格的颜色变浅 ··· 96
4.16　在简单游戏页面实现统计步数 ··· 102
4.17　添加普通游戏页面并实现副页面向其跳转 ··· 107
4.18　添加困难游戏页面并实现副页面向其跳转 ··· 116
4.19　添加信息页面 ··· 125

第 5 章 初出茅庐:"俄罗斯方块"游戏项目 ······ 131

- 5.1 创建 Hello World ······ 133
- 5.2 在主页面中删除标题栏和修改其背景颜色 ······ 136
- 5.3 在主页面中添加两个按钮并响应其单击事件 ······ 138
- 5.4 添加副页面并实现主页面向其跳转 ······ 142
- 5.5 完善副页面的信息并实现其向主页面跳转 ······ 148
- 5.6 验证应用和每个页面的生命周期事件 ······ 151
- 5.7 在游戏页面绘制网格并实现从主页面向其跳转 ······ 155
- 5.8 在游戏页面网格中随机生成方块 ······ 161
- 5.9 在游戏页面实现方块的下落 ······ 175
- 5.10 在游戏页面添加 5 个按钮并向主页面跳转 ······ 184
- 5.11 在游戏页面实现方块向左移动 ······ 190
- 5.12 在游戏页面实现方块向右移动 ······ 202
- 5.13 在游戏页面实现方块形态的改变 ······ 208
- 5.14 在游戏页面实现整行相同色彩方格的消除 ······ 218
- 5.15 在游戏页面显示游戏结束的文本 ······ 223
- 5.16 在游戏页面实现游戏重新开始功能 ······ 234
- 5.17 JavaScript 与 Java 的对比 ······ 238

第 6 章 持续动力:应用运行与发布 ······ 260

- 6.1 使用本地真机运行应用 ······ 260
- 6.2 应用发布 ······ 264

第 7 章 初显风范:分布式 ······ 266

- 7.1 分布式任务调度 ······ 266
  - 7.1.1 获取设备的 UDID ······ 266
  - 7.1.2 实现分布式任务调度 ······ 273
  - 7.1.3 数据传递的分布式任务调度 ······ 276
- 7.2 分布式迁移 ······ 278
  - 7.2.1 概念 ······ 278
  - 7.2.2 实现分布式迁移 ······ 280
  - 7.2.3 实现分布式回迁 ······ 290

第 8 章 告别读者:数据管理 ······ 296

- 8.1 轻量级偏好数据库 ······ 296

8.1.1 概念……………………………………………………………………… 296
8.1.2 实现轻量级偏好数据库…………………………………………………… 297
8.2 分布式数据库……………………………………………………………………… 305
8.2.1 概念……………………………………………………………………… 305
8.2.2 实现分布式数据库………………………………………………………… 308

第 1 章 初识鸿蒙：HarmonyOS 介绍

2020 年 9 月 10 日，华为公司在 2020 年华为开发者大会上发布了 HarmonyOS 2.0。同日，HarmonyOS 2.0 面向应用开发者发布大屏、手表、车机 Beta 版本，并提供了 SDK、开发文档和模拟器等。

2020 年 12 月 16 日，华为召开 HarmonyOS 2.0 手机开发者 Beta 活动，发布了 HarmonyOS 2.0 手机开发者 Beta 版本，并同时在线上开启公测招募。

2021 年 6 月 2 日，华为正式发布了 HarmonyOS 2.0。同时公布了 HarmonyOS 的 slogan：一生万物，万物归一。

本章在介绍 HarmonyOS 全新操作系统的同时，会着重介绍其蕴含的新特性：硬件互助、资源共享、一次开发，多端部署、统一操作系统，弹性部署，然后介绍这些新特性的实现原理，以及如何运行这些新特性来打造我们所讲的智能场景。同时，因为对于数据来讲最重要的就是安全性，如何通过新特性来确保系统安全也是必不可少的环节。

1.1 系统特征

HarmonyOS 是一款面向未来、面向全场景（移动办公、运动健康、社交通信、媒体娱乐等）的分布式智慧操作系统，将逐步覆盖 1+8+N 全场景终端设备。

特征一：搭载该操作系统的设备在系统层面会融为一体，形成超级终端，让设备的硬件能力可以弹性扩展，实现设备之间硬件互助，资源共享。

对消费者而言，HarmonyOS 能够将生活场景中的各类终端进行能力整合，形成一个超级虚拟终端，从根本上解决消费者面对大量智能终端体验割裂的问题，实现不同的终端设备之间的快速连接、能力互助、资源共享，匹配合适的设备、提供流畅的全场景体验。

特征二：面向开发者实现一次开发，多端部署。

对应用开发者而言，HarmonyOS 采用了多种分布式技术，具有整合不同终端硬件的能力，使应用程序的开发实现与不同终端设备的形态差异无关，降低了开发难度和成本。这能够让开发者聚焦上层业务逻辑，更加便捷、高效地开发应用。

特征三：一套操作系统可以满足不同能力的设备需求，实现统一操作系统，弹性部署。

对设备开发者而言，HarmonyOS采用了组件化的设计方案，可以根据设备的资源能力和业务特征灵活裁剪，满足不同形态的终端设备对于操作系统的要求。

1.2　1＋8＋N全场景终端设备

1＋8＋N中的"1"是指手机，它是用户流量的核心入口。1＋8＋N中的"8"是指8类设备，包括车机、音响、耳机、手表/手环、平板、TV、PC、眼镜，这8类设备在人们日常生活中的使用频率仅次于手机。"N"是指泛IoT设备，包括照明、安防、环境、清扫、移动办公、智能家居、运动健康、影音娱乐及智慧出行等各大版块的延伸业务，以实现全场景覆盖。对于移动办公场景，常见的设备有投影仪、打印机；对于智能家居场景，常见的设备有摄像头、扫地机；对于运动健康场景，常见的设备有智能秤、血压计；对于影音娱乐场景，常见的设备有游戏机、视频播放设备；对于智慧出行场景，常见的设备有车辆、导航设备。覆盖的应用场景十分广泛，如图1-1所示。

图1-1　1＋8＋N全场景终端设备

真正的战略不止上述提及的"1""8""N"，还有容易让人忽略的"＋＋"。1＋8＋N中的第1个"＋"是指Huawei Share，可以助力华为实现内外生态产品的高速连接。1＋8＋N中的第2个"＋"是指华为家庭路由器等产品，是泛IoT硬件的入口，提供饱和连接，目标是实现家庭无处不在的高速低时延连接，如图1-2所示。

图 1-2　1＋8＋N 战略

1.3　技术架构

HarmonyOS 整体采用分层架构，共 4 层，从下向上依次为内核层、系统服务层、框架层和应用层。系统功能按照系统→子系统→功能/模块逐级展开，在多设备部署场景下，支持根据实际需求裁剪某些非必要的子系统或功能/模块。HarmonyOS 技术架构如图 1-3 所示。

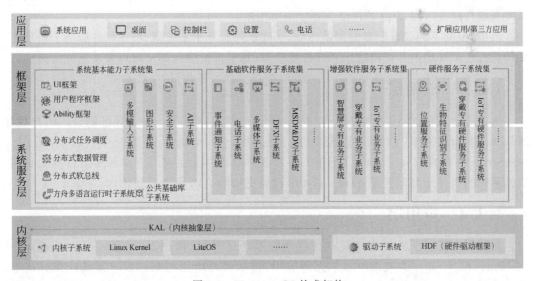

图 1-3　HarmonyOS 技术架构

1.3.1 内核层

（1）内核子系统：HarmonyOS 采用多内核设计，支持针对不同资源受限设备选用适合的 OS 内核。抽象层（Kernel Abstract Layer，KAL）通过屏蔽多内核差异，对上层提供基础的内核能力，包括进程/线程管理、内存管理、文件系统、网络管理和外设管理等。

（2）驱动子系统：硬件驱动框架（HDF）是 HarmonyOS 硬件生态开放的基础，提供了统一的外设访问能力和驱动开发管理框架。

1.3.2 系统服务层

系统服务层是 HarmonyOS 的核心能力集合，包括适用于各类设备的基础能力及面向特定设备的专有能力，涵盖了系统基本能力子系统集、基础软件服务子系统集、增强软件服务子系统集、硬件服务子系统集，通过框架层对应用程序提供服务。

（1）系统基本能力子系统集：为分布式应用在 HarmonyOS 多设备上的运行、调度、迁移等操作提供了基础能力，由分布式软总线、分布式数据管理、分布式任务调度、方舟多语言运行时、公共基础库、多模输入、图形、安全、AI 等子系统组成。其中，方舟运行时提供了 C、C++、JavaScript 多语言运行时和基础的系统类库，也为使用方舟编译器静态化的 Java 程序（应用程序或框架层中使用 Java 语言开发的部分）提供运行时。

（2）基础软件服务子系统集：为 HarmonyOS 提供公共的、通用的软件服务，由事件通知、电话、多媒体、DFX（Design For X）、MSDP&DV 等子系统组成。

（3）增强软件服务子系统集：为 HarmonyOS 提供针对不同设备的、差异化的能力增强型软件服务，由智慧屏专有业务、穿戴专有业务、IoT 专有业务等子系统组成。

（4）硬件服务子系统集：为 HarmonyOS 提供硬件服务，由位置服务、生物特征识别、穿戴专有硬件服务、IoT 专有硬件服务等子系统组成。

其中，根据不同设备形态的部署环境，基础软件服务子系统集、增强软件服务子系统集、硬件服务子系统集内部可以按子系统粒度裁剪，每个子系统内部又可以按功能粒度裁剪。

1.3.3 框架层

框架层为 HarmonyOS 应用开发提供了 Java、C、C++、JavaScript 等多语言的用户程序框架和 Ability 框架，两种 UI 框架（包括适用于 Java 语言的 Java UI 框架、适用于 JavaScript 语言的 JavaScript UI 框架），以及各种软硬件服务对外开放的多语言框架 API。根据系统的组件化裁剪程度，HarmonyOS 设备支持的 API 也会有所不同。

1.3.4 应用层

应用层支持基于框架层实现业务逻辑的原子化开发，构建以 FA（Feature Ability）和 PA（Particle Ability）为基础组成单元的应用，包括系统应用和第三方非系统应用。这里，FA 和 PA 是 HarmonyOS 应用的基本组成单元，能够实现特定的业务能力。HarmonyOS

的应用由一个或多个 FA 或 PA 组成。其中,FA 有 UI 界面,提供与用户交互的能力,而 PA 无 UI 界面,提供后台运行任务的能力及统一的数据访问抽象。FA 在进行用户交互时所需的后台数据访问也需要由对应的 PA 提供支撑。基于 FA/PA 开发的应用,支持跨设备调度与分发,为用户提供一致、高效的应用体验。

1.4 硬件互助,资源共享

多种设备之间能够实现硬件互助、资源共享,依赖的关键技术包括分布式软总线、分布式设备虚拟化、分布式数据管理、分布式任务调度等。

1.4.1 分布式软总线

分布式软总线是手机、平板电脑、智能穿戴、智慧屏、车机等分布式设备的通信基座,为设备之间的互联互通提供了统一的分布式通信能力,为设备之间的无感发现和零等待传输创造了条件。开发者只需聚焦于业务逻辑的实现,无须关注组网方式与底层协议。分布式软总线如图 1-4 所示。

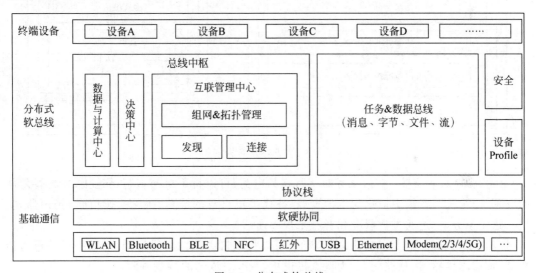

图 1-4 分布式软总线

(1) 智能家居场景:在烹饪时,手机可以通过碰一碰和烤箱连接,并将自动按照菜谱设置烹调参数,控制烤箱来制作菜肴。与此类似,料理机、油烟机、空气净化器、空调、灯、窗帘等都可以在手机端显示并通过手机控制。设备之间即连即用,无须烦琐的配置。

(2) 多屏联动课堂:教师通过智慧屏授课,与学生开展互动,营造课堂氛围;学生通过平板电脑完成课程学习和随堂问答。统一、全连接的逻辑网络确保了传输通道的高带宽、低时延、高可靠。

1.4.2 分布式设备虚拟化

分布式设备虚拟化平台可以实现不同设备的资源融合、设备管理、数据处理，多种设备共同形成一个超级虚拟终端。针对不同类型的任务，为用户匹配并选择能力合适的执行硬件，让业务连续地在不同设备间流转，充分发挥不同设备的能力优势，如显示能力、摄像能力、声频能力、交互能力及传感器能力等。分布式设备虚拟化如图1-5所示。

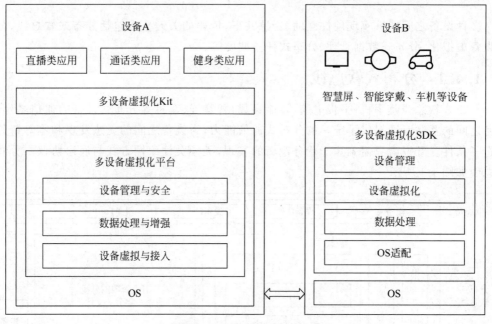

图1-5 分布式设备虚拟化

（1）视频通话场景：在做家务时接听视频电话，可以将手机与智慧屏连接，并将智慧屏的屏幕、摄像头与音箱虚拟化为本地资源，替代手机自身的屏幕、摄像头、听筒与扬声器，实现一边做家务、一边通过智慧屏和音箱来视频通话。

（2）游戏场景：在智慧屏上玩游戏时，可以将手机虚拟化为遥控器，借助手机的重力传感器、加速度传感器、触控能力，为玩家提供更便捷、更流畅的游戏体验。

1.4.3 分布式数据管理

分布式数据管理基于分布式软总线的能力，实现应用程序数据和用户数据的分布式管理。用户数据不再与单一物理设备绑定，业务逻辑与数据存储分离，跨设备的数据处理如同处理本地数据一样方便快捷，让开发者能够轻松实现全场景、多设备下的数据存储、共享和访问，为打造一致、流畅的用户体验创造了基础条件。分布式数据管理如图1-6所示。

（1）协同办公场景：将手机上的文档投屏到智慧屏，在智慧屏上对文档执行翻页、缩放、涂鸦等操作，文档的最新状态可以在手机上同步显示。

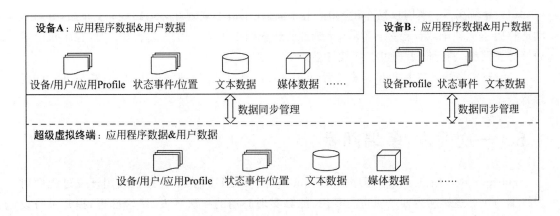

图 1-6　分布式数据管理

（2）家庭出游场景：一家人出游时，妈妈用手机拍了很多照片。通过家庭照片共享，爸爸可以在自己的手机上浏览、收藏和保存这些照片，家中的爷爷奶奶也可以通过智慧屏浏览这些照片。

1.4.4　分布式任务调度

分布式任务调度基于分布式软总线、分布式数据管理、分布式 Profile 等技术特性，构建统一的分布式服务管理（发现、同步、注册、调用）机制，支持对跨设备的应用进行远程启动、远程调用、远程连接及迁移等操作，能够根据不同设备的能力、位置、业务运行状态、资源使用情况，以及用户的习惯和意图，选择合适的设备运行分布式任务。分布式任务调度的应用迁移如图 1-7 所示。

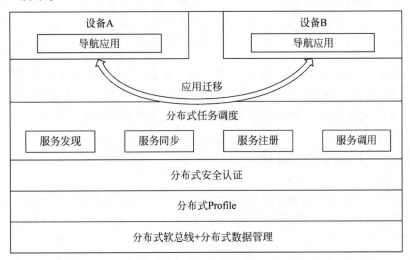

图 1-7　分布式任务调度的应用迁移

（1）导航场景：当用户驾车出行时，上车前，在手机上规划好导航路线；上车后，导航自动迁移到车机和车载音箱；下车后，导航自动迁移回手机。当用户骑车出行时，在手机上规划好导航路线，骑行时手表可以接续导航。

（2）外卖场景：在手机上点外卖后，可以将订单信息迁移到手表上，随时查看外卖的配送状态。

1.5 一次开发，多端部署

HarmonyOS 提供了用户程序框架、Ability 框架及 UI 框架，支持在应用开发过程中对多终端的业务逻辑和界面逻辑进行复用，能够实现应用的一次开发、多端部署，提升了跨设备应用的开发效率。一次开发，多端部署如图 1-8 所示。

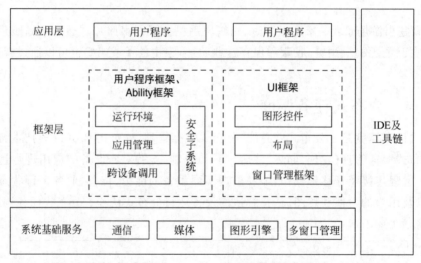

图 1-8　一次开发，多端部署

其中，UI 框架支持 Java 和 JavaScript 两种开发语言，并提供了丰富的多态控件，可以在手机、平板电脑、智能穿戴、智慧屏、车机上显示不同的 UI 效果。采用业界主流设计方式，提供多种响应式布局方案，支持栅格化布局，满足不同屏幕的界面适配能力。

1.6 统一 OS，弹性部署

HarmonyOS 通过组件化和小型化等设计方法，支持多种终端设备按需弹性部署，能够适配不同类别的硬件资源和功能需求。支撑通过编译链关系自动生成组件化的依赖关系，形成组件树依赖图，支撑产品系统的便捷开发，降低硬件设备的开发门槛。

（1）支持各组件的选择（组件可有可无）：根据硬件的形态和需求，可以选择所需的组件。

（2）支持组件内功能集的配置（组件可大可小）：根据硬件的资源情况和功能需求，可以选择性地配置组件中的功能集。例如，选择配置图形框架组件中的部分控件。

（3）支持组件间依赖的关联（平台可大可小）：根据编译链关系，可以自动生成组件化的依赖关系。例如，选择图形框架组件，将会自动选择依赖的图形引擎组件等。

1.7 系统安全

在搭载 HarmonyOS 的分布式终端上，可以保证正确的人，通过正确的设备，正确地使用数据。

1.7.1 正确的人

在分布式终端场景下，正确的人指通过身份认证的数据访问者和业务操作者。正确的人是确保用户数据不被非法访问、用户隐私不泄露的前提条件。HarmonyOS 通过以下 3 方面实现协同身份认证。

（1）零信任模型：HarmonyOS 基于零信任模型，实现对用户的认证和对数据的访问控制。当用户需要跨设备访问数据资源或者发起高安全等级的业务操作（例如，对安防设备的操作）时，HarmonyOS 会对用户进行身份认证，确保其身份的可靠性。

（2）多因素融合认证：HarmonyOS 通过用户身份管理，将不同设备上标识同一用户的认证凭据关联起来，用于标识一个用户，以此来提高认证的准确度。

（3）协同互助认证：HarmonyOS 通过将硬件和认证能力解耦（信息采集和认证可以在不同的设备上完成），实现不同设备的资源池化及能力的互助与共享，让高安全等级的设备协助低安全等级的设备完成用户身份认证。

1.7.2 正确的设备

在分布式终端场景下，只有保证用户使用的设备是安全可靠的，才能保证用户数据在虚拟终端上得到有效保护，避免用户隐私泄露。

（1）安全启动：确保源头每个虚拟设备运行的系统固件和应用程序是完整的、未经篡改的。通过安全启动，各个设备厂商的镜像包就不易被非法替换为恶意程序，从而保护用户的数据和隐私安全。

（2）可信执行环境：提供了基于硬件的可信执行环境（Trusted Execution Environment，TEE）来保护用户的个人敏感数据的存储和处理，确保数据不泄露。由于分布式终端硬件的安全能力不同，对于用户的敏感个人数据，需要使用高安全等级的设备进行存储和处理。HarmonyOS 使用基于数学可证明的形式化开发和验证的 TEE 微内核，获得了商用 OS 内核 CC EAL5+的认证评级。

（3）设备证书认证：支持为具备可信执行环境的设备预置设备证书，用于向其他虚拟终端证明自己的安全能力。对于有 TEE 环境的设备，通过预置 PKI（Public Key Infrastructure）

设备证书给设备身份提供证明,确保设备是合法生产制造的。设备证书在产线进行预置,设备证书的私钥写入并安全保存在设备的 TEE 环境中,并且只在 TEE 内进行使用。在必须传输用户的敏感数据(例如密钥、加密的生物特征等信息)时,会在使用设备证书进行安全环境验证后,建立从一个设备的 TEE 到另一设备的 TEE 之间的安全通道,实现安全传输,如图 1-9 所示。

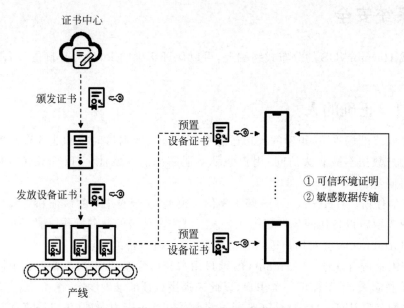

图 1-9　设备证书使用示意图

1.7.3　正确地使用数据

在分布式终端场景下,需要确保用户能够正确地使用数据。HarmonyOS 围绕数据的生成、存储、使用、传输及销毁过程进行全生命周期的保护,从而保证个人数据与隐私及系统的机密数据(如密钥)不泄露。

(1) 数据生成:根据数据所在的国家或组织的法律法规与标准规范,对数据进行分类分级,并且根据分类设置相应的保护等级。每个保护等级的数据从生成开始,在其存储、使用、传输的整个生命周期中都需要根据对应的安全策略提供不同强度的安全防护。虚拟超级终端的访问控制系统支持依据标签的访问控制策略,保证数据只能在可以提供足够安全防护的虚拟终端之间存储、使用和传输。

(2) 数据存储:HarmonyOS 通过区分数据的安全等级,将数据存储到不同安全防护能力的分区,对数据进行安全保护,并提供密钥全生命周期的跨设备无缝流动和跨设备密钥访问控制能力,支撑分布式身份认证协同、分布式数据共享等业务。

(3) 数据使用:HarmonyOS 通过硬件为设备提供可信执行环境。用户的个人敏感数据仅在分布式虚拟终端的可信执行环境中进行使用,确保用户数据的安全和隐私不泄露。

（4）数据传输：为了保证数据在虚拟超级终端之间安全流转，需要各设备是正确可信的，建立了信任关系（多个设备通过华为账号建立配对关系），并能够在验证信任关系后，建立安全的连接通道，按照数据流动的规则，安全地传输数据。当设备之间进行通信时，需要基于设备的身份凭据对设备进行身份认证，并在此基础上建立安全的加密传输通道。

（5）数据销毁：销毁密钥即销毁数据。数据在虚拟终端的存储都建立在密钥的基础上。当销毁数据时，只需销毁对应的密钥即完成了数据的销毁。

1.8 OpenHarmony

2020年6月，OpenHarmony开源项目在开放原子开源基金会提交捐献申请，OpenHarmony开源项目正式成立。

OpenHarmony的全称是OpenAtom OpenHarmony，是由开放原子开源基金会(OpenAtom Foundation)孵化及运营的开源项目，目标是面向全场景、全连接、全智能时代，基于开源的方式，搭建一个智能终端设备操作系统的框架和平台，促进万物互联产业的繁荣发展。

OpenHarmony的官网：https://www.openharmony.cn/。

OpenHarmony开发者文档：https://gitee.com/openharmony/docs/tree/master/zh-cn。

1.9 小结

作为一款面向未来的崭新操作系统，HarmonyOS必将在万物互联、万物智能的全连接世界中发挥至关重要的作用，丰富生态的每一步离不开每一位开发者的不懈努力。面向万物互联的新未来，期待广大的开发者为这个全新操作系统的发展尽一点绵薄之力，共同见证全场景智慧生态的无限可能。

第2章将从零开始完成两个在智能手机上实现的HarmonyOS App的实战项目，分别是用JavaScript实现"数字华容道"和用Java实现"俄罗斯方块"。

第 2 章 万事开头难：项目准备工作

本章为后文的实战项目做一些准备工作，包括搭建 HarmonyOS 应用的开发环境、创建在 HarmonyOS 上开发的 Hello World 项目。

2.1 搭建开发环境

搭建 HarmonyOS 应用的开发环境，即安装及配置集成开发环境 DevEco Studio。

开发 HarmonyOS 应用所使用的集成开发环境是 DevEco Studio。在浏览器中输入 DevEco Studio 的官网下载链接：https://developer.harmonyos.com/cn/develop/deveco-studio#download。在打开的页面中，显示 DevEco Studio 的当前最新版本是 2.1，而且只有 64 位的 Windows 版和 Mac 版可供下载，单击页面中的下载图标以下载 Windows 安装包，如图 2-1 所示。

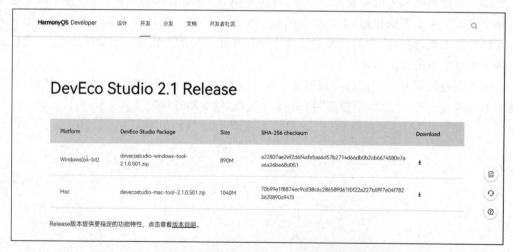

图 2-1 DevEco Studio 的官网页面

如果还没有登录华为账号，则会自动打开一个华为账号登录的页面，如图 2-2 所示。登录华为账号后，就可以单击下载图标进行下载了。将下载后的 zip 压缩包解压后，就

第2章 万事开头难：项目准备工作

图 2-2　华为账号登录页面

得到了扩展名为 exe 的 Windows 安装包，如图 2-3 所示。

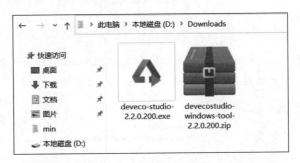

图 2-3　下载后的 zip 压缩包和解压后的安装包

双击安装包即可开始安装，如图 2-4 所示。

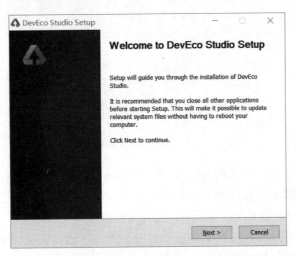

图 2-4　开始安装 DevEco Studio

单击 Next 按钮。在新打开的窗口中，可以配置 DevEco Studio 的安装路径，这里直接使用默认的安装路径即可，如图 2-5 所示。

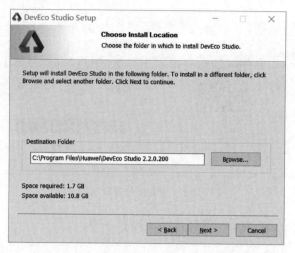

图 2-5　自定义 DevEco Studio 的安装路径

单击 Next 按钮。在新打开的窗口中，可以配置 DevEco Studio 的安装选项，这里在 Create Desktop Shortcut 区域中勾选 64-bit launcher，如图 2-6 所示。

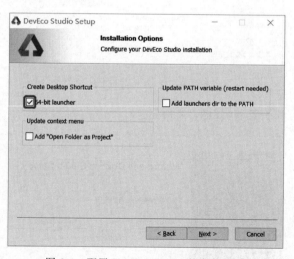

图 2-6　配置 DevEco Studio 的安装选项

单击 Next 按钮。在新打开的窗口中，为 DevEco Studio 的快捷方式选择一个开始菜单的文件夹，这里使用默认的名称 Huawei 即可，如图 2-7 所示。

单击 Install 按钮安装 DevEco Studio，如图 2-8 所示。

安装完成后，在新打开的窗口中显示 DevEco Studio 已经安装完成，勾选 Run DevEco Studio，然后单击 Finish 按钮，如图 2-9 所示。

图 2-7　选择开始菜单的文件夹

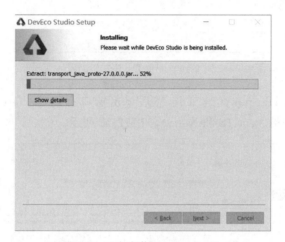

图 2-8　正在安装 DevEco Studio

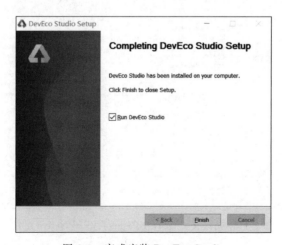

图 2-9　完成安装 DevEco Studio

单击 Configure 按钮,然后在展开的下拉菜单中单击 Settings,如图 2-10 所示。

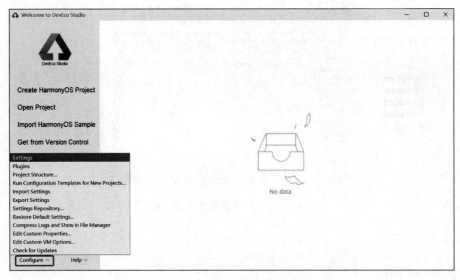

图 2-10 配置 DevEco Studio

单击窗口左侧的 HarmonyOS SDK,然后单击窗口右侧的 Platforms 选项卡,并勾选 SDK(API Version 5)的 Java、JS 和 Native,如图 2-11 所示。

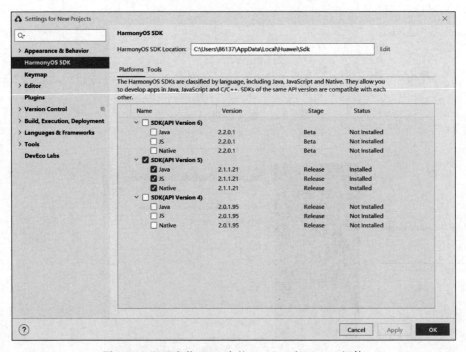

图 2-11 配置安装 SDK 中的 Java、JS 和 Native 组件

单击 Apply 按钮,确认要安装的组件,然后单击 OK 按钮,如图 2-12 所示。

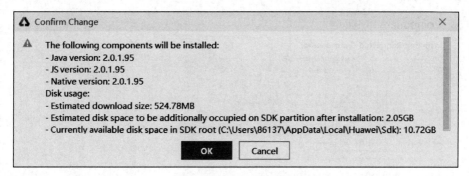

图 2-12　确认要安装的组件

在新打开的窗口中,会显示正在安装相关的组件,如图 2-13 所示。

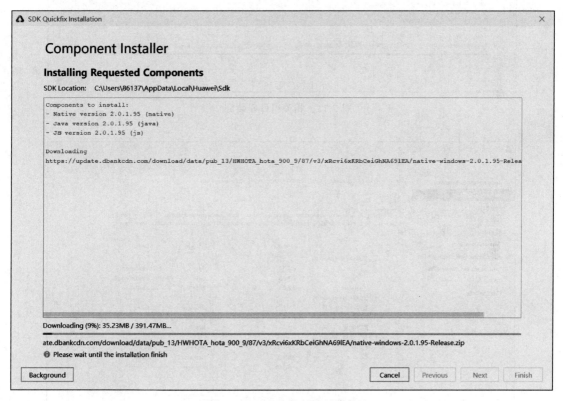

图 2-13　正在安装相关的组件

安装完相关的组件后,单击 Finish 按钮,如图 2-14 所示。

在之前的窗口中,单击 OK 按钮,完成 DevEco Studio 的配置,如图 2-15 所示。

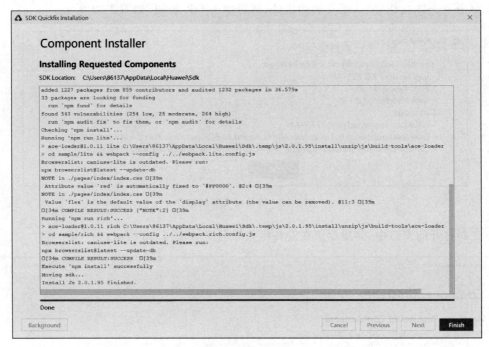

图 2-14　相关组件安装完毕

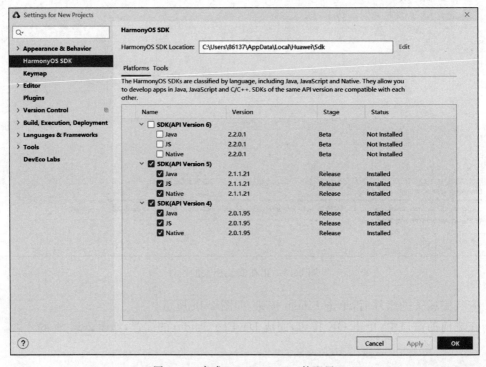

图 2-15　完成 DevEco Studio 的配置

2.2　Hello World

搭建好开发环境后,我们就可以运行一个 Hello World 项目了。

首先打开集成开发环境 DevEco Studio,在窗口 Welcome to DevEco Studio 中单击 Create HarmonyOS Project,以创建一个新的 HarmonyOS 项目,如图 2-16 所示。

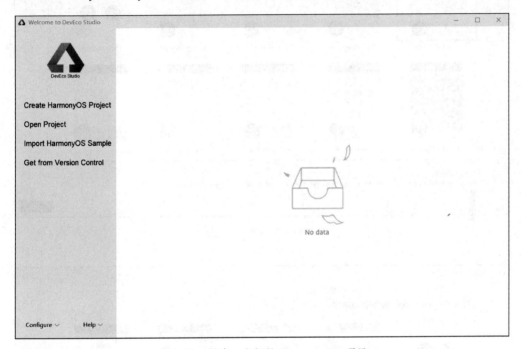

图 2-16　创建一个新的 HarmonyOS 项目

在新打开的窗口 Create HarmonyOS Project 中,选择 App 使用的 Template。默认选中的 Template 是第 1 个 Empty Ability(JS),可供选择的一共有 33 个,如图 2-17 所示。其中,有 13 个 Template 的名字是以(JS)结尾的,有 1 个 Template 的名字是以 C++结尾的,有 19 个 Template 的名字是以(Java)结尾的,这说明目前 HarmonyOS 应用的开发既可以使用 JavaScript,也可以使用 C++,更可以使用 Java。但要特别注意的是,并不是所有 HarmonyOS 设备上的应用都支持采用这 3 种编程语言进行开发,例如,Tablet、TV、Wearable 目前并不支持 C++,Car 目前并不支持 JavaScript。

在 Template 中选中默认的 Empty Ability(JS),可以看到有 4 个图标:智能手机 (Phone)、平板电脑(Tablet)、智慧屏(TV)、智能手表(Wearable),说明该 Template 支持上述 4 种设备上的 App 开发,如图 2-18 所示。

另外,Empty Ability(Java)中出现的另一种与 Empty Ability(JS)不同的图标为智能车机(Car),在[Lite]Empty Particle Ability(JS)中出现的图标为路由器(Router),这说明目前

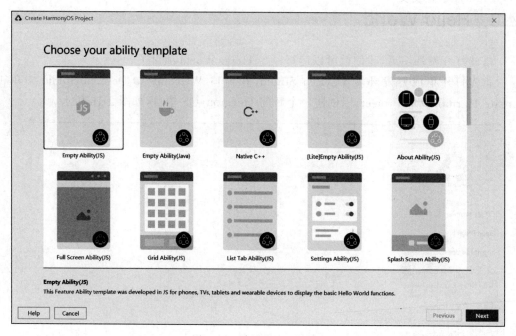

图 2-17　默认的 Template

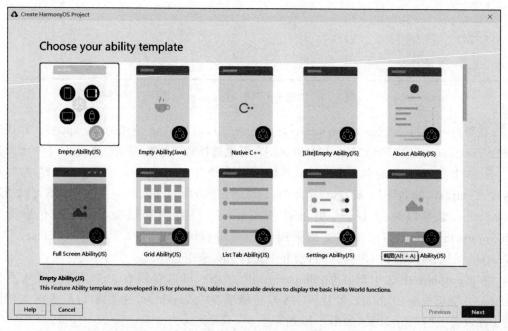

图 2-18　Empty Ability(JS)

HarmonyOS 开发支持的 Device 一共有 6 种,分别为 Phone、Tablet、TV、Wearable、Car、Router,如图 2-19 和图 2-20 所示。

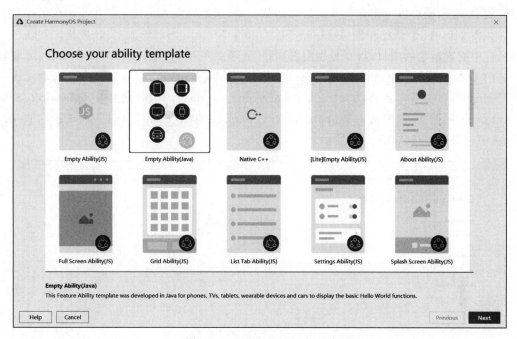

图 2-19　Empty Ability(Java)

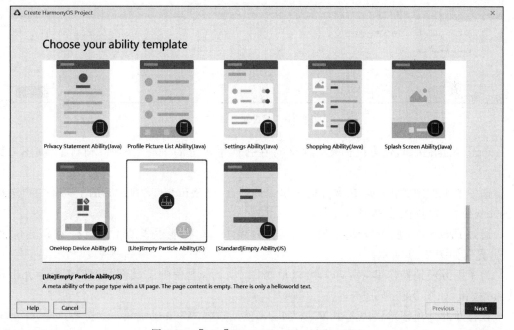

图 2-20　[Lite]Empty Particle Ability(JS)

对于上述 6 种 Device 所开发的 App，既可以使用本机的预览器 Previewer 来预览代码的运行效果，也可以使用本机的模拟器 Simulator 来运行和调试代码，当然，如果你手上有对应的 Device，则可以使用真机来运行和调试代码，这给开发人员带来了相当出色的体验！

在图 2-18 中，默认选中的 Template 是 Empty Ability(JS)，单击 Next 按钮。在新打开的窗口中配置新建的项目，需要分别配置项目名、项目类型、包名、项目的保存位置、可兼容的 API 版本和设备类型。将 Project Name 修改为 MyGame，DevEco Studio 会自动生成一个 Package Name，其名称为 com.test.mygame。Project Type 选中 Application，Save Location 使用默认的配置，Compatible API Version 选择 SDK：API Version 5，Device Type 中勾选 Phone，如图 2-21 所示。

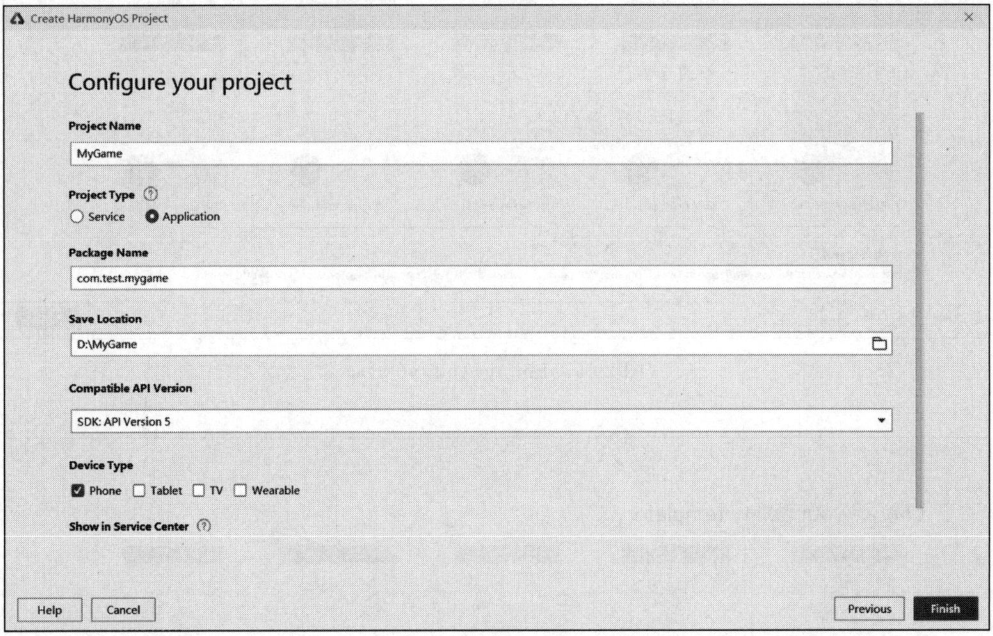

图 2-21 配置新建的项目

单击 Finish 按钮，就可以创建一个运行在智能手机上的 Hello World 项目了，如图 2-22 所示。

选中菜单栏中的 View，在展开的菜单中选择 Tool Windows，在展开的子菜单中再选择 Previewer 命令，如图 2-23 所示。

通过 Previewer 就可以预览 App 的运行效果了。在智能手表的主页面显示了文本"你好 世界"，如图 2-24 所示。

为了更方便地操作 Previewer，可以单击图 2-24 右上角的工具图标，即 Show Options Menu 按钮，如图 2-25 所示。

在打开的选项菜单栏中选中 View Mode，然后选择 Window 命令，设置 Previewer 的显示模式，如图 2-26 所示。

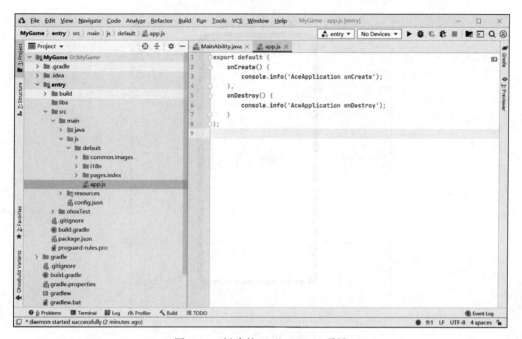

图 2-22　新建的 Hello World 项目

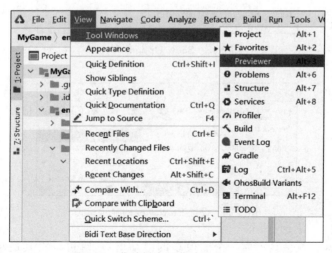

图 2-23　菜单栏中的菜单项 Previewer

图 2-24　Previewer

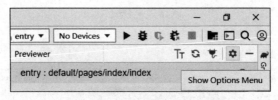

图 2-25　Show Options Menu

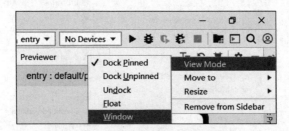

图 2-26　设置 Previewer 的显示模式

这样，Previewer 就会显示为一个非模态的浮动窗口，既可以将其最小化到任务栏，也可以将其最大化，还可以将其移动到 Windows 窗口的任意位置，给开发者带来非常好的视觉体验，如图 2-27 所示。

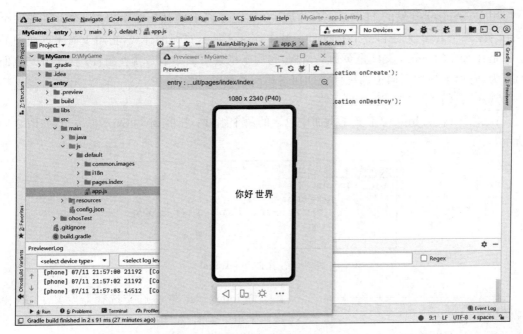

图 2-27　非模态的浮动窗口 Previewer

接下来,我们简单分析这个运行在智能手机上的 Hello World 项目。

在项目中依次展开 entry/src/main/js/default/pages.index 目录,在 pages.index 目录中可以看到 3 个文件:index.css、index.hml 和 index.js,这 3 个文件共同组成了图 2-24 看到的 App 主页面,如图 2-28 所示。

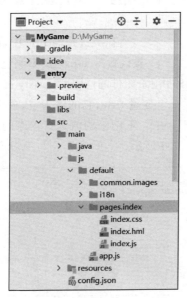

图 2-28　项目中的子目录 pages.index

用 JavaScript 开发的 HarmonyOS 应用在智能手机上的任何一个页面，都对应着一个 css 文件、一个 hml 文件和一个 js 文件。其中，css 文件是页面的样式，它用于描述页面中的组件是什么样的；hml 文件是页面的结构，它用于描述页面中包含哪些组件；js 文件是页面的行为，它用于描述页面中的组件是如何进行交互的。

现在，我们逐一打开这 3 个文件。

在文件 index.hml 中定义了页面中包含的两个组件：容器 div 和文本框 text，如图 2-29 所示。

```
<div class="container">
    <text class="title">
        {{ $t('strings.hello') }} {{ title }}
    </text>
</div>
```

图 2-29　文件 index.hml

在文件 index.css 中通过类选择器定义了 div 和 text 这两个组件是什么样的，例如对齐方式、高度、宽度、文本大小、颜色等，如图 2-30 所示。

在类选择器 container 中，组件 div 的容器主轴方向 flex-direction 被设置为垂直方向从上到下 column；容器当前行的主轴对齐格式 justify-content 被设置为项目位于容器的中心 center；容器当前行的交叉轴对齐格式 align-items 被设置为元素在交叉轴居中 center。

在类选择器 title 中，组件 text 的文本尺寸 font-size 被设置为 40px；文本颜色 color 被设置为 #000000 黑色，其为一个用 RGB 十六进制表示的颜色；组件的透明度 opacity 被设置为 0.9，其为 0~1 的数值。

```
.container {
    flex-direction: column;
    justify-content: center;
    align-items: center;
}

.title {
    font-size: 40px;
    color: #000000;
    opacity: 0.9;
}
```

图 2-30　文件 index.css

在文件 index.js 中定义了一个变量 title，它的值为空，这个 title 变量是 index.hml 中使用两个中括号括起来的占位符。占位符 title 的值是在程序的运行过程中动态确定的，这种技术称为动态数据绑定，如图 2-31 所示。

```
export default {
    data: {
        title: ""
    },
    onInit() {
        this.title = this.$t('strings.world');
    }
}
```

图 2-31　文件 index.js

另外,在onInit()函数中执行变量title并赋值为strings中的world所表示的值,这里的strings在目录entry/src/main/js/default/zh-CN.json中,如图2-32和图2-33所示。

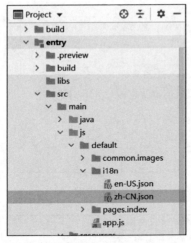

图2-32 项目中的子目录zh-CN.json　　图2-33 文件zh-CN.json

最后,介绍一下用本机模拟器来运行代码,选中菜单栏中的Tools,在展开的菜单中选择Device Manager,如图2-34所示。

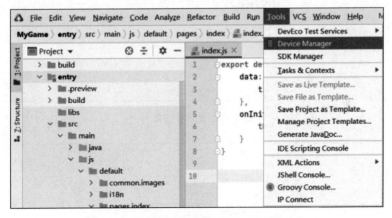

图2-34 菜单栏中的菜单项Device Manager

在新打开的窗口中,显示的是还没有登录华为账号,单击Login按钮,如图2-35所示。
在新打开的浏览器页面中登录华为账号,再单击"登录"按钮,如图2-36所示。
在新打开的浏览器页面中单击"允许"按钮,如图2-37所示。
这样在之前的窗口中就出现了5种类型的模拟器,这5种模拟器分别为TV(1920×1080)适配API Version 5、Wearable(466×466)适配API Version 5、P40(1080×2340)适配API Version 5、MatePad Pro(1600×2560)适配API Version 5和Mate 30(1080×2340)适

图 2-35　还没有登录华为账号的 Device Manager

图 2-36　登录华为账号

图 2-37　允许访问华为账号

配 API Version 6。在后面实战项目中使用到的本机模拟器都为 P40（1080×2340）适配 API Version 5，如图 2-38 所示。

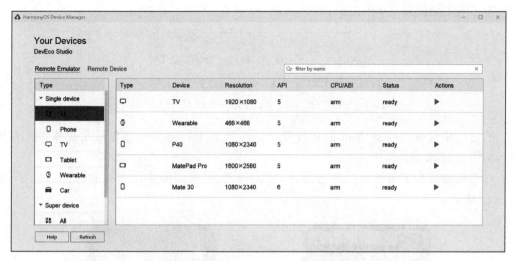

图 2-38　登录华为账号的 Device Manager

单击 P40 右侧的斜三角形按钮，就会出现智能手机的模拟器了，如图 2-39 所示。

图 2-39　智能手机的模拟器

需要注意的是，模拟器的上面会有一个一小时的倒计时，这是每次模拟器的使用时间。一小时过去后，如果需要重新执行上述步骤，则需要重新打开模拟器。

单击右上角的斜三角形图标，即 Run'entry'按钮，如图 2-40 所示。

图 2-40 Run'entry'按钮

通过模拟器可以得到 App 的运行效果。在智能手机的主页面显示了文本"你好 世界"，如图 2-41 所示。

单击模拟器左下角的斜三角形图标，就可以看到 App 的应用图标和应用名称了，如图 2-42 所示。

图 2-41 模拟器运行效果　　　　图 2-42 应用图标和应用名称

由图 2-24 和图 2-41 可以看出，模拟器上的运行效果比 Previewer 的运行效果多显示了一个 entry_MainAbility 标题栏，在接下来的学习中会介绍如何删除该标题栏。

第 3 章 万事俱备：基础知识

3.1 开发基础知识

本章简单讲解各模块的应用，如果已经掌握了这些开发基础知识，则可以直接进入第 4 章的实战演练。

3.1.1 程序

用户应用程序：用户应用程序泛指运行在设备的操作系统之上，为用户提供特定服务的程序，简称应用。

在 HarmonyOS 上运行的应用有两种形态：传统方式的需要安装的应用和提供特定功能免安装的应用(原子化服务)。

目前大部分应用程序包是 App 包，而 HarmonyOS 的用户应用程序包以 App Pack(Application Package)的形式发布，它由一个或多个 HAP(HarmonyOS Ability Package)及描述每个 HAP 属性的 pack.info 组成。HAP 是 Ability 的部署包，HarmonyOS 应用代码围绕 Ability 组件展开。

一个 HAP 是由代码、资源、第三方库及应用配置文件组成的模块包，可分为 Entry 和 Feature 两种模块类型，如图 3-1 所示。

Entry：应用的主模块。在一个 App 中，对于同一设备类型必须有且只有一个 Entry 类型的 HAP，可独立安装运行。

Feature：应用的动态特性模块。一个 App 可以包含一个或多个 Feature 类型的 HAP，也可以不包含。只有包含 Ability 的 HAP 才能独立运行。

3.1.2 配置文件

应用的每个 HAP 的根目录下都存在一个 config.json 配置文件，文件内容主要涵盖以下 3 方面：

(1) 应用的全局配置信息，包含应用的包名、生产厂商、版本号等基本信息。

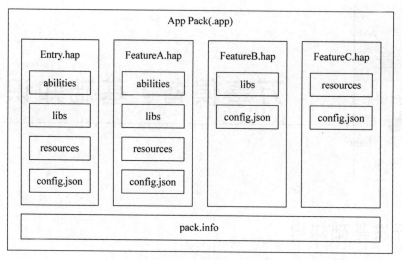

图 3-1　App 逻辑视图

（2）应用在具体设备上的配置信息，包含应用的备份恢复、网络安全等能力。

（3）HAP 包的配置信息，包含每个 Ability 必须定义的基本属性（如包名、类名、类型及 Ability 提供的能力），以及应用访问系统或其他应用受保护部分所需的权限等。

其中配置文件 config.json 采用 JSON 文件格式，其中包含了一系列配置项，每个配置项由属性和值两部分构成。

（1）属性：属性出现的顺序不分先后，并且每个属性最多只允许出现一次。

（2）值：每个属性的值为 JSON 的基本数据类型（数值、字符串、布尔值、数组、对象或者 null 类型）。

3.1.3　资源文件

1. resources 目录

应用的资源文件（字符串、图片、声频等）统一存放于 resources 目录下，便于开发者使用和维护。resources 目录包括两大类目录，一类为 base 目录与限定词目录；另一类为 rawfile 目录，目录如下：

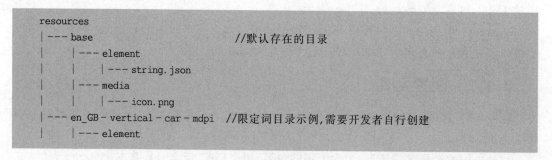

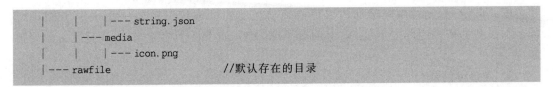

  (1) 按组织形式分：base 目录与限定词目录按照两级目录形式来组织，目录命名必须符合规范，以便根据设备状态匹配相应目录下的资源文件。其中，一级子目录为 base 目录和限定词目录。base 目录是默认存在的目录。当应用的 resources 资源目录中没有与设备状态匹配的限定词目录时，会自动引用该目录中的资源文件。限定词目录需要开发者自行创建。目录名称由一个或多个表征应用场景或设备特征的限定词组合而成。二级子目录为资源目录，用于存放字符串、颜色、布尔值等基础元素，以及媒体、动画、布局等资源文件；rawfile 目录支持创建多层子目录，目录名称可以自定义，文件夹内可以自由放置各类资源文件。rawfile 目录的文件不会根据设备状态去匹配不同的资源。

  (2) 按编译方式分：base 目录与限定词目录中的资源文件会被编译成二进制文件，并赋予资源文件 ID；rawfile 目录中的资源文件会被直接打包进应用，不经过编译，也不被赋予资源文件 ID。

  (3) 按引用方式分：base 目录与限定词目录通过指定资源类型（type）和资源名称（name）来引用；rawfile 目录通过指定文件路径和文件名来引用。

2．限定词目录

  限定词目录可以由一个或多个表征应用场景或设备特征的限定词组合而成，包括移动国家码和移动网络码、语言、文字、国家或地区、横竖屏、设备类型、颜色模式和屏幕密度等维度，限定词之间通过下画线"_"或者半字线"-"连接。开发者在创建限定词目录时，需要掌握限定词目录的命名要求，以及限定词目录与设备状态的匹配规则。

  其中限定词目录的命名要求有以下三点。

  (1) 限定词的组合顺序：移动国家码_移动网络码-语言_文字_国家或地区-横竖屏-设备类型-深色模式-屏幕密度。开发者可以根据应用的使用场景和设备特征，选择其中的一类或几类限定词组成目录名称。

  (2) 限定词的连接方式：语言、文字、国家或地区之间采用下画线"_"连接，移动国家码和移动网络码之间也采用下画线"_"连接，除此之外的其他限定词之间均采用半字线"-"连接。例如，zh_Hant_CN、zh_CN-car-ldpi。

  (3) 限定词的取值范围：每类限定词的取值必须符合限定词类型的条件，否则将无法匹配目录中的资源文件。

  限定词目录与设备状态的匹配规则有以下两点：

  (1) 在为设备匹配对应的资源文件时，限定词目录匹配的优先级从高到低依次为移动国家码和移动网络码＞区域（可选组合：语言、语言_文字、语言_国家或地区、语言_文字_国家或地区）＞横竖屏＞设备类型＞颜色模式＞屏幕密度。

  (2) 如果限定词目录中包含移动国家码和移动网络码、语言、文字、横竖屏、设备类型、颜色模式限定词,则对应限定词的取值必须与当前的设备状态完全一致,这样该目录才能参与设备的资源匹配。例如,限定词目录 zh_CN-car-ldpi 不能参与 en_US 设备的资源匹配。

3. 资源组目录

在 base 目录与限定词目录下面可以创建资源组目录,包括 element、media、animation、layout、graphic、profile,用于存放特定类型的资源文件。

其中,element 目录表示元素资源,以下每一类数据都采用相应的 JSON 文件来表征。media 目录表示媒体资源,包括图片、声频、视频等非文本格式的文件。animation 目录表示动画资源,采用 XML 文件格式。layout 目录表示布局资源,采用 XML 文件格式。graphic 目录表示可绘制资源,采用 XML 文件格式。profile 目录表示其他类型文件,以原始文件的形式保存。

3.1.4 其他

(1) Ability:Ability 是应用所具备的能力的抽象,一个应用可以包含一个或多个 Ability。Ability 分为两种类型:FA(Feature Ability)和 PA(Particle Ability)。FA/PA 是应用的基本组成单元,能够实现特定的业务功能。FA 有 UI 界面,而 PA 无 UI 界面。

(2) 库文件:库文件是应用依赖的第三方代码(例如 so、jar、bin、har 等二进制文件),存放在 libs 目录下。

(3) pack.info:描述应用软件包中每个 HAP 的属性,由 IDE 编译生成,应用市场根据该文件进行拆包和 HAP 的分类存储。

(4) delivery-with-install:表示该 HAP 是否支持随应用安装。true 表示支持随应用安装,false 表示不支持随应用安装。

(5) name:HAP 文件名。

(6) module-type:模块类型,即 Entry 或 Feature。

(7) device-type:表示支持该 HAP 运行的设备类型。

(8) HAR:HAR(HarmonyOS Ability Resources)可以提供构建应用所需的所有内容,包括源代码、资源文件和 config.json 文件。HAR 不同于 HAP,HAR 不能独立安装运行在设备上,只能作为应用模块的依赖项被引用。

3.2 Page Ability

Ability 是应用所具备能力的抽象,也是应用程序的重要组成部分。一个应用可以具备多种能力(可包含多个 Ability),HarmonyOS 支持应用以 Ability 为单位进行部署。每种类型为开发者提供了不同的模板,以便实现不同的业务功能。

(1) FA 支持 Page Ability:Page 模板是 FA 唯一支持的模板,用于提供与用户交互的能力。一个 Page 实例可以包含一组相关页面,每个页面用一个 AbilitySlice 实例表示。

(2) PA 支持 Service Ability 和 Data Ability：Service 模板用于提供后台运行任务的能力；Data 模板用于对外部提供统一的数据访问抽象。

在配置文件（config.json）中注册 Ability 时，可以通过配置 Ability 元素中的 type 属性来指定 Ability 的模板类型，其中 type 的取值可以为 page、service 或 data，分别代表 Page 模板、Service 模板、Data 模板，伪代码如下：

```
{
    "module": {
        ...
        "abilities": [
            {
                ...
                "type": "page"
                ...
            }
        ]
        ...
    }
    ...
}
```

Page 模板是 FA 唯一支持的模板，用于提供与用户交互的能力。一个 Page 可以由一个或多个 AbilitySlice 构成，AbilitySlice 是指应用的单个页面及其控制逻辑的总和。

当一个 Page 由多个 AbilitySlice 共同构成时，这些 AbilitySlice 页面提供的业务能力应具有高度相关性。例如，新闻浏览功能可以通过一个 Page 实现，其中包含了两个 AbilitySlice：一个 AbilitySlice 用于展示新闻列表；另一个 AbilitySlice 用于展示新闻详情。Page 和 AbilitySlice 的关系如图 3-2 所示。

图 3-2　Page 和 AbilitySlice 的关系

3.2.1　Page 的生命周期

对于每个 Page 都拥有相同的生命周期函数：onStart()、onActive()、onInactive()、onBackground()、onForeground()和 onStop()。

(1) onStart()：当系统首次创建 Page 实例时，触发该回调。对于一个 Page 实例，该回调在其生命周期过程中仅触发一次，Page 在该逻辑后将进入 INACTIVE 状态。开发者必须重写该方法，并在此配置默认展示的 AbilitySlice。

(2) onActive()：Page 会在进入 INACTIVE 状态后来到前台，然后由系统调用此回调。Page 在此之后进入 ACTIVE 状态，该状态是应用与用户进行交互的状态。Page 将保持在此状态，除非某类事件导致 Page 失去焦点，例如用户单击返回键或导航到其他 Page。

当此类事件发生时,会触发 Page 回到 INACTIVE 状态,系统将调用 onInactive() 回调函数。此后,Page 可能重新回到 ACTIVE 状态,系统将再次调用 onActive() 回调函数,因此,开发者通常需要成对实现 onActive() 和 onInactive() 函数,并在 onActive() 函数中获取在 onInactive() 函数中被释放的资源。

(3) onInactive():当 Page 失去焦点时,系统将调用此回调函数,此后 Page 进入 INACTIVE 状态。开发者可以在此回调函数中实现 Page 失去焦点时应表现的恰当行为。

(4) onBackground():如果 Page 不再对用户可见,则系统将调用此回调函数通知开发者对用户进行相应的资源释放,此后 Page 进入 BACKGROUND 状态。开发者应该在此回调函数中释放 Page 不可见时无用的资源,或在此回调函数中执行较为耗时的状态保存操作。

(5) onForeground():处于 BACKGROUND 状态的 Page 仍然驻留在内存中,当重新回到前台时(例如用户重新导航到此 Page),系统将先调用 onForeground() 回调函数通知开发者,而后 Page 的生命周期状态回到 INACTIVE 状态。开发者应当在此回调函数中重新申请在 onBackground() 函数中释放的资源,最后 Page 的生命周期状态进一步回到 ACTIVE 状态,系统将通过 onActive() 回调函数通知开发者用户。

(6) onStop():系统将要销毁 Page 时,将会触发此回调函数,通知用户进行系统资源的释放。销毁 Page 的可能原因包括以下几方面:用户通过系统管理能力关闭指定 Page,例如使用任务管理器关闭 Page;用户行为触发 Page 的 terminateAbility() 方法调用,例如使用应用的退出功能;配置变更导致系统暂时销毁 Page 并重建;系统出于资源管理的目的,自动触发对处于 BACKGROUND 状态的 Page 进行销毁。

Page 的生命周期的验证将在 5.6 节进行。

3.2.2　AbilitySlice 的生命周期

AbilitySlice 作为 Page 的组成单元,其生命周期依托于其所属 Page 的生命周期。AbilitySlice 和 Page 具有相同的生命周期状态和同名的回调函数,当 Page 的生命周期发生变化时,它的 AbilitySlice 也会发生相同的生命周期变化。此外,AbilitySlice 还具有独立于 Page 的生命周期变化,这发生在同一 Page 中的 AbilitySlice 之间进行导航时,此时 Page 的生命周期状态不会改变。AbilitySlice 的生命周期回调函数与 Page 的相应回调函数类似,因此不再赘述。

3.2.3　Page 与 AbilitySlice 的生命周期关联

当 AbilitySlice 处于前台且具有焦点时,其生命周期状态随着所属 Page 的生命周期状态的变化而变化。当一个 Page 拥有多个 AbilitySlice 时,例如,MainAbility 下有 FooAbilitySlice 和 BarAbilitySlice,当前 FooAbilitySlice 处于前台并获得焦点,并且即将导航到 BarAbilitySlice,在此期间的生命周期状态的变化顺序为

(1) FooAbilitySlice 从 ACTIVE 状态变为 INACTIVE 状态。

（2）BarAbilitySlice 则从 INITIAL 状态首先变为 INACTIVE 状态，然后变为 ACTIVE 状态（假定此前 BarAbilitySlice 未曾启动）。

（3）FooAbilitySlice 从 INACTIVE 状态变为 BACKGROUND 状态。

对应两个 Slice 的生命周期方法的回调顺序为 FooAbilitySlice.onInactive()→BarAbilitySlice.onStart()→BarAbilitySlice.onActive()→FooAbilitySlice.onBackground()。

在整个流程中，MainAbility 始终处于 ACTIVE 状态，但是，当 Page 被系统销毁时，其所有已实例化的 AbilitySlice 将联动销毁，而不仅销毁处于前台的 AbilitySlice。

3.3 Service Ability

基于 Service 模板的 Ability 主要用于后台运行任务（如执行音乐播放、文件下载等），但不提供用户交互界面。Service 可由其他应用或 Ability 启动，即使用户切换到其他应用，Service 仍将在后台继续运行。

Service 是单实例的。在一个设备上，相同的 Service 只会存在一个实例。如果多个 Ability 共用这个实例，则只有当与 Service 绑定的所有 Ability 都退出后，Service 才能退出。由于 Service 是在主线程里执行的，因此，如果在 Service 里面的操作时间过长，则开发者必须在 Service 里创建新的线程来处理（详见线程间通信），防止造成主线程阻塞，从而防止应用程序无响应。

与 Page 类似，Service Ability 也拥有生命周期，如图 3-3 所示。

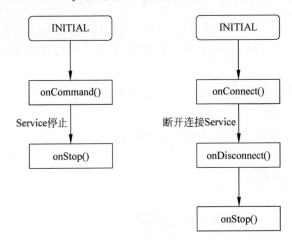

图 3-3　Service Ability 生命周期

根据调用方法的不同，其生命周期有以下两种路径。

（1）启动 Service：该 Service 在其他 Ability 调用 startAbility() 函数时创建，然后保持运行。其他 Ability 通过调用 stopAbility() 函数来停止 Service，Service 停止后，系统会将其销毁。

（2）连接 Service：该 Service 在其他 Ability 调用 connectAbility()函数时创建,客户端可通过调用 disconnectAbility()函数断开连接。多个客户端可以绑定到相同的 Service,而且当所有绑定全部取消后,系统即会销毁该 Service。connectAbility()函数也可以连接通过 startAbility()函数创建的 Service。

3.4 Data Ability

使用 Data 模板的 Ability(以下简称 Data)有助于应用管理其自身和其他应用存储数据的访问,并提供与其他应用共享数据的方法。Data 既可用于同设备不同应用的数据共享,也支持跨设备不同应用的数据共享。

数据的存放形式多样,可以是数据库,也可以是磁盘上的文件。Data 对外提供对数据的增、删、改、查,以及打开文件等接口,这些接口的具体实现由开发者提供。

Data 的提供方和使用方都通过 URI(Uniform Resource Identifier)来标识一个具体的数据,例如数据库中的某个表或磁盘上的某个文件。HarmonyOS 的 URI 仍基于 URI 通用标准,格式如图 3-4 所示。

Scheme://[authority]/[path][?query][#fragment]

协议方案名　　设备ID　　资源路径　　查询参数　　访问的子资源

图 3-4　URI

（1）Scheme：协议方案名,固定为 dataability,代表 Data Ability 所使用的协议类型。

（2）authority：设备 ID。如果为跨设备场景,则为目标设备的 ID；如果为本地设备场景,则不需要填写。

（3）path：资源的路径信息,代表特定资源的位置信息。

（4）query：查询参数。

（5）fragment：可以用于指示要访问的子资源。

3.5 JS 生命周期

生命周期分为应用生命周期和页面生命周期。

1. 应用生命周期

在 app.js 文件中可以定义如下应用生命周期函数。

（1）onCreate()：用于应用创建,当应用创建时调用。

（2）onShow()：当应用处于前台时触发。

（3）onHide()：当应用处于后台时触发。

（4）onDestroy()：当应用退出时触发。

2. 页面生命周期

在页面 JS 文件中可以定义如下页面生命周期函数。

(1) onInit()：页面数据初始化完成时触发，只触发一次。

(2) onReady()：页面创建完成时触发，只触发一次。

(3) onShow()：页面显示时触发。

(4) onHide()：页面消失时触发。

(5) onDestroy()：页面销毁时触发。

(6) onBackPress()：当用户单击返回按钮时触发。当返回值为 true 时表示页面自己处理返回逻辑；当返回值为 false 时表示使用默认的返回逻辑；当不返回值时会作为 false 处理。

(7) onActive()：页面激活时触发。

(8) onInactive()：页面暂停时触发。

常见的页面 A 的生命周期接口的调用顺序如下。

(1) 打开页面 A：onInit()→onReady()→onShow()。

(2) 在页面 A 打开页面 B：onHide()。

(3) 从页面 B 返回页面 A：onShow()。

(4) 退出页面 A：onBackPress()→onHide()→onDestroy()。

(5) 页面隐藏到后台运行：onInactive()→onHide()。

(6) 页面从后台运行恢复到前台：onShow()→onActive()。

3.6　Java UI 框架

应用的 Ability 在屏幕上将显示一个用户界面，该界面用来显示所有可被用户查看和交互的内容。

应用中所有的用户界面元素都由 Component 和 ComponentContainer 对象构成。Component 是绘制在屏幕上的一个对象，用户能与之交互。ComponentContainer 是一个用于容纳其他 Component 和 ComponentContainer 对象的容器。

Java UI 框架提供了一部分 Component 和 ComponentContainer 的具体子类，即创建用户界面(UI)的各类组件，包括一些常用的组件(例如：文本、按钮、图片、列表等)和常用的布局(例如：DirectionalLayout 和 DependentLayout)。用户可通过组件进行交互操作，并获得响应。

需要注意的是，所有的 UI 操作都应该在主线程进行设置。

用户界面元素统称为组件，组件根据一定的层级结构进行组合，从而形成布局。组件在未被添加到布局中时，既无法显示也无法交互，因此一个用户界面至少包含一个布局。在 UI 框架中，具体的布局类通常以 XXLayout 命名，完整的用户界面是一个布局，用户界面中的一部分也可以是一个布局。布局中容纳的是 Component 与 ComponentContainer 对象。

Component 与 ComponentContainer 的关系如图 3-5 所示。

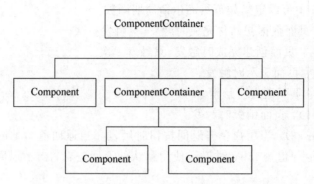

图 3-5　Component 与 ComponentContainer 的关系

（1）Component：提供内容显示，是界面中所有组件的基类，开发者可以给 Component 设置事件处理回调来创建一个可交互的组件。Java UI 框架提供了一些常用的界面元素，也可称为组件，组件一般直接继承自 Component 或它的子类，如 Text、Image 等。

（2）ComponentContainer：作为容器容纳 Component 或 ComponentContainer 对象，并对它们进行布局。Java UI 框架提供了一些标准布局功能的容器，它们继承自 ComponentContainer，一般以 Layout 结尾，如 DirectionalLayout、DependentLayout 等。

主要模块的开发基础知识就到此讲解完了。第 4 章将在 2.2 节 Hello World 项目的基础上不断地进行修改和完善，最终开发出一个完整的经典游戏 App——"数字华容道"。

第 4 章 小试牛刀:"数字华容道"游戏项目

本章讲解如何用 JavaScript 从零开发一个运行在鸿蒙智能手机上的经典游戏 App——"数字华容道"。

主页面的中间是"数字华容道"的 Logo,下面有两个按钮,按钮上显示的文本分别为"开始游戏"和"关于",主页面如图 4-1 所示。

单击"关于"按钮,便会跳转到信息页面。信息页面用于显示应用的相关信息,包括应用名称、作者和版本号,版本号下方有一个按钮,按钮上显示的文本为"返回",单击"返回"按钮便会跳转到主页面,信息页面如图 4-2 所示。

图 4-1　主页面

图 4-2　信息页面

单击"开始游戏"按钮,便会跳转到副页面。副页面的主体为 4 个按钮,按钮上显示的文本分别为"简单""普通""困难""返回"。单击"返回"按钮,则会跳转到主页面。副页面如图 4-3 所示。

单击"简单"按钮,便会跳转到简单游戏页面。简单游戏页面的主体为 3×3 的网格,网格上方有一个统计步数的文本。每当格子移动一次时,步数便会加 1。网格下方有一个按钮,按钮上显示的文本为"返回"。单击"返回"按钮,则会跳转到副页面,简单游戏页面如图 4-4 所示。

图 4-3 副页面

图 4-4 简单游戏页面

当开始游戏后,可向上、向下、向左、向右滑动,空格子会向相反的方向移动一格,以使数字格子向对应的方向移动一格。当空格子处于网格边缘的时候,空格子不会向相反的方向移动,如图 4-5 所示。

当数字方块按照从左到右、从上到下的顺序重新排列整齐时,在网格中间会显示"游戏结束"文本,并且网格的颜色变浅。简单游戏结束页面如图 4-6 所示。

单击"普通"按钮,便会跳转到普通游戏页面。普通游戏页面的主体为 4×4 的网格,网格上方有一个统计步数的文本。每当格子移动一次时,步数便会加 1。网格下方有一个按钮,按钮上显示的文本为"返回"。单击"返回"按钮,则会跳转到副页面,普通游戏页面如图 4-7 所示。

普通游戏结束页面如图 4-8 所示。

图 4-5　移动方格

图 4-6　简单游戏结束页面

图 4-7　普通游戏页面

图 4-8　普通游戏结束页面

单击"困难"按钮,便会跳转到困难游戏页面。困难游戏页面的主体为 5×5 的网格,网格上方有一个统计步数的文本。每当格子移动一次时,步数便会加 1。网格下方有一个按钮,按钮上显示的文本为"返回"。单击"返回"按钮,则会跳转到副页面。困难游戏页面如图 4-9 所示。

困难游戏结束页面如图 4-10 所示。

图 4-9　困难游戏页面

图 4-10　困难游戏结束页面

上述功能就是在学习完本章内容后所完成的 App 的运行效果。

通过本次实战项目,我们可以掌握使用 JavaScript 开发 HarmonyOS 智能手机 App 的众多核心技能,并且通过对实战项目的学习,不仅能降低学习成本,更能快速上手 HarmonyOS 应用开发。接下来正式开启"数字华容道"项目的实战之旅!

4.1　在主页面删除标题栏和添加项目标志

本节实现的运行效果:在主页面中删除 entry_MainAbility 标题栏,并且在其中间显示"数字华容道"的标志。

本节的实现思路:把图片保存到 common 文件夹中,然后使用 image 组件显示图片。

修改背景颜色，并且对配置文件 config.json 作隐藏标题栏操作的修改。

复制标志，右击 common 子目录，在弹出的菜单中选择 Paste，把图片保存到 common 文件夹中，如图 4-11 所示。

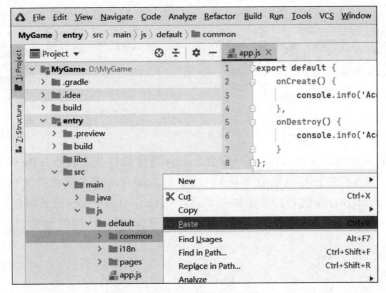

图 4-11 粘贴图片

在打开的窗口中，将图片文件的名称设置为 0.png，然后单击 OK 按钮，如图 4-12 所示。

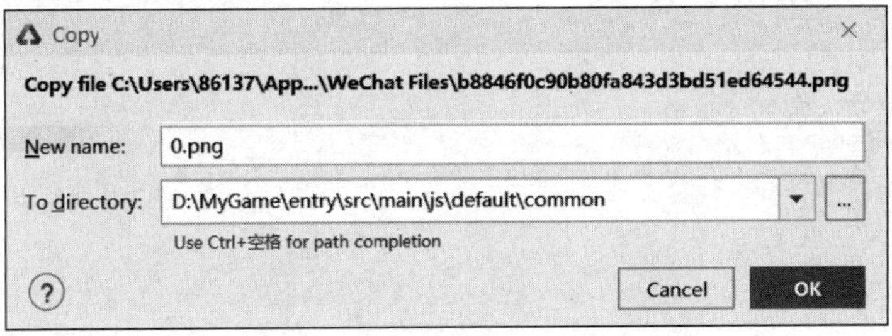

图 4-12 配置图片文件的名称

打开 index.hml 文件。

由于主页面中不需要 text 组件，所以把 text 组件的所有内容删除。添加一个 image 组件，以显示标志的图片。将 class 属性的值设置为 img，以通过 index.css 文件中名为 img 的类选择器设置组件 image 的样式。将 src 属性的值设置为/common/0.png，以指定标志图片在项目中的位置，代码如下：

```
<!-- 第 4 章 index.hml -->
<div class="container">
    <text class="title">
        {{ $t('strings.hello') }} {{ title }}
    </text>
    <!-- 添加图片组件,指定 Logo -->
    <image class="img" src="/common/0.png"/>
</div>
```

打开 index.css 文件。

因为在 index.hml 文件中删除了 text 组件,title 类选择器没有了对象,所以 title 类选择器的所有内容也应该被删除。

添加一个名为 img 的类选择器,以设置 image 组件的样式。将组件的 width(宽)和组件的 height(高)属性的值都设置为 250px。由于标志图片的背景颜色为黑色,为了保证页面的美观,在 container 类选择器中添加一个属性 background-color(背景颜色),并将它的值设置为 black(黑色),使其背景颜色与图片的背景颜色保持一致,代码如下:

```
/* 第 4 章 index.css */
.container {
    flex-direction: column;
    justify-content: center;
    align-items: center;
    width: 100%;
    height: 100%;
    background-color: #000000;
}
.title {
    font-size: 40px;
    color: #000000;
    opacity: 0.9;
}

/* Logo 样式 */
.img{
    width: 250px;
    height: 250px;
}

@media screen and (device-type: tablet) and (orientation: landscape) {
    .title {
        font-size: 100px;
    }
}
```

```css
@media screen and (device-type: wearable) {
    .title {
        font-size: 28px;
        color: #FFFFFF;
    }
}

@media screen and (device-type: tv) {
    .container {
        background-image: url("../../common/images/Wallpaper.png");
        background-size: cover;
        background-repeat: no-repeat;
        background-position: center;
    }

    .title {
        font-size: 100px;
        color: #FFFFFF;
    }
}

@media screen and (device-type: phone) and (orientation: landscape) {
    .title {
        font-size: 60px;
    }
}
```

打开 index.js 文件。

因为在 index.hml 文件中没有使用 title 占位符，所以在 index.js 文件中删除 title 及其动态数据绑定的值 World。在函数 onInit() 中删除 title 的赋值语句，代码如下：

```js
//第 4 章 index.js
export default {
    data: {
        "title":"World"
    },
    onInit() {
        this.title = this.$t('strings.world');
    }
}
```

打开 entry/src/main/config.json 文件，如图 4-13 所示。

在文件 config.json 的最下方的 launchType：standard 的后面添加一个",",并添加如下代码：

```
第 4 章 config.json
...
    "launchType": "standard",
    "metaData": {
      "customizeData": [
        {
          "name": "hwc-theme",
          "value": "androidhwext:style/Theme.Emui.Light.NoTitleBar",
          "extra": ""
        }
      ]
    }
...
```

添加标志主页面的运行效果，如图 4-14 所示。

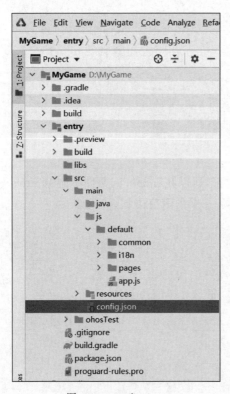

图 4-13　config.json

图 4-14　添加标志的主页面

4.2 在主页面中添加一个按钮并响应其单击事件

本节实现的运行效果：在主页面的图片下方显示一个按钮，按钮上显示的文本为"单击我"，单击该按钮后在 Log 工具窗口中会打印一条 Log"我被单击了"。

本节的实现思路：使用 input 组件显示一个按钮。通过 input 组件的 onclick 属性指定一个自定义函数 clickAction()。这样，当单击按钮时就会触发按钮的 onclick 事件，从而自动调用 onclick 指定的自定义函数 clickAction()。

打开 index.hml 文件。

添加一个 input 组件，将 type 属性的值设置为 button，以显示一个按钮。将属性 value 的值设置为"单击我"，以设置按钮上显示的文本。将 class 属性的值设置为 btn，以通过 index.css 文件中名为 btn 的类选择器设置按钮的样式，代码如下：

```html
<!-- 第 4 章 index.hml -->
<div class="container">
    <!-- 添加图片组件，指定 Logo -->
    <image class="img" src="/common/0.png"/>
    <!-- 添加文本为"单击我"的按钮组件 -->
    <input type="button" value="单击我" class="btn"/>
</div>
```

打开 index.css 文件。

添加一个名为 btn 的类选择器，以设置按钮的样式。将组件的 width（宽）和组件的 height（高）属性的值分别设置为 200px 和 50px。将字体大小设置为 38px，即添加一个属性 font-size（字体大小），将其值设置为 38px。添加一个属性 margin-top（上外边距），并把其值设置为 50px，以使按钮与其上方的 Logo 图片保持一定的距离。由于之前已把主页面的背景颜色设置为 black（黑色），为了有所区分，把按钮字体的颜色设置为黑色，将按钮的背景颜色设置为米色，即添加一个属性 color（字体颜色）并把其值设置为 #000000（黑色），添加一个属性 background-color（背景颜色），将其值设置为 #F8C387，代码如下：

```css
/* 第 4 章 index.css */
.container {
    flex-direction: column;
    justify-content: center;
    align-items: center;
    width: 100%;
    height: 100%;
    background-color: #000000;
}

/* Logo 样式 */
.img{
```

```css
    width: 250px;
    height: 250px;
}

/* 文本为"单击我"的按钮样式 */
.btn{
    font-size: 38px;
    margin-top: 50px;
    color: #000000;
    width: 200px;
    height: 50px;
    background-color: #F8C387;
}

@media screen and (device-type: tablet) and (orientation: landscape) {
    .title {
        font-size: 100px;
    }
}

@media screen and (device-type: wearable) {
    .title {
        font-size: 28px;
        color: #FFFFFF;
    }
}

@media screen and (device-type: tv) {
    .container {
        background-image: url("/common/images/Wallpaper.png");
        background-size: cover;
        background-repeat: no-repeat;
        background-position: center;
    }

    .title {
        font-size: 100px;
        color: #FFFFFF;
    }
}

@media screen and (device-type: phone) and (orientation: landscape) {
    .title {
        font-size: 60px;
    }
}
```

标志图片下方显示一个按钮的运行效果，如图 4-15 所示。

接下来要实现的运行效果：单击该按钮后打印一条 Log。

打开 index.js 文件。

添加一个名为 clickAction() 的函数，并在函数体中通过语句 console.log 打印一条 Log"我被单击了"。在 onInit() 函数的右花括号和 clickAction() 函数之间添加一个逗号，代码如下：

```
//第 4 章 index.js
export default {
    data: {

    },
    onInit() {

    },
    //文本为"单击我"的按钮的单击事件
    clickAction(){
        //在 log 窗口打印文本"我被单击了"
        console.log("我被单击了");
    }
}
```

图 4-15　标志图片下方显示一个按钮的运行效果

打开 index.hml 文件。

在 input 组件中添加一个属性 onclick，并将它的值设置为刚刚添加的 clickAction() 函数。这样，当单击按钮时就会触发按钮的 clickAction() 单击事件，从而调用 clickAction() 函数，代码如下：

```
<!-- 第 4 章 index.hml -->
<div class = "container">
    <!-- 添加图片组件,指定 Logo -->
    <image class = "img" src = "/common/0.png"/>
    <!-- 添加文本为"单击我"的按钮组件 -->
    <input type = "button" value = "单击我" class = "btn" onclick = "clickAction"/>
</div>
```

要想看到打印出来的 Log，必须以 Debug 模式运行应用。在 DevEco Studio 的工具栏中有一个小虫子图标按钮，如图 4-16 所示。

图 4-16　Debug 应用的小虫子图标按钮

在打开模拟器之后,单击该按钮,就能以 Debug 模式来运行 App 了。

单击主页面中的按钮后,在左下方的 Log 工具窗口中就打印出了 Log"我被单击了",但由于还有其他很多信息也被打印出来,所示显示的内容如图 4-17 所示。

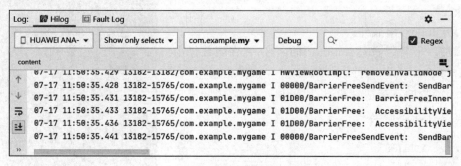

图 4-17　Debug 模式下的 Log 窗口

难以分辨出打印出的 Log,所以在 Log 窗口搜索栏上搜索"我被单击了"。搜索后可以看到打印出的 Log。运行效果如图 4-18 所示。

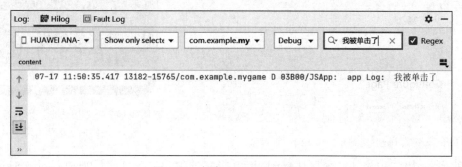

图 4-18　打印 Log 的 Log 窗口

4.3　添加副页面并实现其与主页面之间的相互跳转

本节实现的运行效果:单击主页面中的按钮,跳转到副页面;单击副页面中的按钮,跳转到主页面。

本节的实现思路:先创建一个副页面。在副页面的中间添加一个按钮和文本,这样就完成了副页面的建立。在按钮的单击事件中可以调用 router.replace() 语句实现页面之间的跳转,在调用该语句时通过 uri 指定目标页面的网址。

右击子目录 pages,在弹出的菜单栏中选择 New,再在弹出的子菜单栏中选择 JS Page,以创建一个 JS 页面,如图 4-19 所示。

在打开的窗口中,将 JS 页面的名称设置为 second,然后单击 Finish 按钮,如图 4-20 所示。

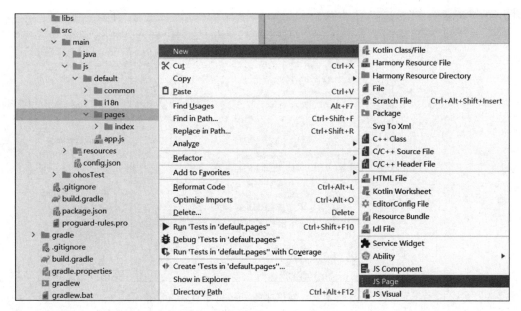

图 4-19　新建一个 JS 页面

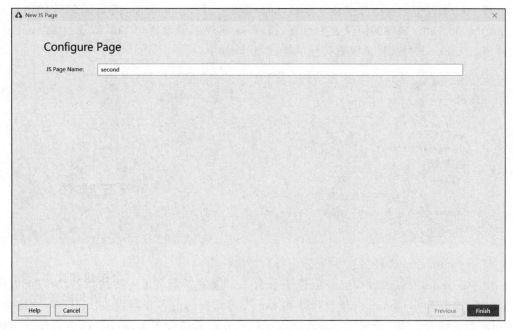

图 4-20　配置 JS 页面的名称

这样,在 pages 目录下就自动创建了一个名为 second 的子目录。在该子目录中自动创建了 3 个文件:second.hml、second.css 和 second.js,这 3 个文件共同组成了副页面,如

图 4-21 所示。

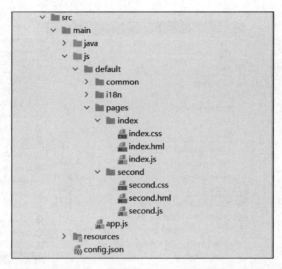

图 4-21　新创建的 second 子目录

打开 second.hml 文件。

将 text 组件中的显示文本修改为副页面，添加一个 input 组件，把 type 属性的值设置为 button，将 value 属性的值设置为返回，将 class 属性的值设置为 btn，以通过 second.css 文件中名为 btn 的类选择器设置按钮的样式，代码如下：

```html
<!-- 第 4 章 second.hml -->
<div class = "container">
    <!-- 文本组件 -->
    <text class = "title">
      Hello {{ title }}
      副页面
    </text>
    <!-- 文本为"返回"的按钮组件 -->
    <input type = "button" value = "返回" class = "btn"/>
</div>
```

打开 second.css 文件。

由于在 index.css 文件中已经创建了 container 类选择器和 btn 类选择器，所以可以将 index.css 文件中的 container 类选择器和 btn 类选择器的内容复制到 second.css 文件中。为 title 类选择器添加一个属性 color（文本颜色），并将其值设置为 white（白色），使其字体颜色变为白色，便于区分，代码如下：

```css
/* 第 4 章 second.css */
.container {
```

```css
    flex-direction: column;
    justify-content: center;
    align-items: center;
    background-color: #000000;
}
/* 文本"副页面"样式 */
.title {
    font-size: 30px;
    text-align: center;
    width: 200px;
    height: 100px;
    color: white;
}
/* 文本为"返回"的按钮样式 */
.btn{
    font-size: 38px;
    margin-top: 50px;
    color: #000000;
    width: 200px;
    height: 50px;
    background-color: #F8C387;
}
```

打开 second.js 文件。

因为在 second.hml 文件中没有使用 title 占位符，所以应在 second.js 文件中删除 title 及其动态数据绑定的值 World。

添加一个名为 clickAction() 的函数。为了能够在副页面中单击按钮后跳转到主页面，应在 clickAction() 函数中添加一条页面跳转语句 router.replace()。从 '@system.router' 中导入 router，并且在一对花括号中将 uri 设置为 'pages/index/index'，代码如下：

```js
//第 4 章 second.js
import router from '@system.router';

export default {
    data: {
        title:'World'
    },
    //文本为"返回"的按钮的单击事件
    clickAction(){
        //页面跳转语句
        router.replace({
            uri:'pages/index/index'
        })
    }
}
```

为什么主页面的 uri 是'pages/index/index'呢？这是因为在项目的 config.json 文件中对主页面的 uri 进行了定义。所有页面的 uri 都需要在 config.json 文件中进行定义。当新建副页面时，会在 config.json 文件中自动生成副页面的 uri：pages/second/second，如图 4-22所示。

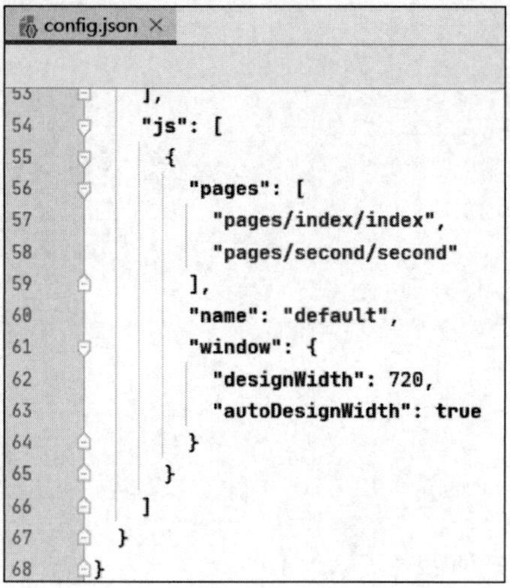

```
        ], 
        "js": [
            {
                "pages": [
                    "pages/index/index",
                    "pages/second/second"
                ],
                "name": "default",
                "window": {
                    "designWidth": 720,
                    "autoDesignWidth": true
                }
            }
        ]
}
```

图 4-22　在 config.json 文件中定义的副页面 uri

打开 second.hml 文件。

在 input 组件中添加一个 onclick 属性，并将它的值设置为定义好的 clickAction()函数。这样，当单击按钮时就会触发按钮的 clickAction()单击事件，从而调用 clickAction()函数，代码如下：

```
<!-- 第 4 章 second.hml -->
<div class = "container">
    <!-- 文本组件 -->
    <text class = "title">
        副页面
    </text>
    <!-- 文本为"返回"的按钮组件 -->
    <input type = "button" value = "返回" class = "btn" onclick = "clickAction"/>
</div>
```

打开 index.js 文件。

为了能够在主页面中单击按钮之后跳转到副页面，可在 clickAction()函数的函数体中添加一条页面跳转语句 router.replace()。从'@system.router'中导入 router，并且在一对花括号中将 uri 设置为'pages/second/second'，代码如下：

```
//第 4 章 index.js
import router from '@system.router';

export default {
    data: {

    },
    onInit() {

    },
    //文本为"开始游戏"的按钮的单击事件
    clickAction(){
        //在 Log 窗口打印文本"我被单击了"
        console.log("我被单击了");
        //页面跳转语句
        router.replace({
            uri:'pages/second/second'
        })
    }
}
```

单击主页面中的按钮,跳转到副页面;单击副页面中的按钮,跳转到主页面,运行代码,如图 4-23 和图 4-24 所示。

图 4-23 主页面

图 4-24 副页面

4.4 修改页面中按钮的文本和显示的文本

本节实现的运行效果：在主页面中，按钮显示的文本为"开始游戏"。在副页面中，删除了文本副页面。

本节的实现思路：在主页面中，通过 input 组件的 value 属性值来修改按钮的文本。在副页面中，删除 text 组件来删除显示的文本。

打开 index.html 文件。

将 input 组件的 value 属性的值修改为开始游戏，以修改主页面上按钮的显示文本，代码如下：

```html
<!-- 第 4 章 index.hml -->
<div class = "container">
    <!-- 添加图片组件，指定 Logo -->
    <image class = "img" src = "/common/0.png"/>
    <!-- 添加文本为"开始游戏"的按钮组件 -->
    <input type = "button" value = "开始游戏" class = "btn" onclick = "clickAction"/>
</div>
```

打开 second.hml 文件。

将 text 组件的全部内容删除，以删除副页面中显示的文本，代码如下：

```html
<!-- 第 4 章 second.hml -->
<div class = "container">
    <text class = "title">
        副页面
    </text>
    <!-- 文本为"返回"的按钮组件 -->
    <input type = "button" value = "返回" class = "btn" onclick = "clickAction"/>
</div>
```

打开 second.css 文件。

因为在 second.hml 文件中删除了 text 组件，title 类选择器没有了对象，所以应把 title 类选择器的所有内容也删除，代码如下：

```css
/* 第 4 章 second.css */
.container {
    flex-direction: column;
    justify-content: center;
    align-items: center;
    background-color: #000000;
```

```
}
.title{
    font-size: 30px;
    text-align: center;
    width: 200px;
    height: 100px;
    color:white;
}

/* 文本为"返回"的按钮样式 */
.btn{
    font-size: 38px;
    margin-top: 50px;
    color: #000000;
    width: 200px;
    height: 50px;
    background-color: #F8C387;
}
```

主页面和副页面的运行效果如图 4-25 和图 4-26 所示。

图 4-25　主页面　　　　　　　　图 4-26　副页面

4.5 添加简单游戏页面并实现副页面向其跳转

本节实现的运行效果：在副页面中显示一个名为"简单"的按钮，单击该按钮后跳转到简单游戏页面。简单游戏页面的背景颜色为黑色。页面中从上往下分别是显示简单游戏页面的文本，一个画布组件，一个显示文本为返回的按钮，单击该按钮后跳转到副页面。

本节的实现思路：在副页面中添加一个 input 组件以显示一个按钮。通过 input 组件的 value 属性，使按钮显示的文本为"简单"。给按钮添加一个 clickAction1()函数，使其被单击时能够跳转到简单游戏页面。

在项目中新建一个简单游戏页面。添加一个 canvas 组件，使其在页面中显示一个画布。添加一个 input 组件，以便显示一个按钮，按钮显示的文本为"返回"。给按钮添加一个 clickAction()函数，使其被单击时能够跳转到副页面。

右击子目录 pages，在弹出的菜单栏中选择 New，再在弹出的子菜单栏中选中 JS Page，以创建一个新的 JS 页面，如图 4-27 所示。

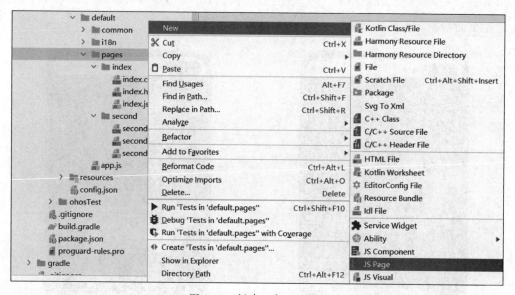

图 4-27　新建一个 JS 页面

在打开的窗口中，将 JS 页面的名称设置为 youxi1，然后单击 Finish 按钮，如图 4-28 所示。

这样，在 pages 目录下就自动创建了一个名为 youxi1 的子目录。在该子目录中自动创建了 3 个文件：youxi1.hml、youxi1.css 和 youxi1.js，这 3 个文件共同组成了简单游戏页面，如图 4-29 所示。

打开 youxi1.hml 文件。

将 text 组件显示的文本修改为"简单游戏界面"。添加一个 canvas 组件。将 canvas 组

第4章　小试牛刀："数字华容道"游戏项目

图 4-28　配置 JS 页面的名称

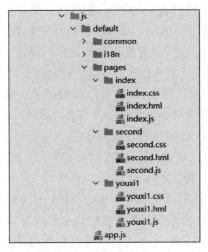

图 4-29　自动创建的 youxi1 子目录

件的 class 属性的值设置为 canvas。

添加一个 input 组件，把 type 属性的值设置为 button，并将 value 属性的值设置为"返回"。将 class 属性设置为 btn，以设置按钮的样式，代码如下：

```
<!-- 第 4 章 youxi1.hml -->
<div class = "container">
```

```
        <!-- "简单游戏页面"文本组件 -->
        <text class = "title">
            Hello {{ title }}
            简单游戏页面
        </text>
        <!-- 画布组件 -->
        <canvas class = "canvas"></canvas>
        <!-- 添加文本为"返回"的按钮组件 -->
        <input type = "button" value = "返回" class = "btn" />
    </div>
```

打开youxi1.css文件。

在container类选择器中添加一个属性flex-direction(组件排列方向)，将它的值设置为column(竖直排列)，以竖向排列div容器内的所有组件。这样就无须继续使用弹性布局的显示方式，所以就可以删除样式display。属性left(距上一组件的左端距离)和属性top(距上一组件的顶部距离)用于定位div容器在页面坐标系中的位置，其默认值都是0px，因此把left和top这两个属性都删除。属性width(宽)和属性height(高)是控制组件大小的。由于container是容器组件div的类选择器，我们使用其默认的width和height，使其能够填满整个手机页面，所以把属性width和属性height都删除。添加一个属性background-color(背景颜色)，并把其属性的值设置为♯000000(黑色)，以将背景颜色显示为黑色。

在title类选择器中添加一个属性color(颜色)，并把其属性的值设置为♯FFFFFF(白色)。由于字体的默认颜色为黑色，而背景颜色也是黑色，所以无法分辨出显示的字体，所以将字体的颜色修改为白色。

添加一个名为canvas的类选择器，以设置画布的样式。将组件的width(宽)和组件的height(高)属性的值都设置为454px。添加一个属性background-color(背景颜色)，并将它的值设置为♯CD853F，以将画布的颜色显示为棕色。

添加一个名为btn的类选择器，以设置按钮的样式。将组件的width(宽)和组件的height(高)属性的值分别设置为200px和50px。将字体大小设置为38px，即添加一个属性font-size(字体大小)，将其属性的值设置为38px。添加一个属性margin-top(上外边距)，并把其属性的值设置为50px，以使按钮与其上方的画布组件保持一定的距离。由于页面的背景颜色为黑色，为了有所区分，把按钮字体的颜色设置为黑色，并把按钮的背景颜色设置为米色，即添加一个属性color(字体颜色)并将其属性的值设置为♯000000(白色)，添加一个属性background-color(背景颜色)，将其属性的值设置为♯F8C387，代码如下：

```
/* 第4章 youxi1.css */
.container {
    flex - direction: column;
    display: flex;
    justify - content: center;
```

```css
    align-items: center;
    left: 0px;
    top: 0px;
    width: 454px;
    height: 454px;
    background-color: #000000;
}

/* 文本"简单游戏页面"样式 */
.title {
    font-size: 30px;
    text-align: center;
    width: 200px;
    height: 100px;
    color: #FFFFFF;
}

/* 画布组件的样式 */
.canvas{
    width: 454px;
    height: 454px;
    background-color: #CD853F;
}

/* 文本为"返回"的按钮样式 */
.btn{
    font-size: 38px;
    margin-top: 50px;
    color: #000000;
    width: 200px;
    height: 50px;
    background-color: #F8C387;
}
```

打开 youxi1.js 文件。

因为在 youxi1.hml 文件中没有使用 title 占位符,所以在 youxi1.js 文件中删除 title 及其动态数据绑定的值 World。

添加一个名为 clickAction() 的函数。在 clickAction() 函数中添加一条页面跳转语句 router.replace()。从 '@system.router' 中导入 router,并且在一对花括号中将 uri 设置为 'pages/second/second',代码如下:

```js
//第 4 章 youxi1.js
import router from '@system.router';

export default {
    data: {
```

```
            title:'World'
        },
        //文本为"返回"的按钮的单击事件
        clickAction(){
            //页面跳转语句
            router.replace({
                uri:'pages/second/second'
            })
        }
}
```

打开 youxi1.hml 文件。

添加一个 onclick 属性,并将它的值设置为定义好的 clickAction()函数。这样,当单击按钮时就会触发按钮的 onclick 单击事件,从而调用 clickAction()函数,代码如下:

```
<!-- 第 4 章 youxi1.hml -->
<div class = "container">
    <!-- "简单游戏页面"文本组件 -->
    <text class = "title">
        简单游戏页面
    </text>
    <!-- 画布组件 -->
    <canvas class = "canvas"></canvas>
    <!-- 添加文本为"返回"的按钮组件 -->
    <input type = "button" value = "返回" class = "btn" onclick = "clickAction" />
</div>
```

打开 second.js 文件。

添加一个函数 clickAction1(),并且在 clickAction1()函数的函数体中添加一条页面跳转语句 router.replace()。从'@system.router'中导入 router,并且在一对花括号中将 uri 设置为'pages/youxi1/youxi1',代码如下:

```
//第 4 章 second.js
import router from '@system.router';

export default {
    data: {

    },
    //文本为"返回"的按钮的单击事件
    clickAction(){
        //页面跳转语句
        router.replace({
            uri:'pages/index/index'
        })
    },
    //文本为"简单"的按钮的单击事件
```

```
    clickAction1(){
        //页面跳转语句
        router.replace({
            uri:'pages/youxi1/youxi1'
        })
    }
}
```

打开 second.hml 文件。

添加一个 input 组件,把 type 属性的值设置为 button,并将 value 属性的值设置为"简单"。将 class 属性设置为 btn,以设置按钮的样式。添加一个 onclick 属性,并将它的值设置为定义好的 clickAction1() 函数。这样,当单击按钮时就会触发按钮的 onclick 单击事件,从而调用 clickAction1() 函数,代码如下:

```
<!-- 第 4 章 second.hml -->
<div class = "container">
    <!-- 文本为"简单"的按钮组件 -->
    <input type = "button" value = "简单" class = "btn" onclick = "clickAction1"/>
    <!-- 文本为"返回"的按钮组件 -->
    <input type = "button" value = "返回" class = "btn" onclick = "clickAction" />
</div>
```

副页面和简单游戏页面的运行效果如图 4-30 和图 4-31 所示。

图 4-30　副页面

图 4-31　简单游戏页面

4.6 在简单游戏页面的画布中绘制网格

本节实现的运行效果：在简单游戏页面中显示一个 3×3 的网格。

本节的实现思路：通过 canvas 组件中的 ref 属性获得其对应的对象实例，并调用 getContext('2d') 函数，以便获得 2D 绘制引擎。调用 fillRect() 函数对网格逐一进行绘制。

打开 youxi1.hml 文件。

在 canvas 组件中将 ref 属性的值设置为 canvas，以便能够在 youxi1.js 文件中通过引用获得 canvas 组件的对象实例，代码如下：

```
<!-- 第 4 章 youxi1.hml -->
<div class = "container">
    <!-- "简单游戏页面"文本组件 -->
    <text class = "title">
        简单游戏页面
    </text>
    <!-- 画布组件 -->
    <canvas class = "canvas" ref = "canvas"></canvas>
    <!-- 添加文本为"返回"的按钮组件 -->
    <input type = "button" value = "返回" class = "btn" onclick = "clickAction" />
</div>
```

打开 youxi1.js 文件。

添加一个名为 drawGrids() 的函数。在 drawGrids() 函数中，通过引用 this.$refs.canvas 获得 youxi1.hml 文件中 canvas 组件的对象实例，然后调用 getContext('2d') 函数获得 2D 绘制引擎，将其赋值给变量 context。

将方格的间距设置为 4，即定义一个变量 MARGIN 并使其等于 4。由于要绘制的网格是 3×3 的网格，网格中每一行有 3 个格子，格子之间有 4 个间隔，于是：

$$\text{格子的宽度}：SIDELINE\_X = (\text{画布宽度} - 4 \times MARGIN)/3 \tag{4-1}$$

$$\text{格子的高度}：SIDELINE\_Y = (\text{画布高度} - 4 \times MARGIN)/3 \tag{4-2}$$

把 #FB8B05 赋值给 context 的属性 fillStyle，以便使该颜色作为绘制格子的颜色。

绘制格子要调用 context 的 fillRect() 函数。在调用 fillRect() 函数时需要传入格子的左上角的 x 坐标和 y 坐标，以及格子的高度和宽度。

设格子的左上角的 x 坐标和 y 坐标分别是 leftTopX 和 leftTopY。对于要绘制的 9 个格子，每个格子的宽度为 SIDELINE_X，每个格子的长度为 SIDELINE_X，相邻两个格子的间距为 MARGIN。每增加一行，格子的 leftTopX 增加一个格子的宽度 SIDELINE_X 和一个间距 MARGIN 的距离。同理，每增加一列，格子的 leftTopY 增加一个格子的高度 SIDELINE_Y 和一个间距的距离 MARGIN。

通过上述得到的 leftTopX、leftTopY、SIDELINE_X 和 SIDELINE_Y 可以调用 context

的 fillRect()函数绘制格子。运用双重循环的方法,绘制出 3×3 的网格。

由于手机的缩放比,当 SIDELINE_X =(454－4×MARGIN)/3 时,无法在手机上完整地显示出所有的格子。于是我们修改在画布绘制格子的宽度,使其为 360px。当 SIDELINE_X =(360－4×MARGIN)/3 时,所有格子能够在手机页面上完整地显示出来。

最后在页面的生命周期事件函数 onShow()中,调用我们刚刚定义好的函数 drawGrids()。使其在页面显示时,运行 drawGrids()函数,代码如下:

```js
//第 4 章 youxi1.js
import router from '@system.router';

export default {
    data: {

    },
    //生命周期事件,页面显示时触发
    onShow(){
        //调用绘制网格的函数
        this.drawGrids();
    },
    //绘制网格的函数
    drawGrids(){
        //通过 ref 引用获得 canvas 组件的对象实例
        var context = this.$refs.canvas.getContext('2d');

        //方格间的间距
        const MARGIN = 4;
        //方格的宽度和高度
        const SIDELINE_X = (360 - 4 * MARGIN) / 3;
        const SIDELINE_Y = (454 - 4 * MARGIN) / 3;
        //双重循环绘制方格
        for (let row = 0; row < 3; row ++ ) {
            for (let column = 0; column < 3; column ++ ) {
                //方格的颜色
                context.fillStyle = "#FB8B05";
                //方格左上端点的横纵坐标
                let leftTopX = column * (MARGIN + SIDELINE_X) + MARGIN;
                let leftTopY = row * (MARGIN + SIDELINE_Y) + MARGIN;
                //绘制矩形,参数分别为方格左上端点的横坐标、方格左上端点的纵坐标、方格的
                //宽、方格的高
                context.fillRect(leftTopX, leftTopY, SIDELINE_X, SIDELINE_Y);
            }
        }
    },
    //文本为"返回"的按钮的单击事件
```

```
clickAction(){
    //页面跳转语句
    router.replace({
        uri:'pages/second/second'
    })
}
```

简单游戏页面的运行效果如图 4-32 所示。

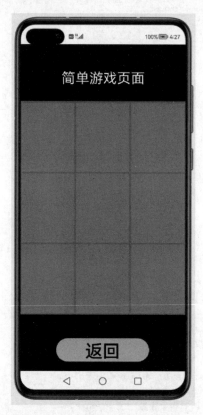

图 4-32　绘制网格的简单游戏页面

4.7　在简单游戏页面的画布中绘制数字

本节实现的运行效果：在简单游戏页面中，除了右下角那个格子外，在其他格子中间都显示一个数字。

本节的实现思路：通过 canvas 组件中的 ref 属性获得其对应的对象实例，并调用 getContext('2d')函数获得 2D 绘制引擎。在绘制完格子之后，调用 fillText()函数在格子中间绘制数字。

打开 youxi1.js 文件。

添加一个全局数组变量 grids，用来存放在格子中绘制的数字。添加一个名为 initGrids 的自定义函数，在 initGrids() 函数中初始化 grids 并给 grids 赋值。在页面的生命周期事件函数 onInit() 中调用刚刚定义的 initGrids() 函数，这样就能在页面显示已经准备好要绘制的数组数字了，代码如下：

```js
//第 4 章 youxi1.js
import router from '@system.router';

//全局变量,存放网格中的数字
var grids;

export default {
    data: {

    },
    //生命周期事件,页面数据初始化完成时触发,只触发一次
    onInit(){
        //调用初始化数据的函数
        this.initGrids();
    },
    //生命周期事件,页面显示时触发
    onShow(){
        //调用绘制网格的函数
        this.drawGrids();
    },
    //初始化数据的函数
    initGrids() {
        //初始化全局变量 grids
        grids = [[1, 2, 3],
                 [4, 5, 6],
                 [7, 8, 0]];
    },
    //绘制网格的函数
    drawGrids(){
        //通过 ref 引用获得 canvas 组件的对象实例
        var context = this.$refs.canvas.getContext('2d');

        //方格间的间距
        const MARGIN = 4;
        //方格的宽度和高度
        const SIDELINE_X = (360 - 4 * MARGIN) / 3;
        const SIDELINE_Y = (454 - 4 * MARGIN) / 3;
```

```
            //双重循环绘制方格
            for (let row = 0; row < 3; row ++ ) {
                for (let column = 0; column < 3; column ++ ) {
                    //方格的颜色
                    context.fillStyle = "#FB8B05";
                    //方格左上端点的横纵坐标
                    let leftTopX = column * (MARGIN + SIDELINE_X) + MARGIN;
                    let leftTopY = row * (MARGIN + SIDELINE_Y) + MARGIN;
                    //绘制矩形,参数分别为方格左上端点的横坐标、方格左上端点的纵坐标、方格的
                    //宽、方格的高
                    context.fillRect(leftTopX, leftTopY, SIDELINE_X, SIDELINE_Y);
                }
            }
        },
        //文本为"返回"的按钮的单击事件
        clickAction(){
            //页面跳转语句
            router.replace({
                uri:'pages/second/second'
            })
        }
    }
```

在 drawGrids()函数中当绘制完一个格子后,把数组的对应元素转化为字符串并且赋值给 gridStr。把 30px HYQiHei-65S 赋值给 context 的属性 font(字体样式),使绘制的字体大小为 30px,字体的样式为 HYQiHei-65S。在绘制字体前,把#FFFFFF(白色)赋值给 context 的属性 fillStyle,使绘制的字体颜色为白色。

绘制数字要调用 context 的 fillText()函数。在调用 fillText()函数时需要传入要绘制的字符串,绘制数字的左上角的 x 坐标和 y 坐标。

由于是在格子中间绘制数字的,所以绘制数字的左上角的 x 坐标为绘制数字到格子左边缘的距离加上格子的 leftTopX。同理,绘制数字的左上角的 y 坐标为绘制数字到格子上边缘的距离加上格子的 leftTopY。把绘制数字到格子左边缘的距离设为 offsetX,我们把绘制数字到格子上边缘的距离设为 offsetY。

由于绘制的字体在格子中处于中间位置,当绘制一位数字时,绘制的数字应该占格子宽度的 1/4,当绘制两位数字时,绘制的数字应该占格子宽度的 1/2,因此,我们把格子的宽度分为 8 份,当绘制一位数字时,由于绘制的数字已经占了 1/4,即 2/8,剩下的即为绘制数字到左右两边边缘的距离。绘制数字到左右两边边缘的距离大小是相等的,因此 offsetX 的大小为 3/8。同理,绘制两位数字时,offsetX 的大小为 2/8;绘制三位数字时,offsetX 的大小为 1/8。

由于当多绘制一位数字时,offsetX 的大小会减小 1/8。我们运用字符串的自带函数 length,求出要绘制数字的长度,于是我们可以得到 offsetX 的计算公式:

$$\text{offsetX} = (4 - \text{gridStr.length}) \times (\text{SIDELINE\_X}/8) \tag{4-3}$$

gridStr 为数组元素的字符串，SIDELINE_X 为格子的宽度。

由于绘制数字的高度一致，都位于格子的中间，所以 offsetY 的大小为格子的高度减去字体的大小再除于 2。offsetY 的计算公式如下：

$$\text{offsetY} = (\text{SIDELINE\_Y} - 30)/2 \tag{4-4}$$

由于手机的基准宽度为 720px，所以 offsetY 还要乘以 1.5 的比例。

由于"数字华容道"游戏中有一个空格子，所以在绘制格子的时候需要有一个判断条件。只有当要绘制的数字不为 0 时，才把数字绘制出来，代码如下：

```javascript
//第4章 youxi1.js
import router from '@system.router';

//全局变量,存放网格中的数字
var grids;

export default {
    data: {

    },
    //生命周期事件,页面数据初始化完成时触发,只触发一次
    onInit(){
        //调用初始化数据的函数
        this.initGrids();
    },
    //生命周期事件,页面显示时触发
    onShow(){
        //调用绘制网格的函数
        this.drawGrids();
    },
    //初始化数据的函数
    initGrids() {
        //初始化全局变量 grids
        grids = [[1, 2, 3],
                 [4, 5, 6],
                 [7, 8, 0]];
    },
    //绘制网格的函数
    drawGrids(){
        //通过 ref 引用获得 canvas 组件的对象实例
        var context = this.$refs.canvas.getContext('2d');

        //方格间的间距
        const MARGIN = 4;
        //方格的宽度和高度
        const SIDELINE_X = (360 - 4 * MARGIN) / 3;
```

第4章 小试牛刀："数字华容道"游戏项目　73

图 4-33　简单游戏页面

4.8　在简单游戏页面中绘制随机生成的数字

　　本节实现的运行效果：每次进入简单游戏页面的时候，网格上显示的数字都是随机的。
　　本节的实现思路：通过 Math.random() 函数随机生成一个 0～1 的随机数，把随机数放大 4 倍，使随机数为 0～4 的数。通过 Math.floor() 函数把随机数取整，这样随机数的取值为 0、1、2 和 3。当随机数为 0 且数组中的 0 元素不处于右边缘时，数组中的 0 元素与相邻右边的元素进行交换。当随机数为 1 且数组中的 0 元素不处于左边缘时，数组中的 0 元素与相邻左边的元素进行交换。当随机数为 2 且数组中的 0 元素不处于下边缘时，数组中的 0 元素与相邻下边的元素进行交换。当随机数为 3 且数组中的 0 元素不处于上边缘时，数组中的 0 与相邻上边的元素进行交换。最后把以上操作进行循环，可以得到有解的随机数组。最后把数组中的元素在网格中绘制出来。
　　打开 youxi1.js 文件。
　　添加一个名为 randomGrids() 的自定义函数。在 randomGrids() 函数中，定义 3 个变量 row_0、column_0 和 random。其中变量 row_0 和 column_0 用来存放 0 元素在数组的位置

信息，变量 random 用来存放随机数。首先我们利用双重循环找到数组中 0 元素所在的位置，并把 0 元素所在位置的信息赋值给 row_0 和 column_0。

在函数体中，Math.random() 函数用于生成一个介于 0 和 1 之间（包括 0 但不包括 1）的随机数。Math.floor(x) 函数用于返回小于或等于 x 的最大整数。

通过 Math.random() 函数随机生成一个 0~1 的随机数，把随机数放大 4 倍，使随机数为 0~4 的小数，通过 Math.floor() 函数把随机数取整，并赋值给 random。当 random=0 时，对 0 元素进行右移操作，当 0 元素不为右边缘时，即 column_0 不等于 2 时，使 0 元素与其右边相邻的元素交换。当 random=1 时，对 0 元素进行左移操作，当 0 元素不为左边缘时，即 column_0 不等于 2 时，使 0 元素与其左边相邻的元素交换。当 random=2 和 random=3 时，同理对数组中的 0 元素分别进行下移和上移操作。最后对上述操作进行循环，代码如下：

```js
//第 4 章 youxi1.js
import router from '@system.router';

//全局变量,存放网格中的数字
var grids;

export default {
    data: {

    },
    //生命周期事件,页面数据初始化完成时触发,只触发一次
    onInit(){
        //调用初始化数据的函数
        this.initGrids();
    },
    //生命周期事件,页面显示时触发
    onShow(){
        //调用绘制网格的函数
        this.drawGrids();
    },
    //初始化数据的函数
    initGrids() {
        //初始化全局变量 grids
        grids = [[1, 2, 3],
                 [4, 5, 6],
                 [7, 8, 0]];
    },
    //对全局变量 grids 进行随机打乱的函数
    randomGrids(){
        //数字 0 所在网格中的行
        let row_0;
```

```
//数字0所在网格中的列
let column_0;
//随机数
let random;
//循环打乱grids
for(let i = 0; i < 27; i ++ ){
    //查找数字0在网格中的位置
    for (let row = 0; row < 3; row ++ ) {
        for (let column = 0; column < 3; column ++ ) {
            if(grids[row][column] == 0){
                row_0 = row;
                column_0 = column;
            }
        }
    }

    //随机生成0、1、2、3这4个数中任意一个
    random = Math.floor(Math.random() * 4);

    if(random == 0 || random == 1){
        if(random == 0){
            //当空方格不位于网格中最右边缘时,随机数0表示空方格右移
            if(column_0 != 2){
                let temp = grids[row_0][column_0];
                grids[row_0][column_0] = grids[row_0][column_0 + 1];
                grids[row_0][column_0 + 1] = temp;
            }
        }else{
            //当空方格不位于网格中最左边缘时,随机数1表示空方格左移
            if(column_0 != 0){
                let temp = grids[row_0][column_0];
                grids[row_0][column_0] = grids[row_0][column_0 - 1];
                grids[row_0][column_0 - 1] = temp;
            }
        }
    }

    if(random == 2 ||random == 3){
        if(random == 2){
            //当空方格不位于网格中最下边缘时,随机数2表示空方格下移
            if(row_0 != 2){
                let temp = grids[row_0][column_0];
                grids[row_0][column_0] = grids[row_0 + 1][column_0];
                grids[row_0 + 1][column_0] = temp;
            }
        }else{
```

```
                    //当空方格不位于网格中最上边缘时,随机数 0 表示空方格上移
                    if(row_0 != 0){
                        let temp = grids[row_0][column_0];
                        grids[row_0][column_0] = grids[row_0 - 1][column_0];
                        grids[row_0 - 1][column_0] = temp;
                    }
                }
            }
        }
    },
    //绘制网格的函数
    drawGrids(){
        ...
    },
    ...
}
```

在页面的生命周期事件函数 onInit()中,初始化数组之后调用刚刚定义好的 randomGrids()函数,使数组进行随机化处理,这样就能在页面显示前对数组进行随机变化了,代码如下:

```
//第 4 章 youxi1.js
import router from '@system.router';

//全局变量,存放网格中的数字
var grids;

export default {
    data: {

    },
    //生命周期事件,页面数据初始化完成时触发,只触发一次
    onInit(){
        //调用初始化数据的函数
        this.initGrids();
        //调用对全局变量 grids 进行随机打乱的函数
        this.randomGrids();
    },
    //生命周期事件,页面显示时触发
    onShow(){
        //调用绘制网格的函数
        this.drawGrids();
    },
    //初始化数据的函数
    initGrids() {
```

```
            //初始化全局变量 grids
            grids = [[1, 2, 3],
                     [4, 5, 6],
                     [7, 8, 0]];
        },
        //对全局变量 grids 进行随机打乱的函数
        randomGrids(){
            ...
        },
        ...
}
```

随机打乱数字后简单游戏页面的运行效果如图 4-34 所示。

图 4-34　随机打乱数字后的简单游戏页面

4.9　在简单游戏页面的画布中添加一个滑动事件

本节实现的运行效果：在简单游戏页面的画布中，当手指向左滑动时，在 Log 工具窗口中打印一条 Log"向左滑动"；同样，当手指向右滑动时，在 Log 工具窗口中打印一条 Log

"向右滑动";当手指向上滑动时,在 Log 工具窗口中打印一条 Log"向上滑动"。当手指向下滑动时,在 Log 工具窗口中打印一条 Log"向下滑动"。

本节的实现思路:在页面的 canvas 组件中添加 onswipe 属性,从而在页面触发滑动事件时自动调用指定的自定义函数。

打开 youxi1.js 文件。

添加一个名为 swipe(event)的自定义函数,并定义一个名为 event 的形参。在函数体中通过 event.direction 的值判断滑动的方向。如果 event.direction 等于字符串 left,就打印一条 Log"向左滑动";如果 event.direction 等于字符串 right,就打印一条 log"向右滑动";如果 event.direction 等于字符串 up,就打印一条 log"向上滑动";如果 event.direction 等于字符串 down,就打印一条 log"向下滑动"。代码中的 switch 语句也可以用 if 语句来代替,代码如下:

```
//第 4 章 youxi1.js
import router from '@system.router';

//全局变量,存放网格中的数字
var grids;

export default {
...
    //绘制网格的函数
    drawGrids(){
        ...
    },
    //画布组件的滑动事件
    swipe(event){
        //event.direction 表示接受滑动事件的方向参数
        switch(event.direction){
            case 'left':
                console.log("向左滑动");
                break
            case 'right':
                console.log("向右滑动");
                break
            case 'up':
                console.log("向上滑动");
                break
            case 'down':
                console.log("向下滑动");
                break
        }
    }
```

```
        },
        //文本为"返回"的按钮的单击事件
        clickAction(){
            //页面跳转语句
            router.replace({
                uri:'pages/second/second'
            })
        }
}
```

打开 youxi1.hml 文件。

在 canvas 组件中添加 onswipe 属性,并把 onswipe 属性的值设置为 swipe 自定义函数。这样,当用户在画布中用手指滑动时,就会触发页面的 onswipe 事件,从而调用自定义函数 swipe(event),代码如下:

```
<!-- 第 4 章 youxi1.hml -->
<div class = "container">
    <!-- "简单游戏页面"文本组件 -->
    <text class = "title">
        简单游戏页面
    </text>
    <!-- 画布组件 -->
    <canvas class = "canvas" ref = "canvas" onswipe = "swipe" ></canvas>
    <!-- 添加文本为"返回"的按钮组件 -->
    <input type = "button" value = "返回" class = "btn" onclick = "clickAction" />
</div>
```

在简单游戏页面的画布上分别进行向左滑动、向右滑动、向上滑动和向下滑动操作,在 Log 工具窗口分别打印对应的 Log 文本,运行效果如图 4-35 所示。

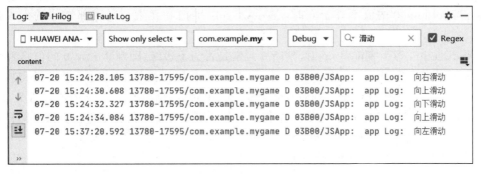

图 4-35　Log 工具窗口

4.10 在画布上响应滑动事件：格子滑动

本节实现的运行效果：在简单游戏页面中的画布组件上进行滑动时，格子中的数字也跟着一起滑动。

本节的实现思路：当在画布上向右滑动时，判断空格子的左边是否有元素，即判断空格子是否为左边缘。如果空格子不是左边缘，则空格子与其左边的格子交换位置，达到数字格子向右滑动的效果；当在画布上向左滑动时，判断空格子的右边是否有元素，即判断空格子是否为右边缘。如果空格子不是右边缘，则空格子与其右边的格子交换位置，达到数字格子向左滑动的效果。

当在画布上向上滑动时，判断空格子的下边是否有元素，即判断空格子是否为下边缘。如果空格子不是下边缘，则空格子与其下边的格子交换位置，达到数字格子向上滑动的效果；当在画布上向下滑动时，判断空格子的上边是否有元素，即判断空格子是否为上边缘。如果空格子不是上边缘，则空格子与其上边的格子交换位置，达到数字格子向下滑动的效果。

打开 youxi.js 文件。

添加一个名为 changeGrids() 的自定义函数，并定义一个名为 direction 的形参，direction 的值为滑动的方向。在函数体中，定义 3 个变量 row_0、column_0 和 newGrids。其中变量 row_0 和 column_0 用来存放 0 元素在数组的位置信息，变量 newGrids 用来存放交换后的数组。

首先初始化 newGrids 并把 grids 的内容赋值给 newGrids，然后利用双重循环找到数组中 0 元素所在的位置，并把 0 元素所在位置的信息赋值给 row_0 和 column_0。

当 direction 等于字符串 left 时，判断 0 元素是否为右边缘，即判断 column_0 的值是否为 2。当 column_0 的值不等于 2 时，在 newGrids 中把 0 元素与其相邻右边的元素进行交换；当 direction 等于字符串 right 时，判断 0 元素是否为左边缘，即判断 column_0 的值是否为 0。当 column_0 的值不等于 0 时，在 newGrids 中把 0 元素与其相邻左边的元素进行交换。

当 direction 等于字符串 up 时，判断 0 元素是否为下边缘，即判断 row_0 的值是否为 2。当 row_0 的值不等于 2 时，在 newGrids 中把 0 元素与其相邻下边的元素进行交换。当 direction 等于字符串 down 时，判断 0 元素是否为上边缘，即判断 row_0 的值是否为 0。当 row_0 的值不等于 0 时，在 newGrids 中把 0 元素与其相邻上边的元素进行交换。同样代码中的 switch 语句也可以用 if 语句来代替。

最后返回 newGrids 数组，代码如下：

```
//第 4 章 youxi1.js
import router from '@system.router';
```

```js
//全局变量,存放网格中的数字
var grids;

export default {
...
    //画布组件的滑动事件
    swipe(event){
        //event.direction 表示接受滑动事件的方向参数
        switch(event.direction){
            case 'left':
                console.log("向左滑动");
                break
            case 'right':
                console.log("向右滑动");
                break
            case 'up':
                console.log("向上滑动");
                break
            case 'down':
                console.log("向下滑动");
                break
        }
    },
    //根据滑动方向改变网格中数字的函数
    changeGrids(direction){
        //数字 0 所在网格中的行
        let row_0;
        //数字 0 所在网格中的列
        let column_0;
        let newGrids = grids;
        //查找数字 0 在网格中的位置
        for(let row = 0; row < 3; row ++ ){
            for(let column = 0;column < 3; column ++ ){
                if(newGrids[row][column] == 0){
                    row_0 = row;
                    column_0 = column;
                }
            }
        }

        //根据滑动的方向参数移动方格
        switch(direction){
            case 'left':
                if(column_0 != 2){
                    let temp = newGrids[row_0][column_0];
                    newGrids[row_0][column_0] = newGrids[row_0][column_0 + 1];
```

```
                newGrids[row_0][column_0 + 1] = temp;
            }
            break
        case 'right':
            if(column_0 != 0){
                let temp = newGrids[row_0][column_0];
                newGrids[row_0][column_0] = newGrids[row_0][column_0 - 1];
                newGrids[row_0][column_0 - 1] = temp;
            }
            break
        case 'up':
            if(row_0 != 2){
                let temp = newGrids[row_0][column_0];
                newGrids[row_0][column_0] = newGrids[row_0 + 1][column_0];
                newGrids[row_0 + 1][column_0] = temp;
            }
            break
        case 'down':
            if(row_0 != 0){
                let temp = newGrids[row_0][column_0];
                newGrids[row_0][column_0] = newGrids[row_0 - 1][column_0];
                newGrids[row_0 - 1][column_0] = temp;
            }
            break
        }
        return newGrids;
    },
    //文本为"返回"的按钮的单击事件
    clickAction(){
        //页面跳转语句
        router.replace({
            uri:'pages/second/second'
        })
    }
}
```

在 swipe(event) 函数的函数体中把参数 event.direction 传给刚刚定义好的函数 changeGrids()，并把函数返回的值赋值给 grids。最后调用 drawGrids() 函数，把变化后的数组绘制出来，代码如下：

```
//第 4 章 youxi1.js
import router from '@system.router';
```

```
//全局变量,存放网格中的数字
var grids;

export default {
...
    //绘制网格的函数
    drawGrids(){
        ...
    },
    //画布组件的滑动事件
    swipe(event){
        //event.direction 表示接受滑动事件的方向参数
        switch(event.direction){
            case 'left':
                console.log("向左滑动");
                break
            case 'right':
                console.log("向右滑动");
                break
            case 'up':
                console.log("向上滑动");
                break
            case 'down':
                console.log("向下滑动");
                break
        }

        //调用根据滑动方向改变网格中数字的函数以更新全局变量 grids
        grids = this.changeGrids(event.direction);
        //调用绘制网格的函数
        this.drawGrids();
    },
    //根据滑动方向改变网格中数字的函数
    changeGrids(direction){
        ...
    },
    ...
}
```

在简单游戏页面中的画布组件上进行滑动时,格子中的数字也跟着一起滑动,运行效果如图 4-36 和图 4-37 所示。

图 4-36 滑动前的简单游戏页面

图 4-37 滑动后的简单游戏页面

4.11 在画布上显示文本：游戏结束

本节实现的运行效果：在简单游戏页面中，在画布上面显示游戏结束的文本。

本节的实现思路：通过 stack 组件来堆叠其中的子组件，从而在画布组件上面显示文本。在 stack 组件中，使 canvas 组件和一个名为 div 的容器组件堆叠。在 div 容器组件中包含 text 文本组件，文本组件显示的文本为"游戏结束"。

打开 youxi1.hml 文件。

在 canvas 组件的外部嵌套一个 stack 组件，这样其中的子组件会按照顺序依次进栈，从而后一个入栈的子组件会堆叠在前一个入栈的子组件的上面。将 stack 组件的 class 属性的值设置为 stack。

在 stack 组件的内部添加一个 div 组件，用来存放 text 组件，使 text 组件能够居中显示。将 div 组件的 class 属性的值设置为 sub_container。

在 stack 组件内部的 div 组件的内部添加一个 text 组件，将 text 显示的文本设置为"游戏结束"。将 text 组件的 class 属性的值设置为 game_over，代码如下：

```
<!-- 第 4 章 youxi1.hml -->
<div class = "container">
    <!-- "简单游戏页面"文本组件 -->
    <text class = "title">
        简单游戏页面
    </text>
    <canvas class = "canvas" ref = "canvas" onswipe = "swipe" ></canvas>
    <!-- 栈组件 -->
    <stack class = "stack">
        <!-- 画布组件 -->
        <canvas class = "canvas" ref = "canvas" onswipe = "swipe" ></canvas>
        <div class = "sub_container">
            <!-- "游戏结束"文本组件 -->
            <text class = "game_over">
                游戏结束
            </text>
        </div>
    </stack>
    <!-- 添加文本为"返回"的按钮组件 -->
    <input type = "button" value = "返回" class = "btn" onclick = "clickAction" />
</div>
```

打开 youxi1.css 文件。

添加一个名为 stack 的类选择器,以设置 youxi1.hml 文件中 stack 组件的样式。将组件的 width(宽)和组件的 height(高)属性的值都设置为 454px。将属性 margin-top(上外边距)设置为 10px,以确保 stack 组件与其他组件保持一定的距离。

添加一个名为 sub_container 的类选择器,以设置 youxi1.hml 文件中 stack 内部 div 组件的样式,将组件的 width(宽)和组件的 height(高)属性的值都设置为 454px。将属性 justify-content(竖直方向布局)和属性 align-items(水平方向布局)都设置为 center,从而使容器 div 内的组件在水平方向和竖直方向都居中对齐。将属性 background-color 的值设置为 transparent(透明),使其背景颜色为透明。

添加一个名为 game_over 的类选择器,以设置 youxi1.hml 文件中 div 组件内部 text 组件的样式,将属性 font-size(字体大小)的值设置为 38px,以设置显示字体的大小。将属性 color(字体颜色)设置为 black(黑色),以将字体的颜色设置为黑色,代码如下:

```
/* 第 4 章 youxi1.css */
.container {
    flex-direction: column;
    justify-content: center;
    align-items: center;
    background-color: #000000;
}
```

```css
/* 文本"简单游戏页面"样式 */
.title {
    font-size: 30px;
    text-align: center;
    width: 200px;
    height: 100px;
    color: #FFFFFF;
}

/* 画布组件的样式 */
.canvas{
    width: 454px;
    height:454px;
    background-color: #CD853F;
}

/* 文本为"返回"的按钮样式 */
.btn{
    font-size: 38px;
    margin-top: 50px;
    color: #000000;
    width: 200px;
    height: 50px;
    background-color: #F8C387;
}

/* 栈组件的样式 */
.stack{
    width: 454px;
    height:454px;
    margin-top: 10px;
}

/* 文本"游戏结束"样式 */
.gameover {
    font-size: 38px;
    color: black;
}

.subcontainer {
    width: 454px;
    height:454px;
    justify-content: center;
    align-items: center;
    background-color: transparent;
}
```

显示"游戏结束"文本的简单游戏页面的运行效果如图 4-38 所示。

图 4-38　简单游戏结束页面

4.12　在画布上隐藏游戏结束的文本

本节实现的运行效果：在画布上显示的文本依然存在，但是将显示文本的状态设置为不可见。

本节的实现思路：在 stack 组件里面的 div 容器组件中添加 show 属性，通过 show 属性和动态数据绑定的方式指定是否显示文本。

打开 youxi1.hml 文件。

在 stack 组件内部的 div 组件中，添加 show 属性，通过动态数据绑定的方式将 show 属性的值设置为{{isShow}}，这样就可以在 youxi1.js 文件中通过设置 isShow 的值将该组件设置为不可见状态，代码如下：

```
<!-- 第 4 章 youxi1.hml -->
<div class = "container">
    <!-- "简单游戏页面"文本组件 -->
```

```html
<text class = "title">
    简单游戏页面
</text>
<!-- 栈组件 -->
<stack class = "stack">
    <!-- 画布组件 -->
    <canvas class = "canvas" ref = "canvas" onswipe = "swipe" ></canvas>
    <div class = "sub_container" show = "{{isShow}}" >
        <!-- "游戏结束"文本组件 -->
        <text class = "game_over">
            游戏结束
        </text>
    </div>
</stack>
<!-- 添加文本为"返回"的按钮组件 -->
<input type = "button" value = "返回" class = "btn" onclick = "clickAction" />
</div>
```

打开 youxi1.js 文件。

在 data 中将 isShow 占位符的值初始化为 false,使 div 组件的所有内容不可见,代码如下:

```js
//第 4 章 youxi1.js
import router from '@system.router';

//全局变量,存放网格中的数字
var grids;

export default {
    data: {
        isShow: false,
    },
    //生命周期事件,页面数据初始化完成时触发,只触发一次
    onInit(){
        //调用初始化数据的函数
        this.initGrids();
        //调用对全局变量 grids 进行随机打乱的函数
        this.randomGrids();
    },
    ...
}
```

简单游戏页面的运行效果如图 4-39 所示。

第4章 小试牛刀:"数字华容道"游戏项目 89

图 4-39 简单游戏页面运行效果

4.13 在游戏结束时显示隐藏的文本

本节实现的运行效果:当画布上的所有数字都复位后,即游戏结束时,把游戏结束文本显示出来。

本节的实现思路:定义一个函数 GameOver(),在每次滑动结束时用来判断游戏是否结束。当 GameOver()函数判断游戏已经结束后,使动态数据 isShow 的值变为 true,把隐藏的文本显示出来。

打开 youxi1.js 文件。

添加一个名为 GameOver()的自定义函数。在 GameOver()函数的函数体中判断数组的每一位元素是否在初始的位置。当数组中的每一位元素都处于初始的位置时,即为游戏结束,GameOver()函数的返回值为 true,否则 GameOver()函数的返回值为 false,代码如下:

```
//第 4 章 youxi1.js
import router from '@system.router';
```

```
//全局变量,存放网格中的数字
var grids;

export default {
...
    //根据滑动方向改变网格中数字的函数
    changeGrids(direction){
        //数字0所在网格中的行
        let row_0;
        //数字0所在网格中的列
        let column_0;
        let newGrids = grids;
        //查找数字0在网格中的位置
        for(let row = 0; row < 3; row ++ ){
            for(let column = 0;column < 3; column ++ ){
                if(newGrids[row][column] == 0){
                    row_0 = row;
                    column_0 = column;
                }
            }
        }

        //根据滑动的方向参数移动方格
        switch(direction){
            case 'left':
                if(column_0 != 2){
                    let temp = newGrids[row_0][column_0];
                    newGrids[row_0][column_0] = newGrids[row_0][column_0 + 1];
                    newGrids[row_0][column_0 + 1] = temp;
                }
                break
            case 'right':
                if(column_0 != 0){
                    let temp = newGrids[row_0][column_0];
                    newGrids[row_0][column_0] = newGrids[row_0][column_0 - 1];
                    newGrids[row_0][column_0 - 1] = temp;
                }
                break
            case 'up':
                if(row_0 != 2){
                    let temp = newGrids[row_0][column_0];
                    newGrids[row_0][column_0] = newGrids[row_0 + 1][column_0];
                    newGrids[row_0 + 1][column_0] = temp;
                }
                break
            case 'down':
```

```
            if(row_0 != 0){
                let temp = newGrids[row_0][column_0];
                newGrids[row_0][column_0] = newGrids[row_0 - 1][column_0];
                newGrids[row_0 - 1][column_0] = temp;
            }
            break
    }
    return newGrids;
},
//判断游戏结束函数
GameOver(){
    for(let row = 0;row < 3; row ++ ) {
        for (let column = 0; column < 3; column ++ ) {
            if (row != 2 ||column != 2) {
                if (grids[row][column] != row * 3 + (column + 1)) {
                    return false;
                }
            }
        }
    }
    return true;
},
//文本为"返回"的按钮的单击事件
clickAction(){
    //页面跳转语句
    router.replace({
        uri:'pages/second/second'
    })
}
}
```

在 swipe(event) 函数中，每次完成滑动后，判断我们刚刚定义好的 GameOver() 函数的返回值是否为 true。当 GameOver() 函数的返回值为 true 时，使 isShow 的值为 true，将隐藏的文本显示出来，代码如下：

```
//第 4 章 youxi1.js
import router from '@system.router';

//全局变量,存放网格中的数字
var grids;

export default {
    ...
    //绘制网格的函数
    drawGrids(){
```

```js
            //通过ref引用获得画布组件的对象实例
            var context = this.$refs.canvas.getContext('2d');

            //方格间的间距
            const MARGIN = 4;
            //方格的宽度和高度
            const SIDELINE_X = (360 - 4 * MARGIN) / 3;
            const SIDELINE_Y = (454 - 4 * MARGIN) / 3;
            //双重循环绘制方格
            for (let row = 0; row < 3; row ++ ) {
                for (let column = 0; column < 3; column ++ ) {
                    //方格的颜色
                    context.fillStyle = "#FB8B05";
                    //方格左上端点的横纵坐标
                    let leftTopX = column * (MARGIN + SIDELINE_X) + MARGIN;
                    let leftTopY = row * (MARGIN + SIDELINE_Y) + MARGIN;
                    //绘制矩形,参数分别为方格左上端点的横坐标、方格左上端点的纵坐标、方格
                    //的宽、方格的高
                    context.fillRect(leftTopX, leftTopY, SIDELINE_X, SIDELINE_Y);

                    //获取网格中对应位置的数字
                    let gridStr = grids[row][column].toString();
                    //设置字体的样式
                    context.font = "30px HYQiHei - 65S";
                    if (gridStr != "0") {
                        //将字体的颜色设置为白色
                        context.fillStyle = "#FFFFFF";
                        //字符串的左下端点的横纵坐标
                        let offsetX = (4 - gridStr.length) * (SIDELINE_X / 8);
                        let offsetY = (SIDELINE_Y - 30) / 2;
                        //绘制字符串,参数分别为字符串、字符串左下端点的横坐标、字符串左下
                        //端点的纵坐标
                        context.fillText(gridStr, leftTopX + offsetX, leftTopY + offsetY * 1.5);
                    }
                }
            }
        },
        //画布的滑动事件
        swipe(event){
            //event.direction 表示接受滑动事件的方向参数
            switch(event.direction){
                case 'left':
                    console.log("向左滑动");
                    break
                case 'right':
                    console.log("向右滑动");
                    break
                case 'up':
                    console.log("向上滑动");
```

```
                    break
                case 'down':
                    console.log("向下滑动");
                    break
            }

            //调用根据滑动方向改变网格中数字的函数以更新全局变量grids
            grids = this.changeGrids(event.direction);
            //调用绘制网格的函数
            this.drawGrids();
            //如果游戏结束,则显示"游戏结束"文本
            if(this.GameOver() == true){
                this.isShow = true;
            }
        },
        //根据滑动方向改变网格中数字的函数
        changeGrids(direction){
            //数字0所在网格中的行
        },
...
}
```

简单游戏结束页面的运行效果如图4-40所示。

图4-40　简单游戏结束页面

4.14 在游戏结束后不再响应滑动事件

本节实现的运行效果：当游戏结束后，在简单游戏页面中的画布组件上进行滑动时，格子中的数字不再滑动。

本节的实现思路：当游戏结束后，isShow 的值为 true。可以通过判断 isShow 是否等于 true 来判断游戏是否结束。当游戏还没结束时，即 isShow 的值为 false 时，进行滑动事件；当游戏结束，即 isShow 的值为 false 时，不再进行滑动事件。

打开 youxi1.js 文件。

在 changeGrids() 函数的函数体中，在判断滑动方向 direction 之前，我们添加一个判断条件，判断 isShow 的值是否等于 false。当 isShow 的值等于 false 时，表示游戏还在进行中，则继续进行滑动操作，代码如下：

```js
//第 4 章 youxi1.js
import router from '@system.router';

//全局变量,存放网格中的数字
var grids;

export default {
...
    //画布组件的滑动事件
    swipe(event){
        //event.direction 表示接受滑动事件的方向参数
        switch(event.direction){
            case 'left':
                console.log("向左滑动");
                break
            case 'right':
                console.log("向右滑动");
                break
            case 'up':
                console.log("向上滑动");
                break
            case 'down':
                console.log("向下滑动");
                break
        }
        //调用根据滑动方向改变网格中数字的函数以更新全局变量 grids
        grids = this.changeGrids(event.direction);
        //调用绘制网格的函数
        this.drawGrids();
        //如果游戏结束,则显示"游戏结束"文本
        if(this.GameOver() == true){
            this.isShow = true;
```

```javascript
    }
},
//根据滑动方向改变网格中数字的函数
changeGrids(direction){
    //数字 0 所在网格中的行
    let row_0;
    //数字 0 所在网格中的列
    let column_0;
    let newGrids = grids;
    //查找数字 0 在网格中的位置
    for(let row = 0; row < 3; row ++ ){
        for(let column = 0;column < 3; column ++ ){
            if(newGrids[row][column] == 0){
                row_0 = row;
                column_0 = column;
            }
        }
    }

    //游戏没结束时才响应滑动事件
    if(this.isShow == false) {
        //根据滑动的方向参数移动方格
        switch(direction){
            case 'left':
                if(column_0 != 2){
                    let temp = newGrids[row_0][column_0];
                    newGrids[row_0][column_0] = newGrids[row_0][column_0 + 1];
                    newGrids[row_0][column_0 + 1] = temp;
                }
                break
            case 'right':
                if(column_0 != 0){
                    let temp = newGrids[row_0][column_0];
                    newGrids[row_0][column_0] = newGrids[row_0][column_0 - 1];
                    newGrids[row_0][column_0 - 1] = temp;
                }
                break
            case 'up':
                if(row_0 != 2){
                    let temp = newGrids[row_0][column_0];
                    newGrids[row_0][column_0] = newGrids[row_0 + 1][column_0];
                    newGrids[row_0 + 1][column_0] = temp;
                }
                break
            case 'down':
                if(row_0 != 0){
                    let temp = newGrids[row_0][column_0];
                    newGrids[row_0][column_0] = newGrids[row_0 - 1][column_0];
                    newGrids[row_0 - 1][column_0] = temp;
                }
                break
```

```
            }
        }
        return newGrids;
    },
    //判断游戏结束函数
    GameOver(){
        for(let row = 0;row < 3; row ++ ) {
            for (let column = 0; column < 3; column ++ ) {
                if (row != 2 || column != 2) {
                    if (grids[row][column] != row * 3 + (column + 1)) {
                        return false;
                    }
                }
            }
        }
        return true;
    },
    //文本为"返回"的按钮的单击事件
    clickAction(){
        //页面跳转语句
        router.replace({
            uri:'pages/second/second'
        })
    }
}
```

游戏结束后简单游戏页面的运行效果如图 4-40 所示。

4.15 在游戏结束后网格的颜色变浅

本节实现的运行效果：当游戏结束后，在显示"游戏结束"文本的同时，全部格子的颜色变浅。

本节的实现思路：利用字典的功能，把绘制格子的颜色定义在字典中，使用时把字典中的元素赋值给变量。当游戏结束时，切换字典的元素，并把新的颜色赋值给变量。最后重新绘制一次网格。

打开 youxi1.js 文件。

定义一个字典 COLOR，字典包含两个元素，分别用于设置不同情况下格子的颜色，第 1 个元素的 key 是 normal，对应的 value 是一个只有一个元素的字典，用于设置游戏进行时格子的颜色。其中 key 是 3，value 是 #FB8B05。第 1 个元素的 key 是 faded，对应的 value 也是只有一个元素的字典，用于设置游戏进行时格子的颜色。其中 key 是 3，value 是 #E3BD8D。

定义一个全局变量 colors，用于存放 COLOR 中的 normal 元素。以便用于准备好游戏进行时格子的颜色，代码如下：

```
//第4章 youxi1.js
import router from '@system.router';

//全局变量,存放网格中的数字
var grids;
//全局常量,通过字典存放颜色
const COLOR = {
    normal:{
        "3":"#FB8B05"
    },
    faded:{
        "3":"#E3BD8D"
    }
}
//全局变量,存放当前字典颜色
var colors = COLOR.normal;

export default {
...
}
```

在drawGrids()函数中,由于在上文定义了一个变量colors,所以直接用colors["3"]来赋值给context的属性fillStyle,以使该颜色作为绘制格子的颜色,代码如下:

```
//第4章 youxi1.js
import router from '@system.router';

//全局变量,存放网格中的数字
var grids;
//全局常量,通过字典存放颜色
const COLOR = {
    normal:{
        "3":"#FB8B05"
    },
    faded:{
        "3":"#E3BD8D"
    }
}
//全局变量,存放当前字典颜色
var colors = COLOR.normal;

export default {
...
    //对全局变量grids进行随机打乱的函数
    randomGrids(){
```

```js
//数字 0 所在网格中的行
let row_0;
//数字 0 所在网格中的列
let column_0;
//随机数
let random;
//循环打乱 grids
for(let i = 0; i < 27; i ++ ){
    //查找数字 0 在网格中的位置
    for (let row = 0; row < 3; row ++ ) {
        for (let column = 0; column < 3; column ++ ) {
            if(grids[row][column] == 0){
                row_0 = row;
                column_0 = column;
            }
        }
    }

    //随机生成 0、1、2、3 这 4 个数中任意一个
    random = Math.floor(Math.random() * 4);

    if(random == 0 || random == 1){
        if(random == 0){
            //当空方格不位于网格中最右边缘时,随机数 0 表示空方格右移
            if(column_0 != 2){
                let temp = grids[row_0][column_0];
                grids[row_0][column_0] = grids[row_0][column_0 + 1];
                grids[row_0][column_0 + 1] = temp;
            }
        }else{
            //当空方格不位于网格中最左边缘时,随机数 1 表示空方格左移
            if(column_0 != 0){
                let temp = grids[row_0][column_0];
                grids[row_0][column_0] = grids[row_0][column_0 - 1];
                grids[row_0][column_0 - 1] = temp;
            }
        }
    }

    if(random == 2 || random == 3){
        if(random == 2){
            //当空方格不位于网格中最下边缘时,随机数 2 表示空方格下移
            if(row_0 != 2){
                let temp = grids[row_0][column_0];
                grids[row_0][column_0] = grids[row_0 + 1][column_0];
                grids[row_0 + 1][column_0] = temp;
```

```javascript
                    }
                }else{
                    //当空方格不位于网格中最上边缘时,随机数 0 表示空方格上移
                    if(row_0 != 0){
                        let temp = grids[row_0][column_0];
                        grids[row_0][column_0] = grids[row_0 - 1][column_0];
                        grids[row_0 - 1][column_0] = temp;
                    }
                }
            }
        }
    },
    //绘制网格的函数
    drawGrids(){
        //通过 ref 引用获得画布组件的对象实例
        var context = this.$refs.canvas.getContext('2d');
        
        //方格间的间距
        const MARGIN = 4;
        //方格的宽度和高度
        const SIDELINE_X = (360 - 4 * MARGIN) / 3;
        const SIDELINE_Y = (454 - 4 * MARGIN) / 3;
        //双重循环绘制方格
        for (let row = 0; row < 3; row ++ ) {
            for (let column = 0; column < 3; column ++ ) {
                //方格的颜色
                context.fillStyle = colors["3"];
                //方格左上端点的横纵坐标
                let leftTopX = column * (MARGIN + SIDELINE_X) + MARGIN;
                let leftTopY = row * (MARGIN + SIDELINE_Y) + MARGIN;
                //绘制矩形,参数分别为方格左上端点的横坐标、方格左上端点的纵坐标、方格
                //的宽、方格的高
                context.fillRect(leftTopX, leftTopY, SIDELINE_X, SIDELINE_Y);
                
                //获取网格中对应位置的数字
                let gridStr = grids[row][column].toString();
                //设置字体的样式
                context.font = "30px HYQiHei-65S";
                if (gridStr != "0") {
                    //将字体的颜色设置为白色
                    context.fillStyle = "#FFFFFF";
                    //字符串的左下端点的横纵坐标
                    let offsetX = (4 - gridStr.length) * (SIDELINE_X / 8);
                    let offsetY = (SIDELINE_Y - 30) / 2;
                    //绘制字符串,参数分别为字符串、字符串左下端点的横坐标、字符串左下
                    //端点的纵坐标
```

```
                    context.fillText(gridStr, leftTopX + offsetX, leftTopY + offsetY * 1.5);
                }
            }
        }
    },
    //画布组件的滑动事件
    swipe(event){
        //event.direction 表示接受滑动事件的方向参数
        switch(event.direction){
            case 'left':
                console.log("向左滑动");
                break
            case 'right':
                console.log("向右滑动");
                break
            case 'up':
                console.log("向上滑动");
                break
            case 'down':
                console.log("向下滑动");
                break
        }
        //调用根据滑动方向改变网格中数字的函数以更新全局变量grids
        grids = this.changeGrids(event.direction);
        //调用绘制网格的函数
        this.drawGrids();
        //如果游戏结束,则显示"游戏结束"文本
        if(this.GameOver() == true){
            this.isShow = true;
        }
    },
...
}
```

在 swipe(event)函数中,当完成一次滑动后,判断 GameOver()函数的返回值是否为 true。当 GameOver()函数的返回值为 true 时,把 COLOR 字典中 key 为 faded 的元素赋值给 colors,以便准备好游戏结束时格子的颜色。最后再重新绘制一次格子,代码如下:

```
//第 4 章 youxi1.js
import router from '@system.router';

//全局变量,存放网格中的数字
var grids;
//全局常量,通过字典存放颜色
```

```
const COLOR = {
    normal:{
        "3":"#FB8B05"
    },
    faded:{
        "3":"#E3BD8D"
    }
}
//全局变量,存放当前字典颜色
var colors = COLOR.normal;

export default {
...
    //绘制网格的函数
    drawGrids(){
        ...
    },
    //画布组件的滑动事件
    swipe(event){
        //event.direction表示接受滑动事件的方向参数
        switch(event.direction){
            case 'left':
                console.log("向左滑动");
                break
            case 'right':
                console.log("向右滑动");
                break
            case 'up':
                console.log("向上滑动");
                break
            case 'down':
                console.log("向下滑动");
                break
        }

        //调用根据滑动方向改变网格中数字的函数以更新全局变量grids
        grids = this.changeGrids(event.direction);
        //调用绘制网格的函数
        this.drawGrids();
        //如果游戏结束,则显示"游戏结束"文本
        if(this.GameOver() == true){
            colors = COLOR.faded;
            this.drawGrids();
            this.isShow = true;
        }
    },
```

```
        //根据滑动方向改变网格中数字的函数
        changeGrids(direction){
            ...
        },
    ...
}
```

游戏结束后简单游戏页面的运行效果如图 4-41 所示。

图 4-41　简单游戏结束页面

4.16　在简单游戏页面实现统计步数

本节实现的运行效果：在简单游戏页面中，在画布组件上方显示步数的计数，格子每滑动一次，步数加 1。

本节的实现思路：在 text 组件中通过动态数据绑定的方式显示步数的计数，每当成功滑动一次，步数的计数加 1。

打开 youxi1.hml 文件。

把位于 stack 组件上面的 text 组件所显示的文本修改为"步数：{{ step }}"，代码如下：

```
<!-- 第 4 章 youxi1.hml -->
<div class = "container">
    <!-- "步数"文本组件 -->
    <text class = "title">
        简单游戏界面
        步数:{{ step }}
    </text>
    <!-- 栈组件 -->
    <stack class = "stack">
        <!-- 画布组件 -->
        <canvas class = "canvas" ref = "canvas" onswipe = "swipe" ></canvas>
        <div class = "sub_container" show = "{{isShow}}" >
            <!-- "游戏结束"文本组件 -->
            <text class = "game_over">
                游戏结束
            </text>
        </div>
    </stack>
    <!-- 添加文本为"返回"的按钮组件 -->
    <input type = "button" value = "返回" class = "btn" onclick = "clickAction" />
</div>
```

打开 youxi.js 文件。

在 data 中将 step 占位符的值初始化为 0，代码如下：

```
//第 4 章 youxi1.js
import router from '@system.router';

//全局变量,存放网格中的数字
var grids;
//全局常量,通过字典存放颜色
const COLOR = {
    normal:{
        "3": "#FB8B05"
    },
    faded:{
        "3": "#E3BD8D"
    }
}
//全局变量,存放当前字典颜色
var colors = COLOR.normal;

export default {
```

```
    data: {
        isShow: false,
        step: 0,
    },
    //生命周期事件,页面数据初始化完成时触发,只触发一次
    onInit(){
        //调用初始化数据的函数
        this.initGrids();
        //调用对全局变量 grids 进行随机打乱的函数
        this.randomGrids();
    },
    ...
}
```

在 changeGrids()函数中,在每执行一次滑动操作的同时,使步数自动加 1,代码如下:

```
//第 4 章 youxi1.js
import router from '@system.router';

//全局变量,存放网格中的数字
var grids;
//全局常量,通过字典存放颜色
const COLOR = {
    normal:{
        "3":"#FB8B05"
    },
    faded:{
        "3":"#E3BD8D"
    }
}
//全局变量,存放当前字典颜色
var colors = COLOR.normal;

export default {
    ...
    //画布组件的滑动事件
    swipe(event){
        //event.direction 表示接受滑动事件的方向参数
        switch(event.direction){
            case 'left':
                console.log("向左滑动");
                break
            case 'right':
                console.log("向右滑动");
                break
```

```
                case 'up':
                    console.log("向上滑动");
                    break
                case 'down':
                    console.log("向下滑动");
                    break
            }
            //调用根据滑动方向改变网格中数字的函数以更新全局变量 grids
            grids = this.changeGrids(event.direction);
            //调用绘制网格的函数
            this.drawGrids();
            //如果游戏结束,则显示"游戏结束"文本
            if(this.GameOver() == true){
                colors = COLOR.faded;
                this.drawGrids();
                this.isShow = true;
            }
        },
        //根据滑动方向改变网格中数字的函数
        changeGrids(direction){
            //数字 0 所在网格中的行
            let row_0;
            //数字 0 所在网格中的列
            let column_0;
            let newGrids = grids;
            //查找数字 0 在网格中的位置
            for(let row = 0; row < 3; row ++ ){
                for(let column = 0;column < 3; column ++ ){
                    if(newGrids[row][column] == 0){
                        row_0 = row;
                        column_0 = column;
                    }
                }
            }
            //游戏没结束时才响应滑动事件
            if(this.isShow == false) {
                //根据滑动的方向参数移动方格
                switch(direction){
                    case 'left':
                        if(column_0 != 2){
                            let temp = newGrids[row_0][column_0];
                            newGrids[row_0][column_0] = newGrids[row_0][column_0 + 1];
                            newGrids[row_0][column_0 + 1] = temp;
                            this.step += 1;
```

```
                }
                break
            case 'right':
                if(column_0 != 0){
                    let temp = newGrids[row_0][column_0];
                    newGrids[row_0][column_0] = newGrids[row_0][column_0 - 1];
                    newGrids[row_0][column_0 - 1] = temp;
                    this.step += 1;
                }
                break
            case 'up':
                if(row_0 != 2){
                    let temp = newGrids[row_0][column_0];
                    newGrids[row_0][column_0] = newGrids[row_0 + 1][column_0];
                    newGrids[row_0 + 1][column_0] = temp;
                    this.step += 1;
                }
                break
            case 'down':
                if(row_0 != 0){
                    let temp = newGrids[row_0][column_0];
                    newGrids[row_0][column_0] = newGrids[row_0 - 1][column_0];
                    newGrids[row_0 - 1][column_0] = temp;
                    this.step += 1;
                }
                break
        }
    }
    return newGrids;
},
//判断游戏结束函数
GameOver(){
    for(let row = 0;row < 3; row ++ ) {
        for (let column = 0; column < 3; column ++ ) {
            if (row != 2 || column != 2) {
                if (grids[row][column] != row * 3 + (column + 1)) {
                    return false;
                }
            }
        }
    }
    return true;
},
//文本为"返回"的按钮的单击事件
clickAction(){
    //页面跳转语句
```

```
        router.replace({
            uri:'pages/second/second'
        })
    }
}
```

在简单游戏页面中的画布组件上进行滑动时,画布上方的步数会随着滑动的次数逐渐增加,运行效果如图 4-42 和图 4-43 所示。

图 4-42　滑动前的简单游戏页面　　　　　　图 4-43　滑动后的简单游戏页面

到此,已经完成了简单游戏页面所有功能的设计了。由于普通游戏页面和困难游戏页面的功能和简单游戏页面的功能一致,所以 4.17 节和 4.18 节将简单地讲解普通游戏页面和困难游戏页面的设计。

4.17　添加普通游戏页面并实现副页面向其跳转

本节实现的运行效果:在副页面中添加按钮,按钮上显示的文本为"普通"。单击按钮后跳转到普通游戏页面。普通游戏页面的背景颜色为黑色。页面中从上往下分别是显示步数文本，一个 4×4 的画布组件，一个显示文本为"返回"的按钮，单击按钮后跳转到副页面。

本节的实现思路：在副页面中添加一个 input 组件，用于显示一个按钮。通过 input 组件的 value 属性，使按钮显示的文本为"普通"。给按钮定义一个 clickAction2()函数，使其被单击时能够跳转到普通游戏页面。

在项目中新建一个普通游戏页面。把简单游戏页面和普通游戏页面做一个对比，很容易发现：两个页面中包含组件的结果及对应组件的样式和行为几乎是一样的，因此，只需要在简单游戏页面的基础上进行一些修改就可以实现普通游戏页面了。

右击子目录 pages，在弹出的菜单栏中选择 New，再在弹出的子菜单栏中选中 JS Page，以新建一个名为 youxi2 的 JS 页面。这样，在 pages 目录下就自动创建了一个名为 youxi2 的子目录。在该子目录中自动创建了 3 个文件：youxi2.css、youxi2.hml 和 youxi2.js。这 3 个文件共同组成了普通游戏页面，如图 4-44 所示。

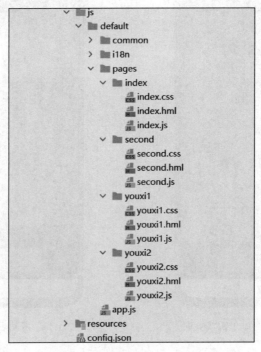

图 4-44　自动创建的 youxi2 子目录

复制 youxi1.hml 文件中的所有内容并粘贴到 youxi2.hml 文件中。
复制 youxi1.css 文件中的所有内容并粘贴到 youxi2.css 文件中。
复制 youxi1.js 文件中的所有内容并粘贴到 youxi2.js 文件中。
打开 youxi2.js 文件。
由于普通游戏页面的网格是 4×4 的，于是我们应修改数组及与数组相关的一些参数，即修改 initGrids、randomGrids、drawGrids、changeGrids 和 GameOver 中的参数，把其设置为 4×4 网格对应的参数。

普通游戏页面中绘制格子的颜色与简单游戏页面中绘制格子的颜色不同,所以我们应修改字典 COLOR 中的元素,使其准备的颜色对应普通游戏页面,代码如下:

```js
//第 4 章 youxi2.js
import router from '@system.router';

//全局变量,存放网格中的数字
var grids;
//全局常量,通过字典存放颜色
const COLOR = {
    normal:{
        "3":"#FB8B05"
        "4":"#2775B6"
    },
    faded:{
        "3":"#E3BD8D"
        "4":"#66A9C9"
    }
}
//全局变量,存放当前字典颜色
var colors = COLOR.normal;

export default {
    data: {
        isShow: false,
        step: 0,
    },
    //生命周期事件,页面数据初始化完成时触发,只触发一次
    onInit(){
        //调用初始化数据的函数
        this.initGrids();
        //调用对全局变量 grids 进行随机打乱的函数
        this.randomGrids();
    },
    //生命周期事件,页面显示时触发
    onShow(){
        //调用绘制网格的函数
        this.drawGrids();
    },
    //初始化数据的函数
    initGrids() {
        //初始化全局变量 grids
```

```
        grids = [[1, 2, 3],
                 [4, 5, 6],
                 [7, 8, 0]];
        grids = [[1, 2, 3, 4],
                 [5, 6, 7, 8],
                 [9, 10, 11, 12],
                 [13, 14, 15, 0]];
    },
    //对全局变量 grids 进行随机打乱的函数
    randomGrids(){
        //数字 0 所在网格中的行
        let row_0;
        //数字 0 所在网格中的列
        let column_0;
        //随机数
        let random;
        //循环打乱 grids
        for(let i = 0; i < 64; i++ ){
            //查找数字 0 在网格中的位置
            for (let row = 0; row < 4; row ++ ) {
                for (let column = 0; column < 4; column ++ ) {
                    if(grids[row][column] == 0){
                        row_0 = row;
                        column_0 = column;
                    }
                }
            }

            //随机生成 0、1、2、3 这 4 个数中任意一个
            random = Math.floor(Math.random() * 4);

            if(random == 0 || random == 1){
                if(random == 0){
                    //当空方格不位于网格中最右边缘时,随机数 0 表示空方格右移
                    if(column_0 != 3){
                        let temp = grids[row_0][column_0];
                        grids[row_0][column_0] = grids[row_0][column_0 + 1];
                        grids[row_0][column_0 + 1] = temp;
                    }
                }else{
                    //当空方格不位于网格中最左边缘时,随机数 1 表示空方格左移
                    if(column_0 != 0){
                        let temp = grids[row_0][column_0];
                        grids[row_0][column_0] = grids[row_0][column_0 - 1];
```

```
                    grids[row_0][column_0 - 1] = temp;
                }
            }
        }

        if(random == 2 || random == 3){
            if(random == 2){
                //当空方格不位于网格中最下边缘时,随机数2表示空方格下移
                if(row_0 != 3){
                    let temp = grids[row_0][column_0];
                    grids[row_0][column_0] = grids[row_0 + 1][column_0];
                    grids[row_0 + 1][column_0] = temp;
                }
            }else{
                //当空方格不位于网格中最上边缘时,随机数0表示空方格上移
                if(row_0 != 0){
                    let temp = grids[row_0][column_0];
                    grids[row_0][column_0] = grids[row_0 - 1][column_0];
                    grids[row_0 - 1][column_0] = temp;
                }
            }
        }
    }
},
//绘制网格的函数
drawGrids(){
    //通过ref引用获得画布组件的对象实例
    var context = this.$refs.canvas.getContext('2d');

    //方格间的间距
    const MARGIN = 4;
    //方格的宽度和高度
    const SIDELINE_X = (360 - 5 * MARGIN) / 4;
    const SIDELINE_Y = (454 - 5 * MARGIN) / 4;
    //双重循环绘制方格
    for (let row = 0; row < 4; row ++ ) {
        for (let column = 0; column < 4; column ++ ) {
            //方格的颜色
            context.fillStyle = colors["4"];
            //方格左上端点的横纵坐标
            let leftTopX = column * (MARGIN + SIDELINE_X) + MARGIN;
            let leftTopY = row * (MARGIN + SIDELINE_Y) + MARGIN;
            //绘制矩形,参数分别为方格左上端点的横坐标、方格左上端点的纵坐标、方格
            //的宽、方格的高
```

```
            context.fillRect(leftTopX, leftTopY, SIDELINE_X, SIDELINE_Y);

            //获取网格中对应位置的数字
            let gridStr = grids[row][column].toString();
            //设置字体的样式
            context.font = "30px HYQiHei-65S";
            if (gridStr != "0") {
                //将字体的颜色设置为白色
                context.fillStyle = "#FFFFFF";
                //字符串的左下端点的横纵坐标
                let offsetX = (4 - gridStr.length) * (SIDELINE_X / 8);
                let offsetY = (SIDELINE_Y - 30) / 2;
                //绘制字符串,参数分别为字符串、字符串左下端点的横坐标、字符串左下端
                //点的纵坐标
                context.fillText(gridStr, leftTopX + offsetX, leftTopY + offsetY * 1.5);
            }
        }
    }
},
//画布组件的滑动事件
swipe(event){
    //event.direction 表示接受滑动事件的方向参数
    switch(event.direction){
        case 'left':
            console.log("向左滑动");
            break
        case 'right':
            console.log("向右滑动");
            break
        case 'up':
            console.log("向上滑动");
            break
        case 'down':
            console.log("向下滑动");
            break
    }

    //调用根据滑动方向改变网格中数字的函数以更新全局变量 grids
    grids = this.changeGrids(event.direction);
    //调用绘制网格的函数
    this.drawGrids();
    //如果游戏结束,则显示"游戏结束"文本
    if(this.GameOver() == true){
        colors = COLOR.faded;
        this.drawGrids();
```

```
            this.isShow = true;
        }
    },
    //根据滑动方向改变网格中数字的函数
    changeGrids(direction){
        //数字 0 所在网格中的行
        let row_0;
        //数字 0 所在网格中的列
        let column_0;
        let newGrids = grids;
        //查找数字 0 在网格中的位置
        for(let row = 0; row < 4; row ++ ){
            for(let column = 0;column < 4; column ++ ){
                if(newGrids[row][column] == 0){
                    row_0 = row;
                    column_0 = column;
                }
            }
        }

        //游戏没结束时才响应滑动事件
        if(this.isShow == false) {
            //根据滑动的方向参数移动方格
            switch(direction){
                case 'left':
                    if(column_0 != 3){
                        let temp = newGrids[row_0][column_0];
                        newGrids[row_0][column_0] = newGrids[row_0][column_0 + 1];
                        newGrids[row_0][column_0 + 1] = temp;
                        this.step += 1;
                    }
                    break
                case 'right':
                    if(column_0 != 0){
                        let temp = newGrids[row_0][column_0];
                        newGrids[row_0][column_0] = newGrids[row_0][column_0 - 1];
                        newGrids[row_0][column_0 - 1] = temp;
                        this.step += 1;
                    }
                    break
                case 'up':
                    if(row_0 != 3){
                        let temp = newGrids[row_0][column_0];
                        newGrids[row_0][column_0] = newGrids[row_0 + 1][column_0];
                        newGrids[row_0 + 1][column_0] = temp;
```

```
                    this.step += 1;
                }
                break;
            case 'down':
                if(row_0 != 0){
                    let temp = newGrids[row_0][column_0];
                    newGrids[row_0][column_0] = newGrids[row_0 - 1][column_0];
                    newGrids[row_0 - 1][column_0] = temp;
                    this.step += 1;
                }
                break;
        }
    }
    return newGrids;
},
//判断游戏结束函数
GameOver(){
    for(let row = 0;row < 4; row ++ ) {
        for (let column = 0; column < 4; column ++ ) {
            if (row != 3 || column != 3) {
                if (grids[row][column] != row * 4 + (column + 1)) {
                    return false;
                }
            }
        }
    }
    return true;
},
//文本为"返回"的按钮的单击事件
clickAction(){
    //页面跳转语句
    router.replace({
        uri:'pages/second/second'
    })
}
}
```

打开 second.js 文件。

添加一个函数 clickAction2()，并且在 clickAction2() 函数的函数体中添加一条页面跳转语句 router.replace()。从'@system.router'中导入 router，并且在一对花括号中将 uri 设置为'pages/youxi2/youxi2'，代码如下：

```
//第 4 章 second.js
import router from '@system.router';
```

```
export default {
    data: {

    },
    //文本为"返回"的按钮的单击事件
    clickAction(){
        //页面跳转语句
        router.replace({
            uri:'pages/index/index'
        })
    },
    //文本为"简单"的按钮的单击事件
    clickAction1(){
        //页面跳转语句
        router.replace({
            uri:'pages/youxi1/youxi1'
        })
    },
    //文本为"普通"的按钮的单击事件
    clickAction2(){
        //页面跳转语句
        router.replace({
            uri:'pages/youxi2/youxi2',
        })
    }
}
```

打开 second.hml 文件。

添加一个 input 组件，把 type 属性的值设置为 button，将 value 属性的值设置为普通。将 class 属性设置为 btn，以设置按钮的样式。添加一个 onclick 属性，并将它的值设置为已定义好的 clickAction2() 函数。这样，当单击按钮时就会触发按钮的 onclick 单击事件，从而调用 clickAction2() 函数，代码如下：

```
<!-- 第 4 章 second.hml -->
<div class = "container">
    <!-- 文本为"简单"的按钮组件 -->
    <input type = "button" value = "简单" class = "btn" onclick = "clickAction1" />
    <!-- 文本为"普通"的按钮组件 -->
    <input type = "button" value = "普通" class = "btn" onclick = "clickAction2" />
    <!-- 文本为"返回"的按钮组件 -->
    <input type = "button" value = "返回" class = "btn" onclick = "clickAction" />
</div>
```

副页面和普通游戏页面的运行效果如图 4-45 和图 4-46 所示。

游戏结束的普通游戏页面的运行效果如图 4-47 所示。

图 4-45　副页面

图 4-46　普通游戏页面

图 4-47　游戏结束的普通游戏页面

4.18　添加困难游戏页面并实现副页面向其跳转

本节实现的运行效果：在副页面中添加按钮，按钮上显示的文本为"困难"。单击按钮后跳转到困难游戏页面。困难游戏页面的背景颜色为黑色。在页面中从上往下分别是显示步数文本，一个 5×5 的画布组件，一个显示文本为"返回"的按钮，单击按钮后跳转到副页面。

本节的实现思路：在副页面中添加一个 input 组件，以便显示一个按钮。通过 input 组件的 value 属性，使按钮显示的文本为"困难"。给按钮定义一个 clickAction3() 函数，使其被单击时能够跳转到普通游戏页面。

在项目中新建一个困难游戏页面。把简单游戏页面和困难游戏页面做一个对比，很容易发现：两个页面中包含组件的结果及对应组件的样式和行为几乎是一样的，因此，只需要在简单游戏页面的基础上进行一些修改就可以实现普通游戏页面了。

右击子目录 pages，在弹出的菜单栏中选择 New，再在弹出的子菜单栏中选中 JS Page，以新建一个名为 youxi3 的 JS 页面。这样，在 pages 目录下就自动创建了一个名为 youxi3 的子目录。在该子目录中自动创建了 3 个文件：youxi3.css、youxi3.hml 和 youxi3.js。这 3 个文件共同组成了困难游戏页面，如图 4-48 所示。

复制 youxi1.hml 文件中的所有内容并粘贴到 youxi3.hml 文件中。

复制 youxi1.css 文件中的所有内容并粘贴到 youxi3.css 文件中。

复制 youxi1.js 文件中的所有内容并粘贴到 youxi3.js 文件中。

打开 youxi3.js 文件。

由于困难游戏页面的网格是 5×5 的，于是我们应修改数组及与数组相关的一些参数，即修改 initGrids、randomGrids、drawGrids、changeGrids 和 GameOver 中的参数，把其设置为 5×5 网格对应的参数。

困难游戏页面中绘制格子的颜色与简单游戏页面中绘制格子的颜色不同，所以我们应修改字典 COLOR 中的元素，使其准备的颜色对应普通游戏页面，代码如下：

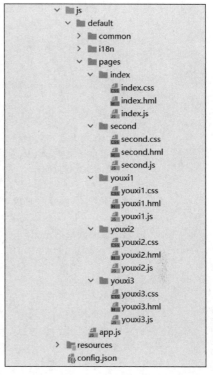

图 4-48 自动创建的 youxi3 子目录

```
//第 4 章 youxi3.js
import router from '@system.router';

//全局变量,存放网格中的数字
var grids;
//全局常量,通过字典存放颜色
const COLOR = {
    normal:{
        "3":"#FB8B05"
        "5":"#DD8AF8"
    },
    faded:{
        "3":"#E3BD8D"
        "5":"#F8D1EE"
    }
}
//全局变量,存放当前字典颜色
var colors = COLOR.normal;
```

```
export default {
    data: {
        isShow: false,
        step: 0,
    },
    //生命周期事件,页面数据初始化完成时触发,只触发一次
    onInit(){
        //调用初始化数据的函数
        this.initGrids();
        //调用对全局变量grids进行随机打乱的函数
        this.randomGrids();
    },
    //生命周期事件,页面显示时触发
    onShow(){
        //调用绘制网格的函数
        this.drawGrids();
    },
    //初始化数据的函数
    initGrids() {
        //初始化全局变量grids
        grids = [[1, 2, 3],
                 [4, 5, 6],
                 [7, 8, 0]];
        grids = [[1, 2, 3, 4, 5],
                 [6, 7, 8, 9, 10],
                 [11, 12, 13, 14, 15],
                 [16, 17, 18, 19, 20],
                 [21, 22, 23, 24, 0]];
    },
    //对全局变量grids进行随机打乱的函数
    randomGrids(){
        //数字0所在网格中的行
        let row_0;
        //数字0所在网格中的列
        let column_0;
        //随机数
        let random;
        //循环打乱grids
        for(let i = 0; i < 125; i++){
            //查找数字0在网格中的位置
            for (let row = 0; row < 5; row ++) {
                for (let column = 0; column < 5; column ++) {
                    if(grids[row][column] == 0){
                        row_0 = row;
                        column_0 = column;
                    }
```

```
                }
            }
            //随机生成0、1、2、3这4个数中任意一个
            random = Math.floor(Math.random() * 4);

            if(random == 0 || random == 1){
                if(random == 0){
                    //当空方格不位于网格中最右边缘时,随机数0表示空方格右移
                    if(column_0 != 4){
                        let temp = grids[row_0][column_0];
                        grids[row_0][column_0] = grids[row_0][column_0 + 1];
                        grids[row_0][column_0 + 1] = temp;
                    }
                }else{
                    //当空方格不位于网格中最左边缘时,随机数1表示空方格左移
                    if(column_0 != 0){
                        let temp = grids[row_0][column_0];
                        grids[row_0][column_0] = grids[row_0][column_0 - 1];
                        grids[row_0][column_0 - 1] = temp;
                    }
                }
            }

            if(random == 2 || random == 3){
                if(random == 2){
                    //当空方格不位于网格中最下边缘时,随机数2表示空方格下移
                    if(row_0 != 4){
                        let temp = grids[row_0][column_0];
                        grids[row_0][column_0] = grids[row_0 + 1][column_0];
                        grids[row_0 + 1][column_0] = temp;
                    }
                }else{
                    //当空方格不位于网格中最上边缘时,随机数0表示空方格上移
                    if(row_0 != 0){
                        let temp = grids[row_0][column_0];
                        grids[row_0][column_0] = grids[row_0 - 1][column_0];
                        grids[row_0 - 1][column_0] = temp;
                    }
                }
            }
        }
    },
    //绘制网格的函数
    drawGrids(){
        //通过ref引用获得画布组件的对象实例
```

```js
        var context = this.$refs.canvas.getContext('2d');

        //方格间的间距
        const MARGIN = 4;
        //方格的宽度和高度
        const SIDELINE_X = (360 - 6 * MARGIN) / 5;
        const SIDELINE_Y = (454 - 6 * MARGIN) / 5;
        //双重循环绘制方格
        for (let row = 0; row < 5; row ++) {
            for (let column = 0; column < 5; column ++) {
                //方格的颜色
                context.fillStyle = colors["5"];
                //方格左上端点的横纵坐标
                let leftTopX = column * (MARGIN + SIDELINE_X) + MARGIN;
                let leftTopY = row * (MARGIN + SIDELINE_Y) + MARGIN;
                //绘制矩形,参数分别为方格左上端点的横坐标、方格左上端点的纵坐标、方格
                //的宽、方格的高
                context.fillRect(leftTopX, leftTopY, SIDELINE_X, SIDELINE_Y);

                //获取网格中对应位置的数字
                let gridStr = grids[row][column].toString();
                //设置字体的样式
                context.font = "30px HYQiHei-65S";
                if (gridStr != "0") {
                    //将字体的颜色设置为白色
                    context.fillStyle = "#FFFFFF";
                    //字符串的左下端点的横纵坐标
                    let offsetX = (4 - gridStr.length) * (SIDELINE_X / 8);
                    let offsetY = (SIDELINE_Y - 30) / 2;
                    //绘制字符串,参数分别为字符串、字符串左下端点的横坐标、字符串左下
                    //端点的纵坐标
                    context.fillText(gridStr, leftTopX + offsetX, leftTopY + offsetY * 1.5);
                }
            }
        }
    },
    //画布组件的滑动事件
    swipe(event){
        //event.direction 表示接受滑动事件的方向参数
        switch(event.direction){
            case 'left':
                console.log("向左滑动");
                break
            case 'right':
                console.log("向右滑动");
                break
```

```
            case 'up':
                console.log("向上滑动");
                break;
            case 'down':
                console.log("向下滑动");
                break;
        }

        //调用根据滑动方向改变网格中数字的函数以更新全局变量grids
        grids = this.changeGrids(event.direction);
        //调用绘制网格的函数
        this.drawGrids();
        //如果游戏结束,则显示"游戏结束"文本
        if(this.GameOver() == true){
            colors = COLOR.faded;
            this.drawGrids();
            this.isShow = true;
        }
    },
    //根据滑动方向改变网格中数字的函数
    changeGrids(direction){
        //数字0所在网格中的行
        let row_0;
        //数字0所在网格中的列
        let column_0;
        let newGrids = grids;
        //查找数字0在网格中的位置
        for(let row = 0; row < 5; row ++ ){
            for(let column = 0;column < 5; column ++ ){
                if(newGrids[row][column] == 0){
                    row_0 = row;
                    column_0 = column;
                }
            }
        }

        //游戏没结束时才响应滑动事件
        if(this.isShow == false) {
            //根据滑动的方向参数移动方格
            switch(direction){
                case 'left':
                    if(column_0 != 4){
                        let temp = newGrids[row_0][column_0];
                        newGrids[row_0][column_0] = newGrids[row_0][column_0 + 1];
                        newGrids[row_0][column_0 + 1] = temp;
                        this.step += 1;
```

```
                }
                break
            case 'right':
                if(column_0 != 0){
                    let temp = newGrids[row_0][column_0];
                    newGrids[row_0][column_0] = newGrids[row_0][column_0 - 1];
                    newGrids[row_0][column_0 - 1] = temp;
                    this.step += 1;
                }
                break
            case 'up':
                if(row_0 != 4){
                    let temp = newGrids[row_0][column_0];
                    newGrids[row_0][column_0] = newGrids[row_0 + 1][column_0];
                    newGrids[row_0 + 1][column_0] = temp;
                    this.step += 1;
                }
                break
            case 'down':
                if(row_0 != 0){
                    let temp = newGrids[row_0][column_0];
                    newGrids[row_0][column_0] = newGrids[row_0 - 1][column_0];
                    newGrids[row_0 - 1][column_0] = temp;
                    this.step += 1;
                }
                break
        }
    }
    return newGrids;
},
//判断游戏结束函数
GameOver(){
    for(let row = 0;row < 5; row ++ ) {
        for (let column = 0; column < 5; column ++ ) {
            if (row != 4 || column != 4) {
                if (grids[row][column] != row * 5 + (column + 1)) {
                    return false;
                }
            }
        }
    }
    return true;
},
//文本为"返回"的按钮的单击事件
clickAction(){
    //页面跳转语句
```

```
        router.replace({
            uri:'pages/second/second'
        })
    }
}
```

打开 second.js 文件。

添加一个函数 clickAction3(),并且在 clickAction3()函数的函数体中添加一条页面跳转语句 router.replace()。从'@system.router'中导入 router,并且在一对花括号中将 uri 设置为'pages/youxi3/youxi3',代码如下:

```
//第 4 章 second.js
import router from '@system.router';

export default {
    data: {

    },
    //文本为"返回"的按钮的单击事件
    clickAction(){
        //页面跳转语句
        router.replace({
            uri:'pages/index/index'
        })
    },
    //文本为"简单"的按钮的单击事件
    clickAction1(){
        //页面跳转语句
        router.replace({
            uri:'pages/youxi1/youxi1'
        })
    },
    //文本为"普通"的按钮的单击事件
    clickAction2(){
        //页面跳转语句
        router.replace({
            uri:'pages/youxi2/youxi2',
        })
    },
    //文本为"困难"的按钮的单击事件
    clickAction3(){
        //页面跳转语句
        router.replace({
            uri:'pages/youxi3/youxi3',
        })
    }
}
```

打开 second.hml 文件。

添加一个 input 组件，把 type 属性的值设置为 button，将 value 属性的值设置为困难。将 class 属性设置为 btn，以设置按钮的样式。添加一个 onclick 属性，并将它的值设置为定义好的 clickAction3() 函数。这样，当单击按钮时就会触发按钮的 onclick 单击事件，从而调用 clickAction3() 函数，代码如下：

```
<!-- 第 4 章 second.hml -->
<div class = "container">
    <!-- 文本为"简单"的按钮组件 -->
    <input type = "button" value = "简单" class = "btn" onclick = "clickAction1" />
    <!-- 文本为"普通"的按钮组件 -->
    <input type = "button" value = "普通" class = "btn" onclick = "clickAction2" />
    <!-- 文本为"困难"的按钮组件 -->
    <input type = "button" value = "困难" class = "btn" onclick = "clickAction3" />
    <!-- 文本为"返回"的按钮组件 -->
    <input type = "button" value = "返回" class = "btn" onclick = "clickAction" />
</div>
```

副页面和困难游戏页面的运行效果如图 4-49 和图 4-50 所示。

游戏结束的困难游戏页面的运行效果如图 4-51 所示。

图 4-49 副页面

图 4-50 困难游戏页面

图 4-51 游戏结束的困难游戏页面

4.19 添加信息页面

本节实现的运行效果：在主页面中添加一个名为"关于"的按钮。单击按钮后跳转到信息页面。信息页面显示应用的相关信息，包括应用名称、作者和版本号，版本号下方有一个按钮，按钮上显示的文本为"返回"，单击"返回"按钮便会跳转到主页面。

本节的实现思路：先创建一个信息页面，在信息页面中添加显示的文本，并在信息页面利用 input 组件添加一个按钮。定义一个页面跳转事件，利用 input 组件的 onclick 属性，当单击按钮后，触发该自定义事件，实现页面的跳转。

右击子目录 pages，在弹出的菜单栏中选择 New，再在弹出的子菜单栏中选中 JS Page，以创建一个新的 JS 页面，新建一个名为 guanyu 的 JS 页面，该页面将被作为信息页面。

打开 guanyu.hml 文件。

将 text 组件中显示的文本修改为"程序：数字华容道"。添加两个 text 组件，把它们的 class 属性都设置为 title。新添加的两个 text 组件显示的文本分别为"作者：李凯杰"和"版本：v1.1.0"。

添加一个 input 组件，把 type 属性的值设置为 button，将 value 属性的值设置为"返回"。将 class 属性的值设置为 btn，以设置按钮的样式，代码如下：

```html
<!-- 第 4 章 guanyu.hml -->
<div class = "container">
    <!-- "程序:数字华容道"文本组件 -->
    <text class = "title">
        Hello {{ title }}
        程序:数字华容道
    </text>
    <!-- "作者:李凯杰"文本组件 -->
    <text class = "title">
        作者:李凯杰
    </text>
    <!-- "版本:v1.1.0"文本组件 -->
    <text class = "title">
        版本:v1.1.0
    </text>
    <!-- 添加文本为"返回"的按钮组件 -->
    <input type = "button" class = "btn" value = "返回" />
</div>
```

打开 guanyu.css 文件。

在 container 类选择器中添加一个属性 flex-direction（组件排列方向），将它的值设置为 column（竖直排列），以竖向排列 div 容器内的所有组件。这样就无须继续使用弹性布局的显示方式，所以就可以删除样式 display 了。属性 left（距上一组件的左端距离）和属性 top（距上一组件的顶部距离）用于定位 div 容器在页面坐标系中的位置，其默认值都是 0px，因此把 left 和 top 这两个属性都删除。属性 width（宽）和属性 height（高）是控制组件的大小的。由于 container 是容器组件 div 的类选择器，我们使用其默认的 width 和 height，使其能够填满整个手机界面，所以把属性 width 和属性 height 都删除。添加一个属性 background-color（背景颜色），并把其属性的值设置为 #000000（黑色），以将背景颜色显示为黑色。

在 title 类选择器中添加一个属性 color（颜色），并把其属性的值设置为 #FFFFFF（白色）。由于字体的默认颜色为黑色，而背景颜色也是黑色，所以无法分辨出显示的字体，所以将字体的颜色修改为白色。将组件的 width（宽）和组件的 height（高）属性的值分别设置为 454px 和 50px。添加属性 text-align（文本对齐方式），并将它的值设置为 center，使其居中对齐。将属性 margin-bottom（下外边距）的值设置为 20px，使其与其他组件保持一定的距离。

添加一个名为 btn 的类选择器，以设置按钮的样式。将组件的 width（宽）和组件的 height（高）属性的值分别设置为 200px 和 50px。将字体大小设置为 38px，即添加一个属性 font-size（字体大小），将其属性的值设置为 38px。添加一个属性 margin-top（上外边距），并把其属性的值设置为 50px，以使按钮与其上方的画布组件保持一定的距离。由于页面的背景颜色为黑色，为了有所区分，把按钮字体的颜色设置为黑色，并且把按钮的背景颜色设置为米色。即添加一个属性 color（字体颜色）并把其属性的值设置为 #000000（白色），添加一个属性 background-color（背景颜色），将其属性的值设置为 #F8C387，代码如下：

```css
/* 第 4 章 guanyu.css */
.container {
    flex-direction: column;
    display: flex;
    justify-content: center;
    align-items: center;
    left: 0px;
    top: 0px;
    width: 454px;
    height: 454px;
    background-color: #000000;
}

/* 文本的样式 */
.title {
    font-size: 38px;
    text-align: center;
    width: 454px;
    height: 50px;
```

```
        margin-bottom: 20px;
        color: #FFFFFF;
    }
    /* 文本为"返回"的按钮样式 */
    .btn{
        font-size: 38px;
        margin-top: 50px;
        color: #000000;
        width: 200px;
        height: 50px;
        background-color: #F8C387;
    }
```

打开 guanyu.js 文件。

因为在 guanyu.hml 文件中没有使用 title 占位符，所以在 guanyu.js 文件中删除 title 及其动态数据绑定的值 World。

添加一个名为 return() 的函数。在 return() 函数中添加一条页面跳转语句 router.replace()。从 '@system.router' 中导入 router，并且在一对花括号中将 uri 设置为 'pages/index/index'，代码如下：

```
//第4章 guanyu.js
import router from '@system.router';

export default {
    data: {
        title: 'World'
    },
    //文本为"返回"的按钮的单击事件
    return(){
        //页面跳转语句
        router.replace({
            uri:'pages/index/index'
        })
    }
}
```

打开 guanyu.hml 文件。

在 input 组件中添加一个 onclick 属性，并将它的值设置为定义好的 return() 函数。这样，当单击按钮时就会触发按钮的 onclick 单击事件了，从而调用 return() 函数，代码如下：

```
<!-- 第 4 章 guanyu.hml -->
<div class = "container">
    <!-- "步数"文本组件 -->
    < text class = "title">
        程序:数字华容道
    </text>
    < text class = "title">
        作者:李凯杰
    </text>
    < text class = "title">
        版本:v1.1.0
    </text>
    < input type = "button" class = "btn" value = "返回" onclick = "return" />
</div>
```

打开 index.hml 文件。

添加一个 input 组件,把 type 属性的值设置为 button,把 value 属性的值设置为返回。把 class 属性的值设置为 btn,以设置按钮的样式,代码如下:

```
<!-- 第 4 章 index.hml -->
< div class = "container">
    <!-- 添加图片组件,指定 Logo -->
    < image class = "img" src = "/common/0.png"/>
    <!-- 添加文本为"开始游戏"的按钮组件 -->
    < input type = "button" value = "开始游戏" class = "btn" onclick = "clickAction"/>
    <!-- 添加文本为"关于"的按钮组件 -->
    < input type = "button" value = "关于" class = "btn"/>
</div>
```

打开 index.js 文件。

添加一个名为 clickAction1() 的函数。在 clickAction1() 函数中添加一条页面跳转语句 router.replace()。从 '@system.router' 中导入 router,并且在一对花括号中将 uri 设置为 'pages/guanyu/guanyu',代码如下:

```
//第 4 章 index.js
import router from '@system.router';

export default {
    data: {

    },
```

```
onInit() {

},
//文本为"开始游戏"的按钮的单击事件
clickAction(){
    //在 Log 窗口打印文本"我被单击了"
    console.log("我被单击了");
    //页面跳转语句
    router.replace({
        uri:'pages/second/second'
    })
},
//文本为"返回"的按钮的单击事件
clickAction1(){
    //页面跳转语句
    router.replace({
        uri:'pages/guanyu/guanyu'
    })
}
}
```

打开 index.hml 文件。

在 input 组件中添加一个 onclick 属性,并将它的值设置为定义好的 clickAction1() 函数。这样,当单击按钮时就会触发按钮的 onclick 单击事件了,从而调用 clickAction() 函数,代码如下:

```
<!-- 第 4 章 index.hml -->
< div class = "container">
    <!-- 添加图片组件,指定 Logo -->
    < image class = "img" src = "/common/0.png"/>
    <!-- 添加文本为"开始游戏"的按钮组件 -->
    < input type = "button" value = "开始游戏" class = "btn" onclick = "clickAction"/>
    <!-- 添加文本为"关于"的按钮组件 -->
    < input type = "button" value = "关于" class = "btn" onclick = "clickAction1"/>
</div>
```

主页面和信息页面的运行效果如图 4-52 和图 4-53 所示。

至此,在鸿蒙智能手机上用 JavaScript 实现了"数字华容道"App 的全部功能!

在第 5 章,将从一个全新的 Hello World 项目的基础上使用 Java 不断地进行修改和完善,最终开发出一个完整的经典游戏 App——"俄罗斯方块"。

图 4-52　主页面　　　　　　　　图 4-53　信息页面

第 5 章 初出茅庐:"俄罗斯方块"游戏项目

在第 4 章完成了一个用 JavaScript 开发并且运行在鸿蒙智能手机上的经典游戏 App——"数字华容道",在本章将会讲解如何用 Java 从零开发一个运行在鸿蒙智能手机上的经典游戏 App——"俄罗斯方块"。

主页面的主体为两个按钮,按钮上显示的文本分别为"开始"和"关于",主页面如图 5-1 所示。

单击"关于"按钮,便会跳转到副页面。副页面用于显示应用的相关信息,包括应用名称、作者和版本号,版本号下方有一个按钮,在按钮上显示的文本为"返回",单击"返回"按钮便会跳转到主页面,副页面如图 5-2 所示。

图 5-1 主页面

图 5-2 副页面

单击"开始"按钮,便会跳转到游戏页面。游戏页面的主体为一个 15×10 的网格,网格下方有 5 个按钮,按钮名称分别为"←""变""→""重新开始""返回",游戏页面如图 5-3 所示。

每次均在网格的顶部中间位置随机生成一个新的方块,每 750ms 方块会下落一格,直至下落到网格的底部或者其他方块的顶部为止,这时会重新随机生成一个新的方块。每次单击"←"按钮时,正在下落的方块会向左移动一格,如果正在下落的方块位于网格的左端或其左端存在其他方块,则不会再向左移动了;每次单击"→"按钮时,正在下落的方块会向右移动一格,如果正在下落的方块位于网格的右端或其右端存在其他方块,则不会再向右移动了。每次单击"变"按钮时,方块便会改变一次形态,但方块的颜色保持不变。

当单击"重新开始"按钮时,网格中的所有方块便会被清空,游戏将会重新开始。当单击"返回"按钮时,便会跳转到主页面。当网格中存在整行色彩方格时,该行方格将被消除,该行上方所有方格将会整体向下移动一格。当网格中无法生成新的方块时,将会在网格的上方显示"游戏结束"的文本,如图 5-4 所示。

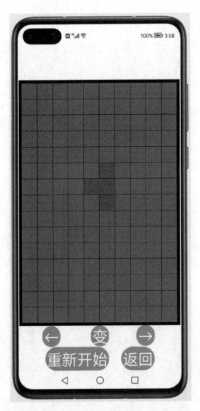

图 5-3 游戏页面

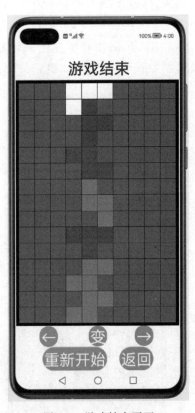

图 5-4 游戏结束页面

上述功能就是在学习完本章的内容后所完成的 App 的运行效果。

通过本次实战,可以掌握 Java 开发 HarmonyOS 智能手机 App 的众多核心技能,并且通过实战项目的学习,不仅能降低学习成本,更能快速上手 HarmonyOS 应用开发。接下来正式开启俄罗斯方块项目的实战之旅!

5.1 创建 Hello World

在第 2 章创建了 JavaScript 版的 Hello World 项目进行开发,但是在本章使用 Java 来开发"俄罗斯方块"App,因此需要先创建 Java 版的 Hello World 项目,并在这个 Hello World 项目的基础上不断地进行修改和完善,最终开发出一个完整的经典游戏 App——"俄罗斯方块"。

首先打开集成开发环境 DevEco Studio,默认打开的文件是第 4 章的实战训练项目"数字华容道"MyGame,选中菜单栏中的 File,在展开的菜单中选择 New,在展开的子菜单中再选择 New Project 命令,如图 5-5 所示。

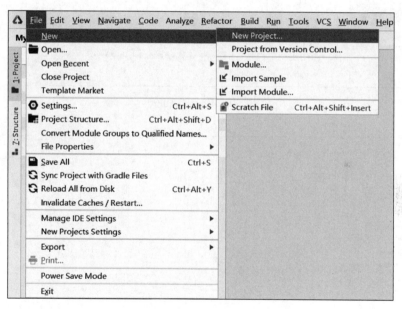

图 5-5 菜单栏中的菜单项 New Project

选中的 Template 是 Empty Ability,单击 Next 按钮,如图 5-6 所示。

在新打开的窗口中配置新建的项目,需要分别配置项目名、项目类型、包名、项目的保存位置、可兼容的 API 版本和设备类型。将 Project name 修改为 Game,DevEco Studio 会自动生成一个 Bundle name,其名称为 com.test.game。在 Project type 下选中 Application,在 Language 下勾选 Java,在 Compatible API version 下选择 SDK:API Version 6,在 Device type 下勾选 Phone,如图 5-7 所示。

单击 Finish 按钮后就创建了一个运行在智能手机上的 Java 版 Hello World 项目,如图 5-8 所示。

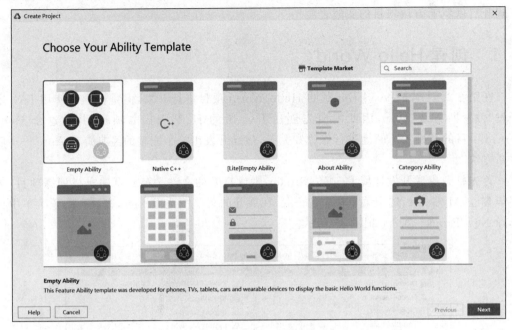

图 5-6　Empty Ability

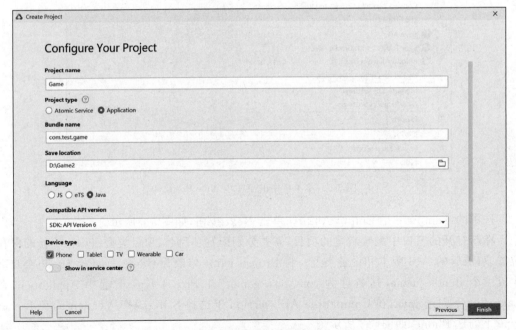

图 5-7　配置新建的项目

第5章 初出茅庐："俄罗斯方块"游戏项目 135

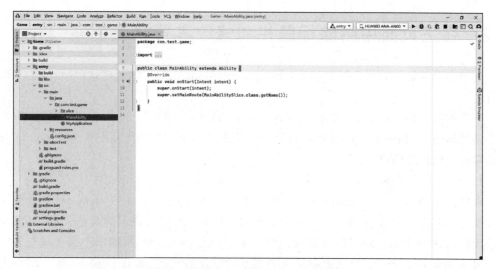

图 5-8 新建的 Java 版 Hello World 项目

用本机模拟器来运行代码，在智能手机的主页面显示了文本"你好 世界"，运行效果如图 5-9 所示。

图 5-9 模拟器运行效果

5.2 在主页面中删除标题栏和修改其背景颜色

本节实现的运行效果：在主页面中删除 entry_MainAbility 标题栏，将背景颜色修改为淡黄色。

本节的实现思路：在布局文件 ability_main.xml 的定向布局 DirectionalLayout 中添加一个背景属性 background_element，赋值为对应的背景颜色，并且对配置文件 config.json 作隐藏标题栏操作的修改。

打开 entry/src/main/resources/base/layout/ability_main.xml 文件。

在定向布局 DirectionalLayout 中添加一个背景属性 background_element(背景图层)，将其属性的值设置为"♯EFE5D4"，其为一个用 RGB 十六进制表示的颜色代码，以显示其背景颜色。其中，DirectionalLayout 表示将一组组件 Component 按照水平或者垂直方向排布。属性 height 和 width 分别表示组件的高度和组件的宽度，match_parent 表示组件大小将扩展为父组件允许的最大值，它将占据父组件方向上的剩余大小。属性 alignment(对齐方式)的值被设置为 center(居中对齐)，属性 orientation(子布局排列方向)的值被设置为 vertical(垂直方向布局)，代码如下：

```xml
<?xml version = "1.0" encoding = "utf-8"?>
<!-- 第 5 章 ability_main.xml -->
<!-- DirectionalLayout 表示定向布局 -->
<DirectionalLayout
    xmlns:ohos = "http://schemas.huawei.com/res/ohos"
    ohos:height = "match_parent"
    ohos:width = "match_parent"
    ohos:alignment = "center"
    ohos:orientation = "vertical"
    ohos:background_element = "♯EFE5D3">

    <Text
        ohos:id = " $ + id:text_helloworld"
        ohos:height = "match_content"
        ohos:width = "match_content"
        ohos:background_element = " $graphic:background_ability_main"
        ohos:layout_alignment = "horizontal_center"
        ohos:text = " $string:mainability_HelloWorld"
        ohos:text_size = "40vp"
        />

</DirectionalLayout>
```

打开 entry/src/main/config.json 文件。

在文件 config.json 的最下方的"launchType"："standard"的后面添加一个","，并添加如下代码：

```
第 5 章 config.json
...
    "launchType": "standard",
    "metaData": {
      "customizeData": [
        {
          "name": "hwc-theme",
          "value": "androidhwext:style/Theme.Emui.Light.NoTitleBar",
          "extra": ""
        }
      ]
    }
...
```

修改背景颜色后的主页面的运行效果，如图 5-10 所示。

图 5-10　修改背景颜色后的主页面

5.3 在主页面中添加两个按钮并响应其单击事件

本节实现的运行效果：在主页面显示两个按钮，在按钮上显示的文本分别为"开始"和"关于"。分别单击这两个按钮后，在 Log 窗口中打印一条文本"开始被单击了"和"关于被单击了"。

本节的实现思路：使用 Button 组件显示按钮，并设置好相关的属性值，通过 Button 组件的 id 属性指定唯一的标识。这样就能获取唯一的标识，以便设置单击事件，当单击按钮时就会触发按钮的单击事件，从而自动调用单击事件的自定义函数。

打开 ability_main.xml 文件。

删除原有的 Text 组件。添加一个 Button 组件，将属性 id 的值设置为 $＋id:button_game，以通过 MainAbilitySlice.java 文件根据唯一标识设置单击事件。将组件的 width（宽）和组件的 height（高）属性的值分别设置为 50vp 和 match_parent（组件大小将扩展为父组件允许的最大值）。将属性 text（文本）的值设置为"开始"，以显示按钮上的文本。将属性 text_size（文本大小）的值设置为 25vp，将属性 text_color（文本颜色）的值设置为 ♯FFFFFF（白色），将属性 text_alignment（文本的对齐方式）的值设置为 center（居中对齐），属性 background_element（背景图层）用于引用文件 background_ability_main.xml 的布局，代码如下：

```xml
<?xml version = "1.0" encoding = "utf-8"?>
<!-- 第 5 章 ability_main.xml -->
<!-- DirectionalLayout 表示定向布局 -->
<DirectionalLayout
    xmlns:ohos = "http://schemas.huawei.com/res/ohos"
    ohos:height = "match_parent"
    ohos:width = "match_parent"
    ohos:alignment = "center"
    ohos:orientation = "vertical"
    ohos:background_element = "♯EFE5D3">

    <Text
        ohos:id = "$＋id:text_helloworld"
        ohos:height = "match_content"
        ohos:width = "match_content"
        ohos:background_element = "$graphic:background_ability_main"
        ohos:layout_alignment = "horizontal_center"
        ohos:text = "$string:mainability_HelloWorld"
        ohos:text_size = "40vp"
    />
    <!-- 将文本设置为"开始"的按钮样式 -->
    <Button
```

```xml
        ohos:id = " $ + id:button_game"
        ohos:height = "50vp"
        ohos:width = "match_parent"
        ohos:text = "开始"
        ohos:text_size = "25vp"
        ohos:text_color = " # FFFFFF"
        ohos:text_alignment = "center"
        ohos:background_element = " $graphic:background_ability_main"/>

</DirectionalLayout>
```

再添加一个 Button 组件,将属性 id 的值设置为 $ +id:button_author。将属性 text(文本)的值设置为"关于",将属性 top_margin(上外边距)的值设置为 25vp,其余属性值与上一个 Button 组件的属性值一致,代码如下:

```xml
<?xml version = "1.0" encoding = "utf - 8"?>
<!-- 第 5 章 ability_main.xml -->
<!-- DirectionalLayout 表示定向布局 -->
<DirectionalLayout
    xmlns:ohos = "http://schemas.huawei.com/res/ohos"
    ohos:height = "match_parent"
    ohos:width = "match_parent"
    ohos:alignment = "center"
    ohos:orientation = "vertical"
    ohos:background_element = " # EFE5D3">

    <!-- 将文本设置为"开始"的按钮样式 -->
    <Button
        ohos:id = " $ + id:button_game"
        ohos:height = "50vp"
        ohos:width = "match_parent"
        ohos:text = "开始"
        ohos:text_size = "25vp"
        ohos:text_color = " # FFFFFF"
        ohos:text_alignment = "center"
        ohos:background_element = " $graphic:background_ability_main"/>

    <!-- 将文本设置为"关于"的按钮样式 -->
    <Button
        ohos:id = " $ + id:button_author"
        ohos:height = "50vp"
        ohos:width = "match_parent"
        ohos:top_margin = "40vp"
        ohos:text = "关于"
        ohos:text_size = "25vp"
```

```
            ohos:text_color = "#FFFFFF"
            ohos:text_alignment = "center"
            ohos:background_element = "$graphic:background_ability_main"/>

</DirectionalLayout>
```

打开 entry/src/main/resources/base/graphic/background_ability_main.xml 文件。

配置该文件以显示按钮组件的布局。将属性 color(颜色)的值设置为#78C6C5,将属性 radius(半径)的值并设置为 100,代码如下:

```
<?xml version = "1.0" encoding = "UTF-8" ?>
<!-- 第 5 章 background_ability_main.xml -->
<shape xmlns:ohos = "http://schemas.huawei.com/res/ohos"
       ohos:shape = "rectangle">
    <corners
        ohos:radius = "100"/>
    <solid
        ohos:color = "#78C6C5"/>
</shape>
```

主页面显示了两个按钮的运行效果,如图 5-11 所示。

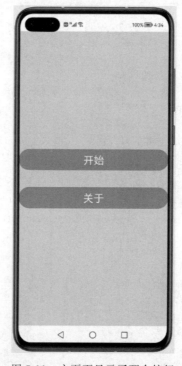

图 5-11 主页面显示了两个按钮

第5章 初出茅庐：“俄罗斯方块”游戏项目

接下来要实现的运行效果：分别单击两个按钮后各打印一条文本。

打开 MainAbilitySlice.java 文件。

初始化一个控制台输出窗口 HiLogLabel。分别定义两个按钮 button_game 和 button_author，通过唯一标识 ID 为刚才布局中的两个按钮赋值，并为这两个按钮添加一个单击事件，在单击事件的函数体内通过 HiLog.info()函数分别打印一条文本"开始被单击了"和"关于被单击了"。这样，当单击按钮时就会触发按钮的单击事件了，从而在 Log 窗口中相应地打印一条文本"开始被单击了"和"关于被单击了"，代码如下：

```java
//第 5 章 MainAbilitySlice.java
package com.test.game.slice;

import com.test.game.ResourceTable;
import ohos.aafwk.ability.AbilitySlice;
import ohos.aafwk.content.Intent;
import ohos.agp.components.Button;
import ohos.hiviewdfx.HiLog;
import ohos.hiviewdfx.HiLogLabel;

public class MainAbilitySlice extends AbilitySlice {
    //初始化控制台输出窗口
    private static final HiLogLabel Information = new HiLogLabel
            (HiLog.LOG_APP,0x00101,"控制台");

    @Override
    public void onStart(Intent intent) {
        super.onStart(intent);
        super.setUIContent(ResourceTable.Layout_ability_main);

        //获取按钮组件对象
        Button button_game = (Button) findComponentById
                (ResourceTable.Id_button_game);
        //设置单击监听器
        button_game.setClickedListener(listener -> {
            //控制台输出语句
            HiLog.info(Information,"开始被单击了");
        });

        //获取按钮组件对象
        Button button_author = (Button) findComponentById
                (ResourceTable.Id_button_author);
        //设置单击监听器
        button_author.setClickedListener(listener -> {
            //控制台输出语句
            HiLog.info(Information,"关于被单击了");
```

```
        });
    }

    @Override
    public void onActive() {
        super.onActive();
    }

    @Override
    public void onForeground(Intent intent) {
        super.onForeground(intent);
    }
}
```

找到 Log 窗口,在打开的窗口中,在第 3 个框中选择 com.test.game,在第 5 个框中输入"控制台",如图 5-12 所示。

图 5-12　配置 Log 工具窗口

这样,单击主页面中的按钮后,在 Log 窗口中就会打印出对应的两条文本"开始被单击了"和"关于被单击了",运行效果如图 5-13 所示。

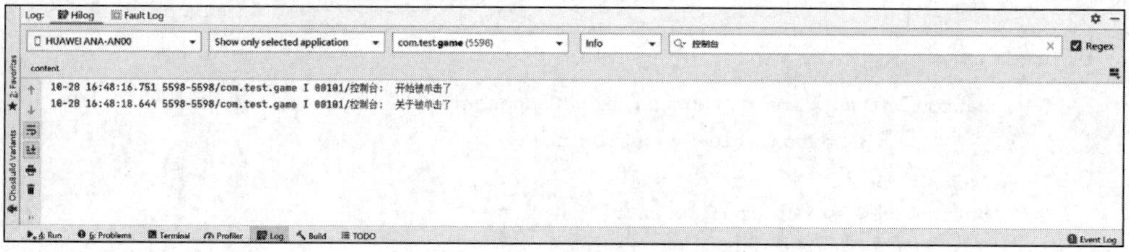

图 5-13　打印文本的 Log 工具窗口

5.4　添加副页面并实现主页面向其跳转

本节实现的运行效果：单击主页面中的"关于"按钮,跳转到副页面。副页面的顶端会显示一条文本"副页面"。

本节的实现思路：新建一个布局,把此布局应用于新的 AbilitySlice 中,这样就可以实现副页面了。调用 present() 语句实现页面间的跳转,在调用该语句时,通过指定 AbilitySlice 名称到达指定跳转目标的页面。

右击项目的 layout 子目录,在弹出的菜单中选择 New,再在弹出的子菜单中选择 Layout Resource File,以新建一个 layout.xml 文件,如图 5-14 所示。

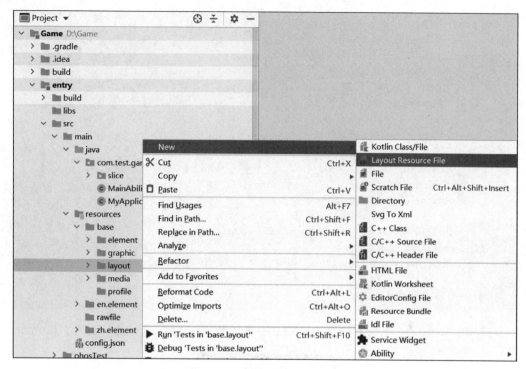

图 5-14　新建一个 layout.xml 文件

在打开的窗口中,将布局文件的名称设置为 ability_second,然后单击 OK 按钮,如图 5-15 所示。

图 5-15　配置布局文件的名称

这样,在 layout 的目录下就自动创建了一个名为 ability_second.xml 的布局文件。
打开 ability_second.xml 文件。
添加一个 Text 组件,将组件的 width(宽)和组件的 height(高)属性的值都设置为

match_content(组件大小与它的内容占据的大小范围相适应),将属性 layout_alignment(对齐方式)的值设置为 horizontal_center(水平居中对齐),将属性 text(文本)的值设置为"副页面",最后将属性 text_size(文本大小)的值设置为 40vp,代码如下:

```xml
<?xml version = "1.0" encoding = "utf-8"?>
<!-- 第 5 章 ability_second.xml -->
<!-- DirectionalLayout 表示定向布局 -->
<DirectionalLayout
    xmlns:ohos = "http://schemas.huawei.com/res/ohos"
    ohos:height = "match_parent"
    ohos:width = "match_parent"
    ohos:orientation = "vertical">

    <!-- 文本为"副页面"的文本组件 -->
    <Text
        ohos:height = "match_content"
        ohos:width = "match_content"
        ohos:layout_alignment = "horizontal_center"
        ohos:text = "副页面"
        ohos:text_size = "40vp"/>

</DirectionalLayout>
```

打开 Previewer,在副页面的顶端显示了一条文本"副页面",运行效果如图 5-16 所示。

图 5-16　Previewer 运行效果

接下来要实现的运行效果：单击主页面中的"关于"按钮跳转到副页面。

右击项目的 slice 子目录，在弹出的菜单中选择 New，再在弹出的子菜单中选择 Java Class，以新建一个 Java 页面，如图 5-17 所示。

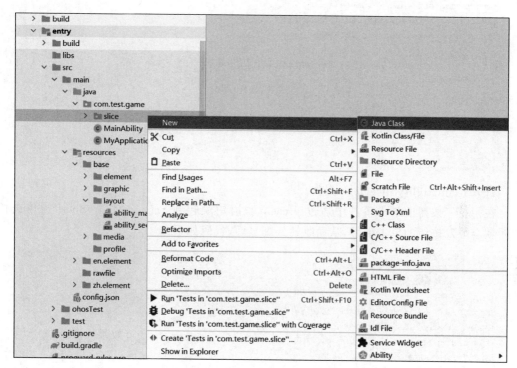

图 5-17　新建一个 Java 页面

将 Java 页面的名称设置为 SecondAbilitySlice，将其类型选择为 Class，然后按 Enter 键，如图 5-18 所示。

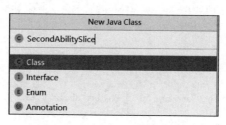

图 5-18　配置 Java 页面的名称

这样，在 slice 的目录下就自动创建了一个名为 SecondAbilitySlice.java 的文件。

打开 SecondAbilitySlice.java 文件。

将 SecondAbilitySlice 类继承自 AbilitySlice 类，添加一个名为 onStart() 的函数，这是应用运行时会自动调用的函数，这在 5.6 节会详细讲述。并在 onStart() 函数体内通过设置 UI 布局引用布局文件 ability_second.xml，代码如下：

```java
//第 5 章 MainAbilitySlice.java
package com.test.game.slice;

import com.test.game.ResourceTable;
import ohos.aafwk.ability.AbilitySlice;
import ohos.aafwk.content.Intent;

public class SecondAbilitySlice extends AbilitySlice {
    @Override
    protected void onStart(Intent intent) {
        super.onStart(intent);
        super.setUIContent(ResourceTable.Layout_ability_second);
    }
}
```

打开 MainAbilitySlice.java 文件。

在"关于"按钮的单击事件中通过 present() 语句跳转到 SecondAbilitySlice,当单击按钮时就会触发按钮的单击事件,从而跳转到副页面,代码如下:

```java
//第 5 章 MainAbilitySlice.java
package com.test.game.slice;

import com.test.game.ResourceTable;
import ohos.aafwk.ability.AbilitySlice;
import ohos.aafwk.content.Intent;
import ohos.agp.components.Button;
import ohos.hiviewdfx.HiLog;
import ohos.hiviewdfx.HiLogLabel;

public class MainAbilitySlice extends AbilitySlice {
    //初始化控制台输出窗口
    private static final HiLogLabel Information = new HiLogLabel
            (HiLog.LOG_APP,0x00101,"控制台");

    @Override
    public void onStart(Intent intent) {
        super.onStart(intent);
        super.setUIContent(ResourceTable.Layout_ability_main);

        //获取按钮组件对象
        Button button_game = (Button) findComponentById
                (ResourceTable.Id_button_game);
        //设置单击监听器
        button_game.setClickedListener(listener -> {
            //控制台输出语句
            HiLog.info(Information,"开始被单击了");
        });
```

```java
    //获取按钮组件对象
    Button button_author = (Button) findComponentById
            (ResourceTable.Id_button_author);
    //设置单击监听器
    button_author.setClickedListener(listener -> {
        //控制台输出语句
        HiLog.info(Information,"关于被单击了");
        //跳转到 SecondAbilitySlice()语句
        present(new SecondAbilitySlice(), intent);
    });
}

@Override
public void onActive() {
    super.onActive();
}

@Override
public void onForeground(Intent intent) {
    super.onForeground(intent);
}
}
```

单击主页面中的"关于"按钮,即可跳转到副页面,运行效果如图 5-19 和图 5-20 所示。

图 5-19　主页面

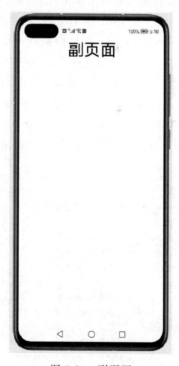

图 5-20　副页面

5.5 完善副页面的信息并实现其向主页面跳转

本节实现的运行效果：副页面显示应用的相关信息，包括应用名称、作者和版本号，版本号下方有一个按钮，按钮上显示的文本为"返回"，单击"返回"按钮便会跳转到主页面。

本节的实现思路：在布局文件中添加相应的组件，通过 Button 组件的 ID 属性指定唯一的标识。这样就能获取唯一的标识，以便设置单击事件，当单击按钮时就会触发按钮的单击事件，调用 present()语句实现页面间的跳转，从而跳转到主页面。

打开 ability_second.xml 文件。

在定向布局 DirectionalLayout 中添加一个背景属性 background_element，将其属性的值设置为♯EFE5D4，以显示其背景颜色。删除原有的 Text 组件。添加 Text 组件，将组件的 width（宽）和组件的 height（高）属性的值都设置为 match_content（组件大小与它的内容占据的大小范围相适应），将属性 text（文本）的值设置为"程序：俄罗斯方块"，将属性 text_size（文本大小）的值设置为 25vp，将属性 text_color（文本颜色）的值设置为♯000000（黑色）。将属性 top_margin（上外边距）的值设置为 20vp，将属性 left_margin（左外边距）的值设置为 5vp。

再添加两个 Text 组件，将属性 text（文本）的值分别设置为"作者：张诏添"和"版本：v1.1.0"，其余属性值与上一个 Text 组件的属性值完全一致。

添加一个 Button 组件，将属性 id 的值设置为 $+id：button_back，以通过 SecondAbilitySlice.java 文件根据唯一标识设置单击事件。将组件的 width（宽）和组件的 height（高）属性的值分别设置为 50vp 和 match_parent（组件大小将扩展为父组件允许的最大值）。将属性 top_margin（上外边距）的值设置为 30vp，将属性 text（文本）的值设置为返回。将属性 text_size（文本大小）的值设置为 25vp，将属性 text_color（文本颜色）的值设置为♯FFFFFF（白色）。将属性 text_alignment（对齐方式）的值设置为 center（居中对齐），属性 background_element（背景图层）用于引用文件 background_ability_main.xml 的布局，代码如下：

```xml
<?xml version = "1.0" encoding = "utf-8"?>
<!-- 第 5 章 ability_second.xml -->
<!-- DirectionalLayout 表示定向布局 -->
<DirectionalLayout
    xmlns:ohos = "http://schemas.huawei.com/res/ohos"
    ohos:height = "match_parent"
    ohos:width = "match_parent"
    ohos:orientation = "vertical"
    ohos:background_element = "♯EFE5D3">
    <!-- 文本为"副页面"的文本组件 -->
    <Text
        ohos:height = "match_content"
        ohos:width = "match_content"
        ohos:layout_alignment = "horizontal_center"
```

```xml
        ohos:text = "副页面"
        ohos:text_size = "40vp"/>
    <!-- 文本为"程序:俄罗斯方块"的文本组件 -->
    <Text
        ohos:height = "match_content"
        ohos:width = "match_content"
        ohos:text = "程序:俄罗斯方块"
        ohos:text_size = "25vp"
        ohos:text_color = "#000000"
        ohos:top_margin = "20vp"
        ohos:left_margin = "5vp"/>

    <!-- 文本为"作者:张诏添"的文本组件 -->
    <Text
        ohos:height = "match_content"
        ohos:width = "match_content"
        ohos:text = "作者:张诏添"
        ohos:text_size = "25vp"
        ohos:text_color = "#000000"
        ohos:top_margin = "20vp"
        ohos:left_margin = "5vp"/>

    <!-- 文本为"版本:v1.1.0"的文本组件 -->
    <Text
        ohos:height = "match_content"
        ohos:width = "match_content"
        ohos:text = "版本:v1.1.0"
        ohos:text_size = "25vp"
        ohos:text_color = "#000000"
        ohos:top_margin = "20vp"
        ohos:left_margin = "5vp"/>

    <!-- 将文本设置为"返回"的按钮样式 -->
    <Button
        ohos:id = "$+id:button_back"
        ohos:height = "50vp"
        ohos:width = "match_parent"
        ohos:top_margin = "30vp"
        ohos:text = "返回"
        ohos:text_size = "25vp"
        ohos:text_color = "#FFFFFF"
        ohos:text_alignment = "center"
        ohos:background_element = "$graphic:background_ability_main"/>

</DirectionalLayout>
```

打开 SecondAbilitySlice.java 文件。

定义按钮 button_back,通过唯一标识 ID 赋值为刚才布局中的按钮。并为其添加一个单击事件,在单击事件的函数体内通过 present()语句跳转到 MainAbilitySlice,当单击按钮时就会触发按钮的单击事件,从而跳转到主页面,代码如下:

```java
//第 5 章 MainAbilitySlice.java
package com.test.game.slice;

import com.test.game.ResourceTable;
import ohos.aafwk.ability.AbilitySlice;
import ohos.aafwk.content.Intent;
import ohos.agp.components.Button;

public class SecondAbilitySlice extends AbilitySlice {
    @Override
    protected void onStart(Intent intent) {
        super.onStart(intent);
        super.setUIContent(ResourceTable.Layout_ability_second);

        //获取按钮组件对象
        Button button_back = (Button) findComponentById
                (ResourceTable.Id_button_back);
        //设置单击监听器
        button_back.setClickedListener(listener -> {
            //跳转到 MainAbilitySlice()语句
            present(new MainAbilitySlice(), intent);
        });
    }
}
```

单击副页面中的"返回"按钮,即可跳转到主页面,运行效果如图 5-21 和图 5-22 所示。

图 5-21　副页面

图 5-22　主页面

5.6 验证应用和每个页面的生命周期事件

本节实现的运行效果：主页面显示后，在 Log 窗口中依次打印文本"主页面 onStart()函数正在被调用"和"主页面 onActive()函数正在被调用"。

从主页面返回手机主页面后，在 Log 窗口中依次打印文本"主页面 onInactive()函数正在被调用"和"主页面 onBackground()函数正在被调用"。

从手机主界面返回主页面继续运行应用后，在 Log 窗口中依次打印文本"主页面 onForeground()函数正在被调用"和"主页面 onActive()函数正在被调用"。

退出应用后，在 Log 窗口中依次打印文本"主页面 onInactive()函数正在被调用""主页面 onBackground()函数正在被调用"和"主页面 onStop()函数正在被调用"。

本节的实现思路：对于鸿蒙智能手机的应用中的每个页面 Page Ability，在其应用开始运行到应用结束的整个过程，会在不同的阶段自动触发相应的生命周期事件。

Page Ability 的生命周期事件如图 5-23 所示。

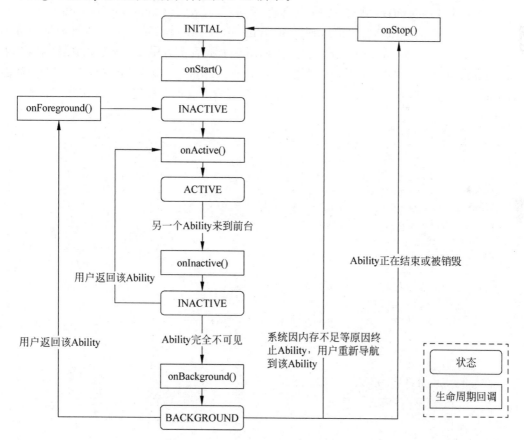

图 5-23　Page Ability 的生命周期事件

页面的生命周期事件主要有 6 个，分别是 onStart、onActive、onInactive、onBackground、onForeground 和 onStop。

（1）onStart 为当系统首次创建 Page 实例时触发。应用需重写该方法，并在此初始化，以便配置为展示 AbilitySlice。Page 在此后进入 INACTIVE 状态，用户不可交互。

（2）onActive 为当 Page 从 INACTIVE 状态切换到前台时触发。Page 在此之后进入 ACTIVE 状态，在该状态下，应用与用户处于可交互的状态。

（3）onInactive 为当 Page 即将进入不可交互状态时会被触发，Page 在此之后进入 INACTIVE 状态，应用与用户不可交互。

（4）onBackground 为当 Page 不再对用户可见时触发。Page 在此之后进入 BACKGROUND 状态。

（5）onForeground 为当 Page 从 BACKGROUND 状态重新回到前台时触发。Page 在此之后回到 INACTIVE 状态。

（6）onStop 为当系统将要销毁 Page 时触发。

打开 MainAbilitySlice.java 文件。

分别实现主页面的 6 个生命周期事件函数：onStart(Intent intent)、onActive()、onInactive()、onBackground()、onForeground(Intent intent) 和 onStop()，在函数体中分别实现打印文本"主页面 onStart()函数正在被调用""主页面 onActive()函数正在被调用""主页面 onInactive()函数正在被调用""主页面 onBackground()函数正在被调用""主页面 onForeground()函数正在被调用"和"主页面 onStop()函数正在被调用"，代码如下：

```java
//第 5 章 MainAbilitySlice.java
package com.test.game.slice;

import com.test.game.ResourceTable;
import ohos.aafwk.ability.AbilitySlice;
import ohos.aafwk.content.Intent;
import ohos.agp.components.Button;
import ohos.hiviewdfx.HiLog;
import ohos.hiviewdfx.HiLogLabel;

public class MainAbilitySlice extends AbilitySlice {
    //初始化控制台输出窗口
    private static final HiLogLabel Information = new HiLogLabel
            (HiLog.LOG_APP,0x00101,"控制台");

    @Override
    public void onStart(Intent intent) {
        super.onStart(intent);
        super.setUIContent(ResourceTable.Layout_ability_main);

        //控制台输出语句"主页面的 onStart()函数正在被调用"
```

```java
        HiLog.info(Information,"主页面的 onStart()函数正在被调用");

        //获取按钮组件对象
        Button button_game = (Button) findComponentById
                (ResourceTable.Id_button_game);
        //设置单击监听器
        button_game.setClickedListener(listener -> {
            //控制台输出语句
            HiLog.info(Information,"开始被单击了");
        });

        //获取按钮组件对象
        Button button_author = (Button) findComponentById
                (ResourceTable.Id_button_author);
        //设置单击监听器i
        button_author.setClickedListener(listener -> {
            //控制台输出语句
            HiLog.info(Information,"关于被单击了");
            //跳转到 SecondAbilitySlice()语句
            present(new SecondAbilitySlice(), intent);
        });
    }

    @Override
    public void onActive() {
        super.onActive();
        //控制台输出语句"主页面的 onActive()函数正在被调用"
        HiLog.info(Information,"主页面的 onActive()函数正在被调用");
    }

    @Override
    protected void onInactive() {
        super.onInactive();
        //控制台输出语句"主页面的 onInactive()函数正在被调用"
        HiLog.info(Information,"主页面的 onInactive()函数正在被调用");
    }

    @Override
    protected void onBackground() {
        super.onBackground();
        //控制台输出语句"主页面的 onBackground()函数正在被调用"
        HiLog.info(Information,"主页面的 onBackground()函数正在被调用");
    }

    @Override
    public void onForeground(Intent intent) {
```

```
    super.onForeground(intent);
    //控制台输出语句"主页面的 onForeground()函数正在被调用"
    HiLog.info(Information,"主页面的 onForeground()函数正在被调用");
}

@Override
protected void onStop() {
    super.onStop();
    //控制台输出语句"主页面的 onStop()函数正在被调用"
    HiLog.info(Information,"主页面的 onStop()函数正在被调用");
    }
}
```

找到 Log 窗口,在打开的窗口中,在第 3 个框中选择 com.test.game,在第 5 个框中输入"控制台",使用模拟器运行。在 Log 窗口中首先打印文本"主页面 onStart()函数正在被调用",然后打印文本"主页面 onActive()函数正在被调用",运行效果如图 5-24 所示。

图 5-24　主页面显示后打印的文本

单击手机页面下方的圆形图标,即第 2 个按钮。在 Log 窗口中首先打印文本"主页面 onInactive()函数正在被调用",然后打印文本"主页面 onBackground()函数正在被调用",运行效果如图 5-25 所示。

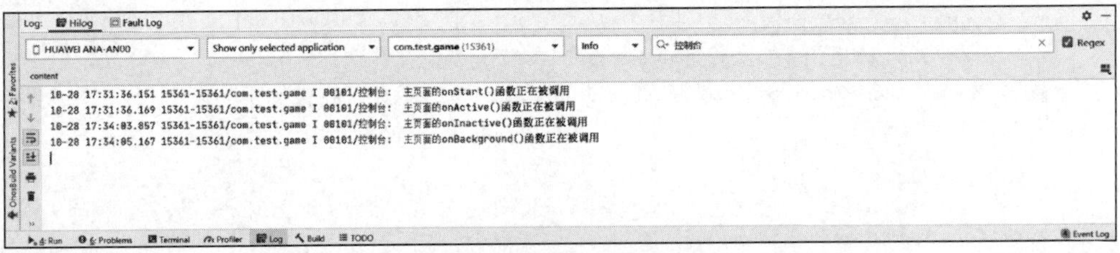

图 5-25　从主页面返回手机主页面后打印的文本

单击手机页面下方的正方形图标,即第 3 个按钮,选择该应用页面继续运行。在 Log 窗口中首先打印文本"主页面 onForeground()函数正在被调用",然后打印文本"主页面 onActive()函数正在被调用",运行效果如图 5-26 所示。

图 5-26　从手机主页面返回主页面继续运行应用后打印的文本

单击手机页面下方的斜三角形图标，即第 1 个按钮。在 Log 窗口中首先打印文本"主页面 onInactive()函数正在被调用"，然后依次打印文本"主页面 onBackground()函数正在被调用"和"主页面 onStop()函数正在被调用"，运行效果如图 5-27 所示。

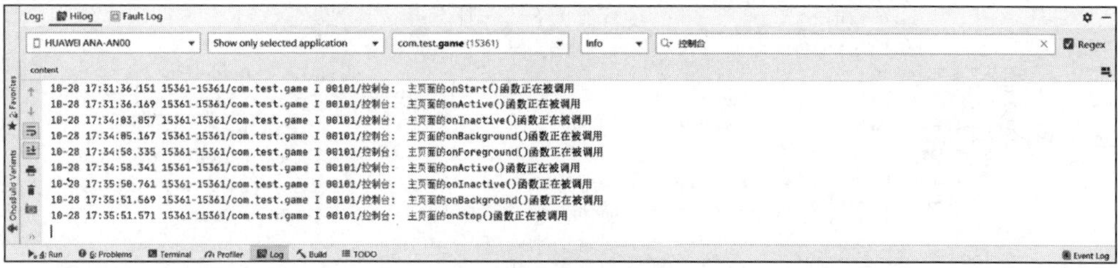

图 5-27　退出应用后打印的文本

5.7　在游戏页面绘制网格并实现从主页面向其跳转

本节实现的运行效果：单击主页面中的"开始"按钮，跳转到游戏页面。在游戏页面中显示一个 15×10 的网格。

本节的实现思路：在单击事件内调用 present()语句实现页面间的跳转，在调用该语句时通过指定 AbilitySlice 的名称达到指定跳转目标的页面。在游戏页面中直接用代码创建布局，先初始化定向布局，然后通过 Component.DrawTask 中的函数体 onDraw 绘制网格。

右击项目的 slice 子目录，在弹出的菜单中选择 New，再在弹出的子菜单中选择 Java Class，以新建一个 Java 页面，如图 5-28 所示。

将 Java 页面的名称设置为 ThirdAbilitySlice，将其类型选择为 Class，然后按 Enter 键，如图 5-29 所示。

这样，在 slice 的目录下就自动创建了一个名为 ThirdAbilitySlice.java 的文件。

打开 MainAbilitySlice.java 文件。

在"开始"按钮的单击事件上通过 present()语句跳转到 ThirdAbilitySlice，当单击按钮时就会触发按钮的单击事件，从而跳转到副页面，代码如下：

图 5-28　新建一个 Java 页面

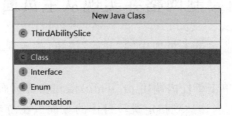

图 5-29　配置 Java 页面的名称

```
//第 5 章 MainAbilitySlice.java
package com.test.game.slice;

import com.test.game.ResourceTable;
import ohos.aafwk.ability.AbilitySlice;
import ohos.aafwk.content.Intent;
import ohos.agp.components.Button;
import ohos.hiviewdfx.HiLog;
import ohos.hiviewdfx.HiLogLabel;

public class MainAbilitySlice extends AbilitySlice {
```

```java
//初始化控制台输出窗口
private static final HiLogLabel Information = new HiLogLabel
        (HiLog.LOG_APP,0x00101,"控制台");

@Override
public void onStart(Intent intent) {
    super.onStart(intent);
    super.setUIContent(ResourceTable.Layout_ability_main);

    //控制台输出语句"主页面的 onStart()函数正在被调用"
    HiLog.info(Information,"主页面的 onStart()函数正在被调用");

    //获取按钮组件对象
    Button button_game = (Button) findComponentById
            (ResourceTable.Id_button_game);
    //设置单击监听器
    button_game.setClickedListener(listener -> {
        //控制台输出语句
        HiLog.info(Information,"开始被单击了");
        //跳转到 ThirdAbilitySlice()语句
        present(new ThirdAbilitySlice(), intent);
    });

    //获取按钮组件对象
    Button button_author = (Button) findComponentById
            (ResourceTable.Id_button_author);
    //设置单击监听器 i
    button_author.setClickedListener(listener -> {
        //控制台输出语句
        HiLog.info(Information,"关于被单击了");
        //跳转到 SecondAbilitySlice()语句
        present(new SecondAbilitySlice(), intent);
    });
}

@Override
public void onActive() {
    super.onActive();
    //控制台输出语句"主页面的 onActive()函数正在被调用"
    HiLog.info(Information,"主页面的 onActive()函数正在被调用");
}

@Override
protected void onInactive() {
    super.onInactive();
    //控制台输出语句"主页面的 onInactive()函数正在被调用"
```

```
        HiLog.info(Information,"主页面的 onInactive()函数正在被调用");
    }

    @Override
    protected void onBackground() {
        super.onBackground();
        //控制台输出语句"主页面的 onBackground()函数正在被调用"
        HiLog.info(Information,"主页面的 onBackground()函数正在被调用");
    }

    @Override
    public void onForeground(Intent intent) {
        super.onForeground(intent);
        //控制台输出语句"主页面的 onForeground()函数正在被调用"
        HiLog.info(Information,"主页面的 onForeground()函数正在被调用");
    }

    @Override
    protected void onStop() {
        super.onStop();
        //控制台输出语句"主页面的 onStop()函数正在被调用"
        HiLog.info(Information,"主页面的 onStop()函数正在被调用");
    }
}
```

打开 ThirdAbilitySlice.java 文件。

将 ThirdAbilitySlice 类继承自 AbilitySlice 类,将网格中方格的边长 length 设置为 100,将网格中方格的间距 interval 设置为 2,将网格中竖列方格的数量设置为 15,将网格中横列方格的数量设置为 10,将网格的左端距手机边界的距离设置为 30,将网格的顶端距手机边界的距离设置为 250,将网格的外围距离设置为 20,因为上述这些数值都是恒定不变的,所以都设置为常量。再定义一个定向布局 layout,用于创建游戏页面的布局,代码如下:

```
//第 5 章 ThirdAbilitySlice.java
package com.test.game.slice;

import ohos.aafwk.ability.AbilitySlice;
import ohos.agp.components.DirectionalLayout;

public class ThirdAbilitySlice extends AbilitySlice {
    private DirectionalLayout layout;              //自定义定向布局
    private static final int length = 100;         //网格中方格的边长
    private static final int interval = 2;         //网格中方格的间距
    private static final int height = 15;          //网格中竖列方格的数量
```

```java
    private static final int width = 10;           //网格中横列方格的数量
    private static final int left = 30;            //网格的左端距手机边界的距离
    private static final int top = 250;            //网格的顶端距手机边界的距离
    private static final int margin = 20;          //网格的外围距离
}
```

添加一个名为 initialize() 的函数，对定向布局 layout 初始化。添加一个名为 drawGrids() 的函数，将布局 layout 的宽和高设置为占满整个界面 MATCH_PARENT。添加一个自定义绘制任务 task，声明画笔 paint 并将颜色设置为 Color.BLACK（黑色），利用语句 RectFloat() 绘制背景大矩形，RectFloat() 语句含有 4 个参数，第 1 个参数用于指定矩形左上角的横坐标，第 2 个参数用于指定矩形左上角的纵坐标，第 3 个参数用于指定矩形右下角的横坐标，第 4 个参数用于指定矩形右下角的纵坐标。最后将画笔设置为灰色 GRAY，用于绘制小矩形，将绘制任务添加到布局中。

在 initialize() 函数体内调用函数 drawGrids()，添加一个生命周期事件 onStart()，调用函数 initialize()，代码如下：

```java
//第 5 章 ThirdAbilitySlice.java
package com.test.game.slice;

import ohos.aafwk.ability.AbilitySlice;
import ohos.agp.components.DirectionalLayout;
import ohos.aafwk.content.Intent;
import ohos.agp.components.Component;
import ohos.agp.components.ComponentContainer;
import ohos.agp.render.Canvas;
import ohos.agp.render.Paint;
import ohos.agp.utils.Color;
import ohos.agp.utils.RectFloat;

public class ThirdAbilitySlice extends AbilitySlice {
    private DirectionalLayout layout;              //自定义定向布局
    private static final int length = 100;         //网格中方格的边长
    private static final int interval = 2;         //网格中方格的间距
    private static final int height = 15;          //网格中竖列方格的数量
    private static final int width = 10;           //网格中横列方格的数量
    private static final int left = 30;            //网格的左端距手机边界的距离
    private static final int top = 250;            //网格的顶端距手机边界的距离
    private static final int margin = 20;          //网格的外围距离

    @Override
    public void onStart(Intent intent) {
        super.onStart(intent);

        initialize();
    }
```

```java
//初始化数据的函数
public void initialize() {
    layout = new DirectionalLayout(this); //对定向布局 layout 初始化

    drawGrids();
}

//绘制网格的函数
public void drawGrids() {
    //将定向布局 layout 的宽和高设置为占满整个界面
    layout.setLayoutConfig((new ComponentContainer.LayoutConfig
            (ComponentContainer.LayoutConfig.MATCH_PARENT,
            ComponentContainer.LayoutConfig.MATCH_PARENT)));

    //绘制任务
    Component.DrawTask task = new Component.DrawTask() {
        @Override
        public void onDraw(Component component, Canvas canvas) {
            Paint paint = new Paint();          //初始化画笔

            paint.setColor(Color.BLACK);        //将画笔的颜色设置为黑色
            //绘制矩形
            RectFloat rect = new RectFloat(left - margin, top - margin,
                    length * width + interval * (width - 1) + left + margin,
                    length * height + interval * (height - 1) + top + margin);
            canvas.drawRect(rect, paint);

            for (int row = 0; row < height; row ++ ) {
                for (int column = 0; column < width; column ++ ) {
                    paint.setColor(Color.GRAY);     //将画笔的颜色设置为灰色
                    RectFloat rectFloat = new RectFloat
                            (left + column * (length + interval),
                            top + row * (length + interval),
                            left + length + column * (length + interval),
                            top + length + row * (length + interval));
                    canvas.drawRect(rectFloat, paint);
                }
            }
        }
    };

    layout.addDrawTask(task);
    setUIContent(layout);
}
}
```

单击主页面中的"开始"按钮,即可跳转到游戏页面,运行效果如图 5-30 和图 5-31 所示。

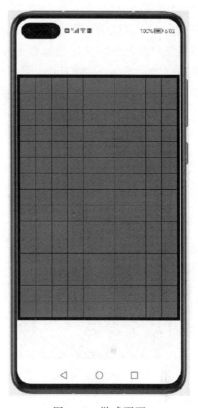

图 5-30　主页面　　　　　　　　　　图 5-31　游戏页面

5.8　在游戏页面网格中随机生成方块

本节实现的运行效果:在游戏页面网格的顶部中间位置随机生成一个新的方块,每次运行时生成的方块都不一样。

本节的实现思路:用不同的数字表示方块的颜色,每种方块采用一个单独的二维数组存储方块所占网格的位置所对应的数组下标,当每次随机生成方块时均将该单独的二维数组加到网格中对应的位置,以此实现绘制不同的方块。

打开 ThirdAbilitySlice.java 文件。

定义网格的二维数组 grids,定义当前方块形态的二维数组 NowGrids,定义当前方块的总行数 row_number,定义当前方块的总列数 column_number,因为方块的行数和列数都只能为 1、2、3 或 4,所以 row_number 和 column_number 的取值只能为 1、2、3 或 4 中的任意一个数值。定义方块的第 1 个方格所在二维数组的列数 column_start,定义方块的颜色

GridsColor，其中，用 0 表示灰色，1 代表红色，2 代表绿色，3 代表蓝绿色，4 代表品红色，5 代表蓝色，6 代表白色，7 代表黄色。因为上述这些数值都是根据当前方块的信息而发生变化的，所以都定义为变量。

分别用一个单独的二维数组存储 19 种方块所占网格的位置所对应的数组下标，这其中一共包括 7 种颜色的方块。例如 GreenGrids1 = {{0, 5}, {0, 4}, {1, 4}, {1, 3}} 所表示的方块如图 5-32 所示，RedGrids1 = {{0, 3}, {0, 4}, {1, 4}, {1, 5}} 所表示的方块如图 5-33 所示。

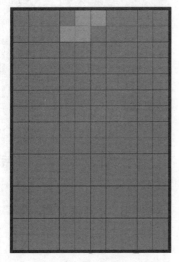

图 5-32　GreenGrids1

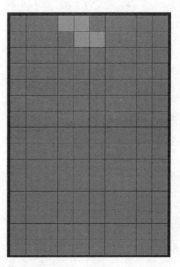

图 5-33　RedGrids1

将方块的方格数量 grids_number 定义为 4。因为上述这些数值都表示方块的信息恒定不变，所以都被定义为常量，代码如下：

```java
//第 5 章 ThirdAbilitySlice.java
package com.test.game.slice;

import ohos.aafwk.ability.AbilitySlice;
import ohos.agp.components.DirectionalLayout;
import ohos.aafwk.content.Intent;
import ohos.agp.components.Component;
import ohos.agp.components.ComponentContainer;
import ohos.agp.render.Canvas;
import ohos.agp.render.Paint;
import ohos.agp.utils.Color;
import ohos.agp.utils.RectFloat;

public class ThirdAbilitySlice extends AbilitySlice {
    private DirectionalLayout layout;           //自定义定向布局
    private static final int length = 100;      //网格中方格的边长
```

```java
private static final int interval = 2;              //网格中方格的间距
private static final int height = 15;               //网格中竖列方格的数量
private static final int width = 10;                //网格中横列方格的数量
private static final int left = 30;                 //网格的左端距手机边界的距离
private static final int top = 250;                 //网格的顶端距手机边界的距离
private static final int margin = 20;               //网格的外围距离
private int[][] grids;                              //15×10 网格的二维数组
private int[][] NowGrids;                           //当前方块形态的二维数组
private int row_number;                             //当前方块的总行数
private int column_number;                          //当前方块的总列数
private int column_start;                           //当前方块所在 grids 的列数
//当前方块的颜色,0 表示灰色,1 代表红色,2 代表绿色,3 代表蓝绿色
//4 代表品红色,5 代表蓝色,6 代表白色,7 代表黄色
private int GridsColor;
//19 种方块所占网格的位置所对应的数值
private static final int[][] RedGrids1 = {{0, 3}, {0, 4}, {1, 4}, {1, 5}};
private static final int[][] RedGrids2 = {{0, 5}, {1, 5}, {1, 4}, {2, 4}};
private static final int[][] RedGrids1 = {{0, 3}, {0, 4}, {1, 4}, {1, 5}};
private static final int[][] RedGrids2 = {{0, 5}, {1, 5}, {1, 4}, {2, 4}};
private static final int[][] RedGrids1 = {{0, 3},{0, 4},{1, 4},{1, 5}};
private static final int[][] RedGrids2 = {{0, 5},{1, 5},{1, 4},{2, 4}};
private static final int[][] GreenGrids1 = {{0, 5},{0, 4},{1, 4},{1, 3}};
private static final int[][] GreenGrids2 = {{0, 4},{1, 4},{1, 5},{2, 5}};
private static final int[][] CyanGrids1 = {{0, 4},{1, 4},{2, 4},{3, 4}};
private static final int[][] CyanGrids2 = {{0, 3},{0, 4},{0, 5},{0, 6}};
private static final int[][] MagentaGrids1 = {{0,4},{1, 3},{1, 4},{1, 5}};
private static final int[][] MagentaGrids2 = {{0,4},{1, 4},{1, 5},{2, 4}};
private static final int[][] MagentaGrids3 = {{0,3},{0, 4},{0, 5},{1, 4}};
private static final int[][] MagentaGrids4 = {{0,5},{1, 5},{1, 4},{2, 5}};
private static final int[][] BlueGrids1 = {{0, 3},{1, 3},{1, 4},{1, 5}};
private static final int[][] BlueGrids2 = {{0, 5},{0, 4},{1, 4},{2, 4}};
private static final int[][] BlueGrids3 = {{0, 3},{0, 4},{0, 5},{1, 5}};
private static final int[][] BlueGrids4 = {{0, 5},{1, 5},{2, 5},{2, 4}};
private static final int[][] WhiteGrids1 = {{0, 5},{1, 5},{1, 4},{1, 3}};
private static final int[][] WhiteGrids2 = {{0, 4},{1, 4},{2, 4},{2, 5}};
private static final int[][] WhiteGrids3 = {{0, 5},{0, 4},{0, 3},{1, 3}};
private static final int[][] WhiteGrids4 = {{0, 4},{0, 5},{1, 5},{2, 5}};
private static final int[][] YellowGrids = {{0, 4},{0, 5},{1, 5},{1, 4}};
private static final int grids_number = 4;          //方块的方格数量

@Override
public void onStart(Intent intent) {
    super.onStart(intent);

    initialize();
}
...
}
```

添加一个名为 createRedGrids1() 的函数，对红色方块的形态 1 赋予 NowGrids 为 RedGrids1，row_number 为 2，column_number 为 3，GridsColor 为 1，column_start 为 2；添加一个名为 createRedGrids2() 的函数，对红色方块的形态 2 赋予 NowGrids 为 RedGrids2，row_number 为 3，column_number 为 2，GridsColor 为 1，column_start 为 4；同理，分别添加名为 createGreenGrids1()、createGreenGrids2()、createCyanGrids1()、createCyanGrids2()、createMagentaGrids1()、createMagentaGrids2()、createMagentaGrids3()、createMagentaGrids4()、createBlueGrids1()、createBlueGrids2()、createBlueGrids3()、createBlueGrids4()、createWhiteGrids1()、createWhiteGrids2()、createWhiteGrids3()、createWhiteGrids4() 和 createYellowGrids() 的函数，对对应颜色方块的不同形态赋予 NowGrids、row_number、column_number、Grids、column_start 的值，代码如下：

```java
//第 5 章 ThirdAbilitySlice.java
package com.test.game.slice;

import ohos.aafwk.ability.AbilitySlice;
import ohos.agp.components.DirectionalLayout;
import ohos.aafwk.content.Intent;
import ohos.agp.components.Component;
import ohos.agp.components.ComponentContainer;
import ohos.agp.render.Canvas;
import ohos.agp.render.Paint;
import ohos.agp.utils.Color;
import ohos.agp.utils.RectFloat;

public class ThirdAbilitySlice extends AbilitySlice {
    ...
    //绘制网格的函数
    public void drawGrids() {
        //将定向布局 layout 的宽和高设置为占满整个界面
        layout.setLayoutConfig((new ComponentContainer.LayoutConfig(
            ComponentContainer.LayoutConfig.MATCH_PARENT,
            ComponentContainer.LayoutConfig.MATCH_PARENT)));

        //绘制任务
        Component.DrawTask task = new Component.DrawTask() {
            @Override
            public void onDraw(Component component, Canvas canvas) {
                Paint paint = new Paint();          //初始化画笔

                paint.setColor(Color.BLACK);        //将画笔的颜色设置为黑色
                //绘制矩形
                RectFloat rect = new RectFloat(left - margin, top - margin,
                    length * width + interval * (width - 1) + left + margin
```

```java
                                length * height + interval * (height - 1) + top + margin);
                canvas.drawRect(rect, paint);

                for (int row = 0; row < height; row ++ ) {
                    for (int column = 0; column < width; column ++ ) {
                        paint.setColor(Color.GRAY); //将画笔的颜色设置为灰色
                        RectFloat rectFloat = new RectFloat(
                                left + column * (length + interval),
                                top + row * (length + interval),
                                left + length + column * (length + interval),
                                top + length + row * (length + interval));
                        canvas.drawRect(rectFloat, paint);
                    }
                }
            }
        };

        layout.addDrawTask(task);
        setUIContent(layout);
    }

    //对对应颜色方块的不同形态赋予 NowGrids、row_number、column_number
    //GridsColor、column_start 的值
    public void createRedGrids1() {
        NowGrids = RedGrids1;
        row_number = 2;
        column_number = 3;
        GridsColor = 1;
        column_start = 3;
    }

    public void createRedGrids2() {
        NowGrids = RedGrids2;
        row_number = 3;
        column_number = 2;
        GridsColor = 1;
        column_start = 4;
    }

    public void createGreenGrids1() {
        NowGrids = GreenGrids1;
        row_number = 2;
        column_number = 3;
        GridsColor = 2;
        column_start = 3;
    }
```

```java
public void createGreenGrids2() {
    NowGrids = GreenGrids2;
    row_number = 3;
    column_number = 2;
    GridsColor = 2;
    column_start = 4;
}

public void createCyanGrids1() {
    NowGrids = CyanGrids1;
    row_number = 4;
    column_number = 1;
    GridsColor = 3;
    column_start = 4;
}

public void createCyanGrids2() {
    NowGrids = CyanGrids2;
    row_number = 1;
    column_number = 4;
    GridsColor = 3;
    column_start = 3;
}

public void createMagentaGrids1() {
    NowGrids = MagentaGrids1;
    row_number = 2;
    column_number = 3;
    GridsColor = 4;
    column_start = 3;
}

public void createMagentaGrids2() {
    NowGrids = MagentaGrids2;
    row_number = 3;
    column_number = 2;
    GridsColor = 4;
    column_start = 4;
}

public void createMagentaGrids3() {
    NowGrids = MagentaGrids3;
    row_number = 2;
    column_number = 3;
    GridsColor = 4;
    column_start = 3;
}
```

```java
public void createMagentaGrids4() {
    NowGrids = MagentaGrids4;
    row_number = 3;
    column_number = 2;
    GridsColor = 4;
    column_start = 4;
}

public void createBlueGrids1() {
    NowGrids = BlueGrids1;
    row_number = 2;
    column_number = 3;
    GridsColor = 5;
    column_start = 3;
}

public void createBlueGrids2() {
    NowGrids = BlueGrids2;
    row_number = 3;
    column_number = 2;
    GridsColor = 5;
    column_start = 4;
}

public void createBlueGrids3() {
    NowGrids = BlueGrids3;
    row_number = 2;
    column_number = 3;
    GridsColor = 5;
    column_start = 3;
}

public void createBlueGrids4() {
    NowGrids = BlueGrids4;
    row_number = 3;
    column_number = 2;
    GridsColor = 5;
    column_start = 4;
}

public void createWhiteGrids1() {
    NowGrids = WhiteGrids1;
    row_number = 2;
    column_number = 3;
    GridsColor = 6;
```

```java
        column_start = 3;
    }

    public void createWhiteGrids2() {
        NowGrids = WhiteGrids2;
        row_number = 3;
        column_number = 2;
        GridsColor = 6;
        column_start = 4;
    }

    public void createWhiteGrids3() {
        NowGrids = WhiteGrids3;
        row_number = 2;
        column_number = 3;
        GridsColor = 6;
        column_start = 3;
    }

    public void createWhiteGrids4() {
        NowGrids = WhiteGrids4;
        row_number = 3;
        column_number = 2;
        GridsColor = 6;
        column_start = 4;
    }

    public void createYellowGrids() {
        NowGrids = YellowGrids;
        row_number = 2;
        column_number = 2;
        GridsColor = 7;
        column_start = 4;
    }
}
```

在 initialize()函数体内将 grids 初始化为 15×10 的二维数组,数组中的值全部为 0。在 drawGrids()函数体内的绘制任务 task 中绘制小方格时,先对 grids 中的数值进行颜色判断,如果颜色为 0,则绘制灰色方格;如果颜色为 1,则绘制红色方格;如果颜色为 2,则绘制绿色方格;如果颜色为 3,则绘制蓝绿色方格;如果颜色为 4,则绘制品红色方格;如果颜色为 5,则绘制蓝色方格;如果颜色为 6,则绘制白色方格;如果颜色为 7,则绘制黄色方格;代码如下:

```java
//第 5 章 ThirdAbilitySlice.java
package com.test.game.slice;

import ohos.aafwk.ability.AbilitySlice;
import ohos.agp.components.DirectionalLayout;
import ohos.aafwk.content.Intent;
import ohos.agp.components.Component;
import ohos.agp.components.ComponentContainer;
import ohos.agp.render.Canvas;
import ohos.agp.render.Paint;
import ohos.agp.utils.Color;
import ohos.agp.utils.RectFloat;

public class ThirdAbilitySlice extends AbilitySlice {
    private DirectionalLayout layout;                  //自定义定向布局
    private static final int length = 100;             //网格中方格的边长
    private static final int interval = 2;             //网格中方格的间距
    private static final int height = 15;              //网格中竖列方格的数量
    private static final int width = 10;               //网格中横列方格的数量
    private static final int left = 30;                //网格的左端距手机边界的距离
    private static final int top = 250;                //网格的顶端距手机边界的距离
    private static final int margin = 20;              //网格的外围距离
    private int[][] grids;                             //15×10 网格的二维数组
    private int[][] NowGrids;                          //当前方块形态的二维数组
    private int row_number;                            //当前方块的总行数
    private int column_number;                         //当前方块的总列数
    private int column_start;                          //当前方块所在 grids 的列数
//当前方块的颜色,0 表示灰色,1 代表红色,2 代表绿色,3 代表蓝绿色
//4 代表品红色,5 代表蓝色,6 代表白色,7 代表黄色
    private int GridsColor;
//19 种方块所占网格的位置所对应的数值
    private static final int[][] RedGrids1 = {{0, 3}, {0, 4}, {1, 4}, {1, 5}};
    private static final int[][] RedGrids2 = {{0, 5}, {1, 5}, {1, 4}, {2, 4}};
    private static final int[][] RedGrids1 = {{0, 3}, {0, 4}, {1, 4}, {1, 5}};
    private static final int[][] RedGrids2 = {{0, 5}, {1, 5}, {1, 4}, {2, 4}};
    private static final int[][] RedGrids1 = {{0, 3},{0, 4},{1, 4},{1, 5}};
    private static final int[][] RedGrids2 = {{0, 5},{1, 5},{1, 4},{2, 4}};
    private static final int[][] GreenGrids1 = {{0, 5},{0, 4},{1, 4},{1, 3}};
    private static final int[][] GreenGrids2 = {{0, 4},{1, 4},{1, 5},{2, 5}};
    private static final int[][] CyanGrids1 = {{0, 4},{1, 4},{2, 4},{3, 4}};
    private static final int[][] CyanGrids2 = {{0, 3},{0, 4},{0, 5},{0, 6}};
    private static final int[][] MagentaGrids1 = {{0,4},{1, 3},{1, 4},{1, 5}};
    private static final int[][] MagentaGrids2 = {{0,4},{1, 4},{1, 5},{2, 4}};
    private static final int[][] MagentaGrids3 = {{0,3},{0, 4},{0, 5},{1, 4}};
    private static final int[][] MagentaGrids4 = {{0,5},{1, 5},{1, 4},{2, 5}};
    private static final int[][] BlueGrids1 = {{0, 3},{1, 3},{1, 4},{1, 5}};
```

```java
private static final int[][] BlueGrids2 = {{0, 5},{0, 4},{1, 4},{2, 4}};
private static final int[][] BlueGrids3 = {{0, 3},{0, 4},{0, 5},{1, 5}};
private static final int[][] BlueGrids4 = {{0, 5},{1, 5},{2, 5},{2, 4}};
private static final int[][] WhiteGrids1 = {{0, 5},{1, 5},{1, 4},{1, 3}};
private static final int[][] WhiteGrids2 = {{0, 4},{1, 4},{2, 4},{2, 5}};
private static final int[][] WhiteGrids3 = {{0, 5},{0, 4},{0, 3},{1, 3}};
private static final int[][] WhiteGrids4 = {{0, 4},{0, 5},{1, 5},{2, 5}};
private static final int[][] YellowGrids = {{0, 4},{0, 5},{1, 5},{1, 4}};
private static final int grids_number = 4; //方块的方格数量

@Override
public void onStart(Intent intent) {
    super.onStart(intent);

    initialize();
}

//初始化数据的函数
public void initialize() {
    layout = new DirectionalLayout(this); //对定向布局 layout 初始化
    //将二维数组 grids 初始化为 0
    grids = new int[height][width];
    for (int row = 0; row < height; row ++ )
        for (int column = 0; column < width; column ++ )
            grids[row][column] = 0;

    drawGrids();
}

//绘制网格的函数
public void drawGrids() {
    //将定向布局 layout 的宽和高设置为占满整个界面
    layout.setLayoutConfig((new ComponentContainer.LayoutConfig
        (ComponentContainer.LayoutConfig.MATCH_PARENT,
        ComponentContainer.LayoutConfig.MATCH_PARENT)));

    //绘制任务
    Component.DrawTask task = new Component.DrawTask() {
        @Override
        public void onDraw(Component component, Canvas canvas) {
            Paint paint = new Paint(); //初始化画笔

            paint.setColor(Color.BLACK); //将画笔的颜色设置为黑色
            //绘制矩形
            RectFloat rect = new RectFloat(left - margin, top - margin,
                length * width + interval * (width - 1) + left + margin,
```

```
                        length * height + interval * (height - 1) + top + margin);
                canvas.drawRect(rect, paint);

                for (int row = 0; row < height; row ++ ) {
                    for (int column = 0; column < width; column ++ ) {
                        paint.setColor(Color.GRAY);
                        //对数值进行判断,并将画笔设置为相应的颜色
                        if (grids[row][column] == 0)
                            paint.setColor(Color.GRAY);
                        else if (grids[row][column] == 1)
                            paint.setColor(Color.RED);
                        else if (grids[row][column] == 2)
                            paint.setColor(Color.GREEN);
                        else if (grids[row][column] == 3)
                            paint.setColor(Color.CYAN);
                        else if (grids[row][column] == 4)
                            paint.setColor(Color.MAGENTA);
                        else if (grids[row][column] == 5)
                            paint.setColor(Color.BLUE);
                        else if (grids[row][column] == 6)
                            paint.setColor(Color.WHITE);
                        else if (grids[row][column] == 7)
                            paint.setColor(Color.YELLOW);
                        RectFloat rectFloat = new RectFloat
                                (left + column * (length + interval),
                                top + row * (length + interval),
                                left + length + column * (length + interval),
                                top + length + row * (length + interval));
                        canvas.drawRect(rectFloat, paint);
                    }
                }
            }
        };

        layout.addDrawTask(task);
        setUIContent(layout);
    }

    //对对应颜色方块的不同形态赋予 NowGrids、row_number、column_number
    //GridsColor、column_start 的值
    public void createRedGrids1() {
        NowGrids = RedGrids1;
        row_number = 2;
        column_number = 3;
        GridsColor = 1;
        column_start = 3;
    }
    ...
}
```

添加一个名为 createGrids() 的函数,在函数体内通过 random() 方法生成一个 0~1 的随机数 random。根据随机数 random 的值,调用赋予不同颜色方块的不同形态的 NowGrids、row_number、column_number、Grids、column_start 的函数。再将 grids 对应位置的数值修改为方块的颜色数值,最后在 initialize() 函数体内调用 createGrids() 函数,代码如下:

```java
//第 5 章 ThirdAbilitySlice.java
package com.test.game.slice;

import ohos.aafwk.ability.AbilitySlice;
import ohos.agp.components.DirectionalLayout;
import ohos.aafwk.content.Intent;
import ohos.agp.components.Component;
import ohos.agp.components.ComponentContainer;
import ohos.agp.render.Canvas;
import ohos.agp.render.Paint;
import ohos.agp.utils.Color;
import ohos.agp.utils.RectFloat;

public class ThirdAbilitySlice extends AbilitySlice {
    private DirectionalLayout layout;                    //自定义定向布局
    private static final int length = 100;              //网格中方格的边长
    private static final int interval = 2;              //网格中方格的间距
    private static final int height = 15;               //网格中竖列方格的数量
    private static final int width = 10;                //网格中横列方格的数量
    private static final int left = 30;                 //网格的左端距手机边界的距离
    private static final int top = 250;                 //网格的顶端距手机边界的距离
    private static final int margin = 20;               //网格的外围距离
    private int[][] grids;                              //15 × 10 网格的二维数组
    private int[][] NowGrids;                           //当前方块形态的二维数组
    private int row_number;                             //当前方块的总行数
    private int column_number;                          //当前方块的总列数
    private int column_start;                           //当前方块所在 grids 的列数
    //当前方块的颜色,0 表示灰色,1 代表红色,2 代表绿色,3 代表蓝绿色
    //4 代表品红色,5 代表蓝色,6 代表白色,7 代表黄色
    private int GridsColor;
    //19 种方块所占网格的位置所对应的数值
    private static final int[][] RedGrids1 = {{0, 3}, {0, 4}, {1, 4}, {1, 5}};
    private static final int[][] RedGrids2 = {{0, 5}, {1, 5}, {1, 4}, {2, 4}};
    private static final int[][] RedGrids1 = {{0, 3}, {0, 4}, {1, 4}, {1, 5}};
    private static final int[][] RedGrids2 = {{0, 5}, {1, 5}, {1, 4}, {2, 4}};
    private static final int[][] RedGrids1 = {{0, 3},{0, 4},{1, 4},{1, 5}};
    private static final int[][] RedGrids2 = {{0, 5},{1, 5},{1, 4},{2, 4}};
    private static final int[][] GreenGrids1 = {{0, 5},{0, 4},{1, 4},{1, 3}};
    private static final int[][] GreenGrids2 = {{0, 4},{1, 4},{1, 5},{2, 5}};
```

```java
private static final int[][] CyanGrids1 = {{0, 4},{1, 4},{2, 4},{3, 4}};
private static final int[][] CyanGrids2 = {{0, 3},{0, 4},{0, 5},{0, 6}};
private static final int[][] MagentaGrids1 = {{0,4},{1, 3},{1, 4},{1, 5}};
private static final int[][] MagentaGrids2 = {{0,4},{1, 4},{1, 5},{2, 4}};
private static final int[][] MagentaGrids3 = {{0,3},{0, 4},{0, 5},{1, 4}};
private static final int[][] MagentaGrids4 = {{0,5},{1, 5},{1, 4},{2, 5}};
private static final int[][] BlueGrids1 = {{0, 3},{1, 3},{1, 4},{1, 5}};
private static final int[][] BlueGrids2 = {{0, 5},{0, 4},{1, 4},{2, 4}};
private static final int[][] BlueGrids3 = {{0, 3},{0, 4},{0, 5},{1, 5}};
private static final int[][] BlueGrids4 = {{0, 5},{1, 5},{2, 5},{2, 4}};
private static final int[][] WhiteGrids1 = {{0, 5},{1, 5},{1, 4},{1, 3}};
private static final int[][] WhiteGrids2 = {{0, 4},{1, 4},{2, 4},{2, 5}};
private static final int[][] WhiteGrids3 = {{0, 5},{0, 4},{0, 3},{1, 3}};
private static final int[][] WhiteGrids4 = {{0, 4},{0, 5},{1, 5},{2, 5}};
private static final int[][] YellowGrids = {{0, 4},{0, 5},{1, 5},{1, 4}};
private static final int grids_number = 4;        //方块的方格数量

@Override
public void onStart(Intent intent) {
    super.onStart(intent);

    initialize();
}

//初始化数据的函数
public void initialize() {
    layout = new DirectionalLayout(this); //对定向布局 layout 初始化
    //将二维数组 grids 初始化为 0
    grids = new int[height][width];
    for ( int row = 0; row < height; row ++ )
        for ( int column = 0; column < width; column ++ )
            grids[row][column] = 0;

    createGrids();
    drawGrids();
}

//随机重新生成一种颜色方块的函数
public void createGrids() {
    double random = Math.random(); //生成[0,1)的随机数
    //根据随机数的大小,调用相关的函数
    if (random >= 0 && random < 0.2) {
        if (random >= 0 && random < 0.1)
            createRedGrids1();
        else
            createRedGrids2();
```

```
        } else if (random >= 0.2 && random < 0.4) {
            if (random >= 0.2 && random < 0.3)
                createGreenGrids1();
            else
                createGreenGrids2();
        } else if (random >= 0.4 && random < 0.45) {
            if (random >= 0.4 && random < 0.43)
                createCyanGrids1();
            else
                createCyanGrids2();
        } else if (random >= 0.45 && random < 0.6) {
            if (random >= 0.45 && random < 0.48)
                createMagentaGrids1();
            else if (random >= 0.48 && random < 0.52)
                createMagentaGrids2();
            else if (random >= 0.52 && random < 0.56)
                createMagentaGrids3();
            else
                createMagentaGrids4();
        } else if (random >= 0.6 && random < 0.75) {
            if (random >= 0.6 && random < 0.63)
                createBlueGrids1();
            else if (random >= 0.63 && random < 0.67)
                createBlueGrids2();
            else if (random >= 0.67 && random < 0.71)
                createBlueGrids3();
            else
                createBlueGrids4();
        } else if (random >= 0.75 && random < 0.9) {
            if (random >= 0.75 && random < 0.78)
                createWhiteGrids1();
            else if (random >= 0.78 && random < 0.82)
                createWhiteGrids2();
            else if (random >= 0.82 && random < 0.86)
                createWhiteGrids3();
            else
                createWhiteGrids4();
        } else {
            createYellowGrids();
        }

        //将颜色方块添加到15 × 10 网格的二维数组 grids 中
        for (int row = 0; row < grids_number; row ++) {
            grids[NowGrids[row][0]][NowGrids[row][1]] = GridsColor;
        }
    }
```

```
//绘制网格的函数
public void drawGrids() {
    ...
    }
    ...
}
```

单击主页面中的"开始"按钮,即可跳转到游戏页面,在游戏页面网格的顶部中间位置会显示一个方块。需要注意,每次运行时显示的方块可能不一致,运行效果如图 5-34 和图 5-35 所示。

图 5-34　主页面

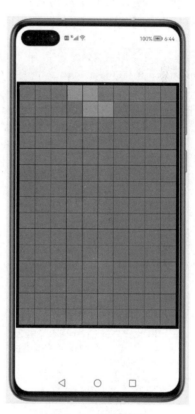

图 5-35　游戏页面

5.9　在游戏页面实现方块的下落

本节实现的运行效果:每 750ms 方块下落一格,直至下落到网格的底部或者其他方块的顶部为止,这时会重新随机生成一个新的方块。

本节的实现思路:通过 Timer 添加一个时间变量实现时间的流逝。先判断方块是否能够下落，再实现将方块对应的二维数组整体向下移动一行，实现方块下落一格。

打开 ThirdAbilitySlice.java 文件。

定义变量方块下落时移动的行数 Nowrow，定义一个时间变量 timer。在 createGrids() 函数体内将 Nowrow 赋值为 0，因为每次生成方块时，方块均还没开始下落，所以将 Nowrow 赋值为 0。

添加一个名为 down() 的函数，以判断方块能否下落。当 Nowrow＋row_number 为 15 时，即方块下落的行数与方块的行数之和为网格的竖列方格的数量，则表示方块已经下落到网格的底部，因此返回值为 false。当方块下方的方格的数值不为 0 时，即方块下方存在其他方块，则表示方块已经下落到其他方块的顶部，因此返回值为 false。如果不满足上述情况，则表示方块可以继续下落，因此返回值为 true，代码如下：

```java
//第5章 ThirdAbilitySlice.java
package com.test.game.slice;

import ohos.aafwk.ability.AbilitySlice;
import ohos.agp.components.DirectionalLayout;
import ohos.aafwk.content.Intent;
import ohos.agp.components.Component;
import ohos.agp.components.ComponentContainer;
import ohos.agp.render.Canvas;
import ohos.agp.render.Paint;
import ohos.agp.utils.Color;
import ohos.agp.utils.RectFloat;
import ohos.agp.utils.TextAlignment;

import java.util.Timer;

public class ThirdAbilitySlice extends AbilitySlice {
    private DirectionalLayout layout;              //自定义定向布局
    private static final int length = 100;         //网格中方格的边长
    private static final int interval = 2;         //网格中方格的间距
    private static final int height = 15;          //网格中竖列方格的数量
    private static final int width = 10;           //网格中横列方格的数量
    private static final int left = 30;            //网格的左端距手机边界的距离
    private static final int top = 250;            //网格的顶端距手机边界的距离
    private static final int margin = 20;          //网格的外围距离
    private int[][] grids;                         //15 × 10 网格的二维数组
    private int[][] NowGrids;                      //当前方块形态的二维数组
    private int row_number;                        //当前方块的总行数
    private int column_number;                     //当前方块的总列数
    private int column_start;                      //当前方块所在 grids 的列数
    //当前方块的颜色,0表示灰色,1代表红色,2代表绿色,3代表蓝绿色
    //4代表品红色,5代表蓝色,6代表白色,7代表黄色
```

```java
    private int GridsColor;
    //19种方块所占网格的位置所对应的数值
    private static final int[][] RedGrids1 = {{0, 3},{0, 4},{1, 4},{1, 5}};
    private static final int[][] RedGrids2 = {{0, 5},{1, 5},{1, 4},{2, 4}};
    private static final int[][] GreenGrids1 = {{0, 5},{0, 4},{1, 4},{1, 3}};
    private static final int[][] GreenGrids2 = {{0, 4},{1, 4},{1, 5},{2, 5}};
    private static final int[][] CyanGrids1 = {{0, 4},{1, 4},{2, 4},{3, 4}};
    private static final int[][] CyanGrids2 = {{0, 3},{0, 4},{0, 5},{0, 6}};
    private static final int[][] MagentaGrids1 = {{0,4},{1, 3},{1, 4},{1, 5}};
    private static final int[][] MagentaGrids2 = {{0,4},{1, 4},{1, 5},{2, 4}};
    private static final int[][] MagentaGrids3 = {{0,3},{0, 4},{0, 5},{1, 4}};
    private static final int[][] MagentaGrids4 = {{0,5},{1, 5},{1, 4},{2, 5}};
    private static final int[][] BlueGrids1 = {{0, 3},{1, 3},{1, 4},{1, 5}};
    private static final int[][] BlueGrids2 = {{0, 5},{0, 4},{1, 4},{2, 4}};
    private static final int[][] BlueGrids3 = {{0, 3},{0, 4},{0, 5},{1, 5}};
    private static final int[][] BlueGrids4 = {{0, 5},{1, 5},{2, 5},{2, 4}};
    private static final int[][] WhiteGrids1 = {{0, 5},{1, 5},{1, 4},{1, 3}};
    private static final int[][] WhiteGrids2 = {{0, 4},{1, 4},{2, 4},{2, 5}};
    private static final int[][] WhiteGrids3 = {{0, 5},{0, 4},{0, 3},{1, 3}};
    private static final int[][] WhiteGrids4 = {{0, 4},{0, 5},{1, 5},{2, 5}};
    private static final int[][] YellowGrids = {{0, 4},{0, 5},{1, 5},{1, 4}};
    private static final int grids_number = 4;         //方块的方格数量
    private int Nowrow;                                //方块下落移动的行数
    private Timer timer;                               //时间变量

    @Override
    public void onStart(Intent intent) {
        super.onStart(intent);

        initialize();
    }


    //初始化数据的函数
    public void initialize() {
        layout = new DirectionalLayout(this);          //对定向布局layout初始化
        Gameover = true;
        //将二维数组grids初始化为0
        grids = new int[height][width];
        for (int row = 0; row < height; row ++ )
            for (int column = 0; column < width; column ++ )
                grids[row][column] = 0;

        createGrids();
        drawGrids();
    }
```

```java
//随机重新生成一种颜色方块的函数
public void createGrids() {
    Nowrow = 0;

    double random = Math.random();         //生成[0,1]的随机数
    //根据随机数的大小,调用相关的函数
    if (random >= 0 && random < 0.2) {
        if (random >= 0 && random < 0.1)
            createRedGrids1();
        else
            createRedGrids2();
    } else if (random >= 0.2 && random < 0.4) {
        if (random >= 0.2 && random < 0.3)
            createGreenGrids1();
        else
            createGreenGrids2();
    } else if (random >= 0.4 && random < 0.45) {
        if (random >= 0.4 && random < 0.43)
            createCyanGrids1();
        else
            createCyanGrids2();
    } else if (random >= 0.45 && random < 0.6) {
        if (random >= 0.45 && random < 0.48)
            createMagentaGrids1();
        else if (random >= 0.48 && random < 0.52)
            createMagentaGrids2();
        else if (random >= 0.52 && random < 0.56)
            createMagentaGrids3();
        else
            createMagentaGrids4();
    } else if (random >= 0.6 && random < 0.75) {
        if (random >= 0.6 && random < 0.63)
            createBlueGrids1();
        else if (random >= 0.63 && random < 0.67)
            createBlueGrids2();
        else if (random >= 0.67 && random < 0.71)
            createBlueGrids3();
        else
            createBlueGrids4();
    } else if (random >= 0.75 && random < 0.9) {
        if (random >= 0.75 && random < 0.78)
            createWhiteGrids1();
        else if (random >= 0.78 && random < 0.82)
            createWhiteGrids2();
        else if (random >= 0.82 && random < 0.86)
            createWhiteGrids3();
```

```java
            else
                createWhiteGrids4();
        } else {
            createYellowGrids();
        }

        //将颜色方块添加到 15 × 10 网格的二维数组 grids 中
        for (int row = 0; row < grids_number; row ++) {
            grids[NowGrids[row][0]][NowGrids[row][1]] = GridsColor;
        }
    }

    //绘制网格的函数
    public void drawGrids() {
        ...
    }

    //判断方块能否下落的函数
    public boolean down() {
        boolean k;
        //表示方块已经接触到网格的底端
        if (Nowrow + row_number == height) {
            return false;
        }

        //判断方块的下一行是否存在其他方块
        for (int row = 0; row < grids_number; row ++) {
            k = true;
            for (int i = 0; i < grids_number; i ++) {
                if (NowGrids[row][0] + 1 == NowGrids[i][0] && NowGrids[row][1] == NowGrids[i][1]) {
                    k = false;
                }
            }
            if (k) {
                if (grids[NowGrids[row][0] + Nowrow + 1][NowGrids[row][1]] != 0)
                    return false;
            }
        }

        return true;
    }

    //对对应颜色方块的不同形态赋予 NowGrids、row_number、column_number
    //GridsColor、column_start 的值
    public void createRedGrids1() {
```

```
            NowGrids = RedGrids1;
            row_number = 2;
            column_number = 3;
            GridsColor = 1;
            column_start = 3;
    }
    ...
}
```

添加一个名为 run() 的函数，以实现方块随着时间流逝逐渐下落。对时间变量 timer 初始化，添加时间任务，延迟为 0，间隔为 750ms。在时间任务中，判断 down() 函数的返回值，当返回值为 true 时，实现方块下落一行，并且 Nowrow 加 1。当返回值为 false 时，调用函数 createGrids()，重新随机生成一个新方块。在生命周期事件 onStart() 中，调用函数 run()，代码如下：

```java
//第 5 章 ThirdAbilitySlice.java
package com.test.game.slice;

import ohos.aafwk.ability.AbilitySlice;
import ohos.agp.components.DirectionalLayout;
import ohos.aafwk.content.Intent;
import ohos.agp.components.Component;
import ohos.agp.components.ComponentContainer;
import ohos.agp.render.Canvas;
import ohos.agp.render.Paint;
import ohos.agp.utils.Color;
import ohos.agp.utils.RectFloat;
import ohos.agp.utils.TextAlignment;

import java.util.Timer;
import java.util.TimerTask;

public class ThirdAbilitySlice extends AbilitySlice {
    public class ThirdAbilitySlice extends AbilitySlice {
        private DirectionalLayout layout;              //自定义定向布局
        private static final int length = 100;         //网格中方格的边长
        private static final int interval = 2;         //网格中方格的间距
        private static final int height = 15;          //网格中竖列方格的数量
        private static final int width = 10;           //网格中横列方格的数量
        private static final int left = 30;            //网格的左端距手机边界的距离
        private static final int top = 250;            //网格的顶端距手机边界的距离
        private static final int margin = 20;          //网格的外围距离
        private int[][] grids;                         //15×10 网格的二维数组
        private int[][] NowGrids;                      //当前方块形态的二维数组
```

```java
private int row_number;                                    //当前方块的总行数
private int column_number;                                 //当前方块的总列数
private int column_start;                                  //当前方块所在grids的列数
//当前方块的颜色,0表示灰色,1代表红色,2代表绿色,3代表蓝绿色
//4代表品红色,5代表蓝色,6代表白色,7代表黄色
private int GridsColor;
//19种方块所占网格的位置对应的数值
private static final int[][] RedGrids1 = {{0, 3},{0, 4},{1, 4},{1, 5}};
private static final int[][] RedGrids2 = {{0, 5},{1, 5},{1, 4},{2, 4}};
private static final int[][] GreenGrids1 = {{0, 5},{0, 4},{1, 4},{1, 3}};
private static final int[][] GreenGrids2 = {{0, 4},{1, 4},{1, 5},{2, 5}};
private static final int[][] CyanGrids1 = {{0, 4},{1, 4},{2, 4},{3, 4}};
private static final int[][] CyanGrids2 = {{0, 3},{0, 4},{0, 5},{0, 6}};
private static final int[][] MagentaGrids1 = {{0,4},{1, 3},{1, 4},{1, 5}};
private static final int[][] MagentaGrids2 = {{0,4},{1, 4},{1, 5},{2, 4}};
private static final int[][] MagentaGrids3 = {{0,3},{0, 4},{0, 5},{1, 4}};
private static final int[][] MagentaGrids4 = {{0,5},{1, 5},{1, 4},{2, 5}};
private static final int[][] BlueGrids1 = {{0, 3},{1, 3},{1, 4},{1, 5}};
private static final int[][] BlueGrids2 = {{0, 5},{0, 4},{1, 4},{2, 4}};
private static final int[][] BlueGrids3 = {{0, 3},{0, 4},{0, 5},{1, 5}};
private static final int[][] BlueGrids4 = {{0, 5},{1, 5},{2, 5},{2, 4}};
private static final int[][] WhiteGrids1 = {{0, 5},{1, 5},{1, 4},{1, 3}};
private static final int[][] WhiteGrids2 = {{0, 4},{1, 4},{2, 4},{2, 5}};
private static final int[][] WhiteGrids3 = {{0, 5},{0, 4},{0, 3},{1, 3}};
private static final int[][] WhiteGrids4 = {{0, 4},{0, 5},{1, 5},{2, 5}};
private static final int[][] YellowGrids = {{0, 4},{0, 5},{1, 5},{1, 4}};
private static final int grids_number = 4;                 //方块的方格数量
private int Nowrow;                                        //方块下落移动的行数
private Timer timer;                                       //时间变量

@Override
public void onStart(Intent intent) {
    super.onStart(intent);

    initialize();
    run();
}

//初始化数据的函数
public void initialize() {
    ...
}
//随机重新生成一种颜色方块的函数
public void createGrids() {
    ...
}
```

```java
//绘制网格的函数
public void drawGrids() {
    ...
}

//方块自动下落的函数
public void run() {
    timer = new Timer(); //初始化时间变量
    //设置时间任务,延迟为0,间隔为750ms
    timer.schedule(new TimerTask() {
        @Override
        public void run() {
            getUITaskDispatcher().asyncDispatch(() -> {
                //如果能够下落,则下落一行
                if (down()) {
                    //将原来方块的颜色清除
                    for (int row = 0; row < grids_number; row ++ ) {
                        grids[NowGrids[row][0] + Nowrow][NowGrids[row][1]] = 0;
                    }
                    Nowrow ++ ;
                    //将颜色方块添加到15×10网格的二维数组grids中
                    for (int row = 0; row < grids_number; row ++ ) {
                        grids[NowGrids[row][0] + Nowrow][NowGrids[row][1]] = GridsColor;
                    }
                } else {
                    //如果不能下落,则重新随机生成一种颜色方块
                    createGrids();
                }
                //重新绘制网格
                drawGrids();
            });
        }
    }, 0, 750);
}

//判断方块能否下落的函数
public boolean down() {
    boolean k;
    //表示方块已经接触到网格的底端
    if (Nowrow + row_number == height) {
        return false;
    }

    //判断方块的下一行是否存在其他方块
    for (int row = 0; row < grids_number; row ++ ) {
        k = true;
        for (int i = 0; i < grids_number; i ++ ) {
```

```
                if (NowGrids[row][0] + 1 == NowGrids[i][0] && NowGrids[row][1] == NowGrids[i][1]) {
                    k = false;
                }
            }
            if (k) {
                if (grids[NowGrids[row][0] + Nowrow + 1][NowGrids[row][1]] != 0)
                    return false;
            }
        }
        return true;
    }
    ...
}
```

单击主页面中的"开始"按钮,即可跳转到游戏页面,每750ms方块下落一格,直至下落到网格的底部或者其他方块的顶部为止,这时会重新随机生成一个新的方块。需要注意,因为每次生成的方块都是随机的,所以每次的运行效果都可能不一致,运行效果如图5-36和图5-37所示。

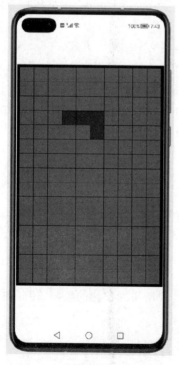

图 5-36 随机生成颜色方块

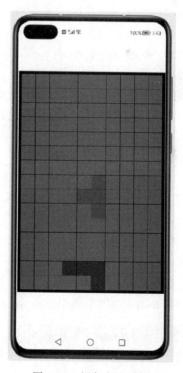

图 5-37 颜色方块下落

5.10 在游戏页面添加 5 个按钮并向主页面跳转

本节实现的运行效果：在游戏页面网格的下方显示 5 个按钮，在按钮上显示的文本分别为"←""变""→""重新开始""返回"。单击游戏页面中的"返回"按钮，跳转到主页面。

本节的实现思路：通过 ShapeElement 设置按钮的背景样式，配置按钮的属性。通过在单击事件中调用 present()语句实现页面间的跳转，在调用该语句时通过指定 AbilitySlice 名称达到指定跳转目标的页面。

打开 ThirdAbilitySlice.java 文件。

添加一个名为 drawButton()的函数，以实现绘制 5 个按钮。在函数体内定义并初始化按钮的背景样式 background，将 RGB 颜色 setRgbColor 设置为(120,198,197)，将圆角半径 setCornerRadius 设置为 100。

添加一个按钮 button_left，将文本 setText 设置为"←"，将文本的对齐方式 setTextAlignment 设置为 TextAlignment.CENTER（居中），将文本的颜色 setTextColor 设置为 Color.WHITE（白色），将文本的大小 setTextSize 设置为 100。将按钮的上边距 setMarginTop 设置为 1800，将按钮的左边距 setMarginLef 设置为 160，将按钮的内边距 setPadding 设置为(10,0,10,0)，将按钮的背景样式 setBackground 设置为 background。最后将设置好样式的按钮添加到布局 layout 中。

添加一个按钮 button_change，将文本设置为"变"，将文本的对齐方式 setTextAlignment 设置为 TextAlignment.CENTER（居中），将文本的颜色 setTextColor 设置为 Color.WHITE（白色），将文本的大小 setTextSize 设置为 100。将按钮的上边距 setMarginTop 设置为－135，将按钮的左边距 setMarginLef 设置为 480，将按钮的内边距 setPadding 设置为(10,0,10,0)，将按钮的背景样式 setBackground 设置为 background。最后将设置好样式的按钮添加到布局 layout 中。

添加一个按钮 button_right，将文本设置为"→"，将文本的对齐方式 setTextAlignment 设置为 TextAlignment.CENTER（居中），将文本的颜色 setTextColor 设置为 Color.WHITE（白色），将文本的大小 setTextSize 设置为 100。将按钮的上边距 setMarginTop 设置为－135，将按钮的左边距 setMarginLef 设置为 780，将按钮的内边距 setPadding 设置为(10,0,10,0)，将按钮的背景样式 setBackground 设置为 background。最后将设置好样式的按钮添加到布局 layout 中。

在函数 initialize()中调用函数 drawButton()，实现所添加按钮的绘制，代码如下：

```
//第 5 章 ThirdAbilitySlice.java
package com.test.game.slice;

import ohos.aafwk.ability.AbilitySlice;
import ohos.agp.components.DirectionalLayout;
```

```
import ohos.aafwk.content.Intent;
import ohos.agp.components.Component;
import ohos.agp.components.ComponentContainer;
import ohos.agp.render.Canvas;
import ohos.agp.render.Paint;
import ohos.agp.utils.Color;
import ohos.agp.utils.RectFloat;
import ohos.agp.utils.TextAlignment;
import ohos.agp.components.Button;
import ohos.agp.components.element.ShapeElement;
import ohos.agp.colors.RgbColor;

import java.util.Timer;
import java.util.TimerTask;

public class ThirdAbilitySlice extends AbilitySlice {
    ...

    @Override
    public void onStart(Intent intent) {
        ...
    }

    //初始化数据的函数
    public void initialize() {
        layout = new DirectionalLayout(this);          //对定向布局 layout 初始化
        Gameover = true;
        //将二维数组 grids 初始化为 0
        grids = new int[height][width];
        for (int row = 0; row < height; row ++ )
            for (int column = 0; column < width; column ++ )
                grids[row][column] = 0;

        createGrids();
        drawButton();
        drawGrids();
    }

    //随机重新生成一种颜色方块的函数
    public void createGrids() {
        ...
    }

    //绘制按钮的函数
    public void drawButton() {
        //设置背景图层
```

```java
        ShapeElement background = new ShapeElement();
        background.setRgbColor(new RgbColor(120, 198, 197));
        background.setCornerRadius(100);

        Button button_left = new Button(this);                      //初始化按钮
        button_left.setText("←");                                   //设置按钮的文本
        //设置按钮文本的对齐方式
        button_left.setTextAlignment(TextAlignment.CENTER);
        button_left.setTextColor(Color.WHITE);                      //设置文本的颜色
        button_left.setTextSize(100);                               //设置按钮文本的大小
        button_left.setMarginTop(1800);                             //设置按钮的上外边距
        button_left.setMarginLeft(160);                             //设置按钮的左外边距
        button_left.setPadding(10, 0, 10, 0);                       //设置按钮的内边距
        button_left.setBackground(background);                      //设置按钮的背景图层
        layout.addComponent(button_left);

        Button button_change = new Button(this);
        button_change.setText("变");
        button_change.setTextAlignment(TextAlignment.CENTER);
        button_change.setTextColor(Color.WHITE);
        button_change.setTextSize(100);
        button_change.setMarginLeft(480);
        button_change.setMarginTop(-135);
        button_change.setPadding(10, 0, 10, 0);
        button_change.setBackground(background);
        layout.addComponent(button_change);

        Button button_right = new Button(this);
        button_right.setText("→");
        button_right.setTextAlignment(TextAlignment.CENTER);
        button_right.setTextColor(Color.WHITE);
        button_right.setTextSize(100);
        button_right.setMarginLeft(780);
        button_right.setMarginTop(-135);
        button_right.setPadding(10, 0, 10, 0);
        button_right.setBackground(background);
        layout.addComponent(button_right);
    }

    //绘制网格的函数
    public void drawGrids() {
        ...
    }
    ...
}
```

添加一个按钮 button_start，将文本 setText 设置为"重新开始"，将文本的对齐方式 setTextAlignment 设置为 TextAlignment.CENTER（居中），将文本的颜色 setTextColor 设置为 Color.WHITE（白色），将文本的大小 setTextSize 设置为 100。将按钮的上边距 setMarginTop 设置为 5，将按钮的左边距 setMarginLef 设置为 180，将按钮的内边距 setPadding 设置为（10,10,10,10），将按钮的背景样式 setBackground 设置为 background。最后将设置好样式的按钮添加到布局 layout 中。

添加一个按钮 button_back，将文本 setText 设置为"返回"，将文本的对齐方式 setTextAlignment 设置为 TextAlignment.CENTER（居中），将文本的颜色 setTextColor 设置为 Color.WHITE（白色），将文本的大小 setTextSize 设置为 100。将按钮的上边距 setMarginTop 设置为－150，将按钮的左边距 setMarginLef 设置为 680，将按钮的内边距 setPadding 设置为（10,10,10,10），将按钮的背景样式 setBackground 设置为 background。增加单击事件，通过 present()语句跳转到 MainAbilitySlice，当单击按钮时就会触发按钮的单击事件，从而跳转到主页面。最后将设置好样式的按钮添加到布局 layout 中，代码如下：

```java
//第 5 章 ThirdAbilitySlice.java
package com.test.game.slice;

import ohos.aafwk.ability.AbilitySlice;
import ohos.agp.components.DirectionalLayout;
import ohos.aafwk.content.Intent;
import ohos.agp.components.Component;
import ohos.agp.components.ComponentContainer;
import ohos.agp.render.Canvas;
import ohos.agp.render.Paint;
import ohos.agp.utils.Color;
import ohos.agp.utils.RectFloat;
import ohos.agp.utils.TextAlignment;
import ohos.agp.components.Button;
import ohos.agp.components.element.ShapeElement;
import ohos.agp.colors.RgbColor;

import java.util.Timer;
import java.util.TimerTask;

public class ThirdAbilitySlice extends AbilitySlice {
    ...
    @Override
    public void onStart(Intent intent) {
        ...
    }

    //初始化数据的函数
```

```java
public void initialize() {
    ...
}

//随机重新生成一种颜色方块的函数
public void createGrids() {
    ...
}

//绘制按钮的函数
public void drawButton() {
    //设置背景图层
    ShapeElement background = new ShapeElement();
    background.setRgbColor(new RgbColor(120, 198, 197));
    background.setCornerRadius(100);

    Button button_left = new Button(this);              //初始化按钮
    button_left.setText("←");                            //设置按钮的文本
    //设置按钮文本的对齐方式
    button_left.setTextAlignment(TextAlignment.CENTER);
    button_left.setTextColor(Color.WHITE);              //设置文本的颜色
    button_left.setTextSize(100);                        //设置按钮文本的大小
    button_left.setMarginTop(1800);                      //设置按钮的上外边距
    button_left.setMarginLeft(160);                      //设置按钮的左外边距
    button_left.setPadding(10, 0, 10, 0);                //设置按钮的内边距
    button_left.setBackground(background);               //设置按钮的背景图层
    layout.addComponent(button_left);

    Button button_change = new Button(this);
    button_change.setText("变");
    button_change.setTextAlignment(TextAlignment.CENTER);
    button_change.setTextColor(Color.WHITE);
    button_change.setTextSize(100);
    button_change.setMarginLeft(480);
    button_change.setMarginTop(-135);
    button_change.setPadding(10, 0, 10, 0);
    button_change.setBackground(background);
    layout.addComponent(button_change);

    Button button_right = new Button(this);
    button_right.setText("→");
    button_right.setTextAlignment(TextAlignment.CENTER);
    button_right.setTextColor(Color.WHITE);
    button_right.setTextSize(100);
    button_right.setMarginLeft(780);
    button_right.setMarginTop(-135);
```

```
        button_right.setPadding(10, 0, 10, 0);
        button_right.setBackground(background);
        layout.addComponent(button_right);

        Button button_start = new Button(this);
        button_start.setText("重新开始");
        button_start.setTextSize(100);
        button_start.setTextAlignment(TextAlignment.CENTER);
        button_start.setTextColor(Color.WHITE);
        button_start.setMarginTop(5);
        button_start.setMarginLeft(180);
        button_start.setPadding(10, 10, 10, 10);
        button_start.setBackground(background);
        layout.addComponent(button_start);

        Button button_back = new Button(this);
        button_back.setText("返回");
        button_back.setTextSize(100);
        button_back.setTextAlignment(TextAlignment.CENTER);
        button_back.setTextColor(Color.WHITE);
        button_back.setMarginTop(-150);
        button_back.setMarginLeft(680);
        button_back.setPadding(10, 10, 10, 10);
        button_back.setBackground(background);
        //设置按钮的单击事件
        button_back.setClickedListener(new Component.ClickedListener() {
            @Override
            public void onClick(Component component) {
                //跳转到MainAbilitySlice()语句
                present(new MainAbilitySlice(),new Intent());
            }
        });
        layout.addComponent(button_back);
    }

    //绘制网格的函数
    public void drawGrids() {
        ...
    }
    ...
}
```

单击主页面中的"开始"按钮,即可跳转到游戏页面,在游戏页面网格的下方会显示 5 个按钮,按钮上显示的文本分别为"←""变""→""重新开始""返回"。单击游戏页面中的"返回"按钮,跳转到主页面,运行效果如图 5-38 和图 5-39 所示。

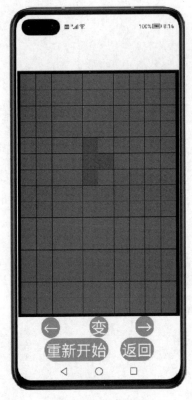

图 5-38　游戏页面

图 5-39　主页面

5.11　在游戏页面实现方块向左移动

本节实现的运行效果：当单击"←"按钮时，正在下落的方块会向左移动一格，如果正在下落的方块位于网格的左端或其左端存在其他方块，则不会再向左移动了。

本节的实现思路：先判断方块是否能够向左移动，再实现将方块对应的二维数组整体向左移动一列，实现方块向左移动一格。

打开 ThirdAbilitySlice.java 文件。

定义变量方块的左右移动的列数 Nowcolumn。在 createGrids（）函数体内将 Nowcolumn 赋值为 0，因为每次生成方块时，方块均没开始向左移动或向右移动，所以将 Nowcolumn 赋值为 0。特别需要注意的是，这里向左移动一格表示减 1，向右移动一格表示加 1。

添加一个名为 left（）的函数，以判断方块能否向左移动。当 Nowcolumn＋column_start 为 0 时，即方块向左移动的列数与方块的列数之和为 0，则表示方块已经向左移动到网格的左端，因此返回值为 false。当方块左端的方格的数值不为 0 时，即方块左端存在其他方块，则表示方块已经向左移动到其他方块的右端，因此返回值为 false。如果不满足上述情况，则表示方块可以继续向左移动，因此返回值为 true，代码如下：

```java
//第 5 章 ThirdAbilitySlice.java
package com.test.game.slice;

import ohos.aafwk.ability.AbilitySlice;
import ohos.agp.components.DirectionalLayout;
import ohos.aafwk.content.Intent;
import ohos.agp.components.Component;
import ohos.agp.components.ComponentContainer;
import ohos.agp.render.Canvas;
import ohos.agp.render.Paint;
import ohos.agp.utils.Color;
import ohos.agp.utils.RectFloat;
import ohos.agp.utils.TextAlignment;
import ohos.agp.components.Button;
import ohos.agp.components.element.ShapeElement;
import ohos.agp.colors.RgbColor;

import java.util.Timer;
import java.util.TimerTask;

public class ThirdAbilitySlice extends AbilitySlice {
    private DirectionalLayout layout;                //自定义定向布局
    private static final int length = 100;           //网格中方格的边长
    private static final int interval = 2;           //网格中方格的间距
    private static final int height = 15;            //网格中竖列方格的数量
    private static final int width = 10;             //网格中横列方格的数量
    private static final int left = 30;              //网格的左端距手机边界的距离
    private static final int top = 250;              //网格的顶端距手机边界的距离
    private static final int margin = 20;            //网格的外围距离
    private int[][] grids;                           //15×10 网格的二维数组
    private int[][] NowGrids;                        //当前方块形态的二维数组
    private int row_number;                          //当前方块的总行数
    private int column_number;                       //当前方块的总列数
    private int column_start;                        //当前方块所在 grids 的列数
    //当前方块的颜色,0 表示灰色,1 代表红色,2 代表绿色,3 代表蓝绿色
    //4 代表品红色,5 代表蓝色,6 代表白色,7 代表黄色
    private int GridsColor;
    //19 种方块所占网格的位置所对应的数值
    private static final int[][] RedGrids1 = {{0, 3},{0, 4},{1, 4},{1, 5}};
    private static final int[][] RedGrids2 = {{0, 5},{1, 5},{1, 4},{2, 4}};
    private static final int[][] GreenGrids1 = {{0, 5},{0, 4},{1, 4},{1, 3}};
    private static final int[][] GreenGrids2 = {{0, 4},{1, 4},{1, 5},{2, 5}};
```

```java
private static final int[][] CyanGrids1 = {{0, 4},{1, 4},{2, 4},{3, 4}};
private static final int[][] CyanGrids2 = {{0, 3},{0, 4},{0, 5},{0, 6}};
private static final int[][] MagentaGrids1 = {{0,4},{1, 3},{1, 4},{1, 5}};
private static final int[][] MagentaGrids2 = {{0,4},{1, 4},{1, 5},{2, 4}};
private static final int[][] MagentaGrids3 = {{0,3},{0, 4},{0, 5},{1, 4}};
private static final int[][] MagentaGrids4 = {{0,5},{1, 5},{1, 4},{2, 5}};
private static final int[][] BlueGrids1 = {{0, 3},{1, 3},{1, 4},{1, 5}};
private static final int[][] BlueGrids2 = {{0, 5},{0, 4},{1, 4},{2, 4}};
private static final int[][] BlueGrids3 = {{0, 3},{0, 4},{0, 5},{1, 5}};
private static final int[][] BlueGrids4 = {{0, 5},{1, 5},{2, 5},{2, 4}};
private static final int[][] WhiteGrids1 = {{0, 5},{1, 5},{1, 4},{1, 3}};
private static final int[][] WhiteGrids2 = {{0, 4},{1, 4},{2, 4},{2, 5}};
private static final int[][] WhiteGrids3 = {{0, 5},{0, 4},{0, 3},{1, 3}};
private static final int[][] WhiteGrids4 = {{0, 4},{0, 5},{1, 5},{2, 5}};
private static final int[][] YellowGrids = {{0, 4},{0, 5},{1, 5},{1, 4}};
private static final int grids_number = 4;           //方块的方格数量
private int Nowrow;                                   //方块下落移动的行数
private int Nowcolumn;                                //方块左右移动的列数
private Timer timer;                                  //时间变量
private boolean Gameover;

@Override
public void onStart(Intent intent) {
    ...
}
//初始化数据的函数
public void initialize() {
    ...
}

//随机重新生成一种颜色方块的函数
public void createGrids() {
    Nowrow = 0;
    Nowcolumn = 0;

    double random = Math.random();                    //生成[0,1)的随机数
    //根据随机数的大小,调用相关的函数
    if (random >= 0 && random < 0.2) {
        if (random >= 0 && random < 0.1)
            createRedGrids1();
        else
            createRedGrids2();
    } else if (random >= 0.2 && random < 0.4) {
        if (random >= 0.2 && random < 0.3)
            createGreenGrids1();
        else
```

```
                createGreenGrids2();
        } else if (random >= 0.4 && random < 0.45) {
            if (random >= 0.4 && random < 0.43)
                createCyanGrids1();
            else
                createCyanGrids2();
        } else if (random >= 0.45 && random < 0.6) {
            if (random >= 0.45 && random < 0.48)
                createMagentaGrids1();
            else if (random >= 0.48 && random < 0.52)
                createMagentaGrids2();
            else if (random >= 0.52 && random < 0.56)
                createMagentaGrids3();
            else
                createMagentaGrids4();
        } else if (random >= 0.6 && random < 0.75) {
            if (random >= 0.6 && random < 0.63)
                createBlueGrids1();
            else if (random >= 0.63 && random < 0.67)
                createBlueGrids2();
            else if (random >= 0.67 && random < 0.71)
                createBlueGrids3();
            else
                createBlueGrids4();
        } else if (random >= 0.75 && random < 0.9) {
            if (random >= 0.75 && random < 0.78)
                createWhiteGrids1();
            else if (random >= 0.78 && random < 0.82)
                createWhiteGrids2();
            else if (random >= 0.82 && random < 0.86)
                createWhiteGrids3();
            else
                createWhiteGrids4();
        } else {
            createYellowGrids();
        }

        //将颜色方块添加到15×10网格的二维数组 grids 中
        for (int row = 0; row < grids_number; row ++ ) {
            grids[NowGrids[row][0]][NowGrids[row][1]] = GridsColor;
        }
    }

    //绘制按钮的函数
    public void drawButton() {
        ...
```

```java
    }

    //绘制网格的函数
    public void drawGrids() {
        ...
    }

    //方块自动下落的函数
    public void run() {
        ...
    }

    //判断方块能否下落的函数
    public boolean down() {
        ...
    }

    //判断方块能否向左移动的函数
    public boolean left() {
        boolean k;
        //表示方块已经接触到网格的左端
        if (Nowcolumn + column_start == 0) {
            return false;
        }

        //表示方块的左一列是否存在其他方块
        for (int column = 0; column < grids_number; column ++ ) {
            k = true;
            for (int j = 0; j < grids_number; j ++ ) {
                if (NowGrids[column][0] == NowGrids[j][0] &&
                    NowGrids[column][1] - 1 == NowGrids[j][1]) {
                    k = false;
                }
            }
            if (k) {
                if (grids[NowGrids[column][0] + Nowrow][NowGrids[column][1] + Nowcolumn - 1] != 0)
                    return false;
            }
        }

        return true;
    }

    //对对应颜色方块的不同形态赋予 NowGrids、row_number、column_number
    //GridsColor、column_start 的值
```

```java
    public void createRedGrids1() {
        NowGrids = RedGrids1;
        row_number = 2;
        column_number = 3;
        GridsColor = 1;
        column_start = 3;
    }
    ...
}
```

添加一个名为 leftShift() 的函数,以实现方块向左移动。在函数体内判断函数 left() 的返回值,当返回值为 true 时,实现方块向左移动一格,并且 Nowrow 减 1。在函数 drawButton() 内的按钮 button_left 增加单击事件,调用函数 leftShift(),代码如下:

```java
//第 5 章 ThirdAbilitySlice.java
package com.test.game.slice;

import ohos.aafwk.ability.AbilitySlice;
import ohos.agp.components.DirectionalLayout;
import ohos.aafwk.content.Intent;
import ohos.agp.components.Component;
import ohos.agp.components.ComponentContainer;
import ohos.agp.render.Canvas;
import ohos.agp.render.Paint;
import ohos.agp.utils.Color;
import ohos.agp.utils.RectFloat;
import ohos.agp.utils.TextAlignment;
import ohos.agp.components.Button;
import ohos.agp.components.element.ShapeElement;
import ohos.agp.colors.RgbColor;

import java.util.Timer;
import java.util.TimerTask;

public class ThirdAbilitySlice extends AbilitySlice {
    ...

    @Override
    public void onStart(Intent intent) {
        ...
    }
    //初始化数据的函数
    public void initialize() {
        ...
    }
```

```java
//随机重新生成一种颜色方块的函数
public void createGrids() {
    ...
}

//绘制按钮的函数
public void drawButton() {
    //设置背景图层
    ShapeElement background = new ShapeElement();
    background.setRgbColor(new RgbColor(120, 198, 197));
    background.setCornerRadius(100);

    Button button_left = new Button(this);              //初始化按钮
    button_left.setText("←");                           //设置按钮的文本
    //设置按钮文本的对齐方式
    button_left.setTextAlignment(TextAlignment.CENTER);
    button_left.setTextColor(Color.WHITE);              //设置文本的颜色
    button_left.setTextSize(100);                       //设置按钮文本的大小
    button_left.setMarginTop(1800);                     //设置按钮的上外边距
    button_left.setMarginLeft(160);                     //设置按钮的左外边距
    button_left.setPadding(10, 0, 10, 0);               //设置按钮的内边距
    button_left.setBackground(background);              //设置按钮的背景图层
    //设置按钮的单击事件
    button_left.setClickedListener(new Component.ClickedListener() {
        @Override
        public void onClick(Component component) {
            leftShift();
        }
    });
    layout.addComponent(button_left);

    Button button_change = new Button(this);
    button_change.setText("变");
    button_change.setTextAlignment(TextAlignment.CENTER);
    button_change.setTextColor(Color.WHITE);
    button_change.setTextSize(100);
    button_change.setMarginLeft(480);
    button_change.setMarginTop(-135);
    button_change.setPadding(10, 0, 10, 0);
    button_change.setBackground(background);
    layout.addComponent(button_change);

    Button button_right = new Button(this);
    button_right.setText("→");
    button_right.setTextAlignment(TextAlignment.CENTER);
    button_right.setTextColor(Color.WHITE);
```

```
    button_right.setTextSize(100);
    button_right.setMarginLeft(780);
    button_right.setMarginTop(-135);
    button_right.setPadding(10, 0, 10, 0);
    button_right.setBackground(background);
    layout.addComponent(button_right);

    Button button_start = new Button(this);
    button_start.setText("重新开始");
    button_start.setTextSize(100);
    button_start.setTextAlignment(TextAlignment.CENTER);
    button_start.setTextColor(Color.WHITE);
    button_start.setMarginTop(5);
    button_start.setMarginLeft(180);
    button_start.setPadding(10, 10, 10, 10);
    button_start.setBackground(background);
    layout.addComponent(button_start);

    Button button_back = new Button(this);
    button_back.setText("返回");
    button_back.setTextSize(100);
    button_back.setTextAlignment(TextAlignment.CENTER);
    button_back.setTextColor(Color.WHITE);
    button_back.setMarginTop(-150);
    button_back.setMarginLeft(680);
    button_back.setPadding(10, 10, 10, 10);
    button_back.setBackground(background);
    //设置按钮的单击事件
    button_back.setClickedListener(new Component.ClickedListener() {
        @Override
        public void onClick(Component component) {
            //跳转到MainAbilitySlice()语句
            present(new MainAbilitySlice(),new Intent());
        }
    });
    layout.addComponent(button_back);
}

//绘制网格的函数
public void drawGrids() {
    ...
}

//方块自动下落的函数
public void run() {
    ...
```

```java
    }
    //判断方块能否下落的函数
    public boolean down() {
        ...
    }

    //实现方块向左移动的函数
    public void leftShift() {
        if (left()) {
            //将原来方块的颜色清除
            for (int row = 0; row < grids_number; row ++) {
                grids[NowGrids[row][0] + Nowrow][NowGrids[row][1] + Nowcolumn] = 0;
            }
            Nowcolumn -- ;
            //将颜色方块添加到15×10网格的二维数组grids中
            for (int row = 0; row < grids_number; row ++) {
                grids[NowGrids[row][0] + Nowrow][NowGrids[row][1] + Nowcolumn] = GridsColor;
            }
        }
        //重新绘制网格
        drawGrids();
    }

    //判断方块能否向左移动的函数
    public boolean left() {
        ...
    }
    ...
}
```

为了保证方块向左移动时，方块的下落仍然能够正常实现，需要对判断方块能否下落和绘制下落方块的语句进行修改。在函数down()内，判断方块能否下落并对方块的左右移动的列数Nowcolumn进行修改。同样在函数run()内，绘制方块下落并对方块的左右移动的列数Nowcolumn进行修改，代码如下：

```java
//第5章 ThirdAbilitySlice.java
package com.test.game.slice;

import ohos.aafwk.ability.AbilitySlice;
import ohos.agp.components.DirectionalLayout;
import ohos.aafwk.content.Intent;
import ohos.agp.components.Component;
```

```java
import ohos.agp.components.ComponentContainer;
import ohos.agp.render.Canvas;
import ohos.agp.render.Paint;
import ohos.agp.utils.Color;
import ohos.agp.utils.RectFloat;
import ohos.agp.utils.TextAlignment;
import ohos.agp.components.Button;
import ohos.agp.components.element.ShapeElement;
import ohos.agp.colors.RgbColor;

import java.util.Timer;
import java.util.TimerTask;

public class ThirdAbilitySlice extends AbilitySlice {
    ...

    @Override
    public void onStart(Intent intent) {
        ...
    }
    //初始化数据的函数
    public void initialize() {
        ...
    }

    //随机重新生成一种颜色方块的函数
    public void createGrids() {
        ...
    }

    //绘制按钮的函数
    public void drawButton() {
        ...
    }

    //绘制网格的函数
    public void drawGrids() {
        ...
    }

    //方块自动下落的函数
    public void run() {
        timer = new Timer();               //初始化时间变量
        //设置时间任务,延迟为 0,间隔为 750ms
        timer.schedule(new TimerTask() {
            @Override
```

```java
            public void run() {
                getUITaskDispatcher().asyncDispatch(() -> {
                    //如果能够下落,则下落一行
                    if (down()) {
                        //将原来方块的颜色清除
                        for (int row = 0; row < grids_number; row ++ ) {
                            grids[ NowGrids [ row ] [ 0 ] + Nowrow ] [ NowGrids [ row ] [ 1 ] + Nowcolumn] = 0;
                        }
                        Nowrow ++ ;
                        //将颜色方块添加到 15×10 网格的二维数组 grids 中
                        for (int row = 0; row < grids_number; row ++ ) {
                            grids[ NowGrids [ row ] [ 0 ] + Nowrow ] [ NowGrids [ row ] [ 1 ] + Nowcolumn] = GridsColor;
                        }
                    } else {
                        //如果不能下落,则重新随机生成一种颜色方块
                        createGrids();
                    }
                    //重新绘制网格
                    drawGrids();
                });
            }
        }, 0, 750);
    }

    //判断方块能否下落的函数
    public boolean down() {
        boolean k;
        //表示方块已经接触到网格的底端
        if (Nowrow + row_number == height) {
            return false;
        }

        //判断方块的下一行是否存在其他方块
        for (int row = 0; row < grids_number; row ++ ) {
            k = true;
            for (int i = 0; i < grids_number; i ++ ) {
                if (NowGrids[ row ] [ 0 ] + 1 == NowGrids[ i ] [ 0 ] && NowGrids[ row ] [ 1 ] == NowGrids[ i ] [ 1 ]) {
                    k = false;
                }
            }
```

```
            if (k) {
                if (grids[NowGrids[row][0] + Nowrow + 1][NowGrids[row][1]] != 0)
                if (grids[NowGrids[row][0] + Nowrow + 1][NowGrids[row][1] + Nowcolumn] != 0)
                    return false;
            }
        }

        return true;
    }

    //实现方块向左移动的函数
    public void leftShift() {
        ...
    }
    ...
}
```

进入游戏页面,当每次单击"←"按钮时,正在下落的方块会向左移动一格,如果正在下落的方块位于网格的左端或其左端存在其他方块,则不会再向左移动了,运行效果如图 5-40 和图 5-41 所示。

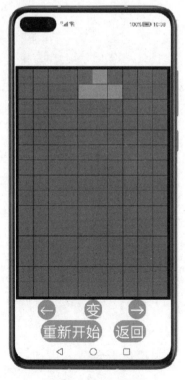
图 5-40　向左移动前

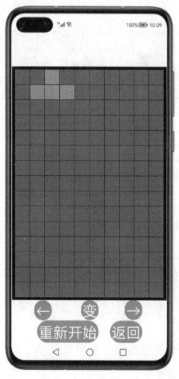
图 5-41　向左移动后

5.12 在游戏页面实现方块向右移动

本节实现的运行效果：当单击"→"按钮时，正在下落的方块会向右移动一格，如果正在下落的方块位于网格的右端或其右端存在其他方块，则不会再向右移动了。

本节的实现思路：先判断方块是否能够向右移动，再实现将方块对应的二维数组整体向右移动一列，实现方块向右移动一格。

打开 ThirdAbilitySlice.java 文件。

添加一个名为 right() 的函数，以判断方块能否向右移动。当 Nowcolumn＋column_number＋column_start 为 10 时，即方块向右移动的列数、方块的列数与方块的第 1 个方格所在二维数组的列数之和为网格的横列方格的数量，则表示方块已经向右移动到网格的右端，因此返回值为 false。当方块右端的方格的数值不为 0 时，即方块右端存在其他方块，则方块已经向右移动到其他方块的左端，因此返回值为 false。如果不满足上述情况，则表示方块可以继续向右移动，因此返回值为 true，代码如下：

```java
//第 5 章 ThirdAbilitySlice.java
package com.test.game.slice;

import ohos.aafwk.ability.AbilitySlice;
import ohos.agp.components.DirectionalLayout;
import ohos.aafwk.content.Intent;
import ohos.agp.components.Component;
import ohos.agp.components.ComponentContainer;
import ohos.agp.render.Canvas;
import ohos.agp.render.Paint;
import ohos.agp.utils.Color;
import ohos.agp.utils.RectFloat;
import ohos.agp.utils.TextAlignment;
import ohos.agp.components.Button;
import ohos.agp.components.element.ShapeElement;
import ohos.agp.colors.RgbColor;

import java.util.Timer;
import java.util.TimerTask;

public class ThirdAbilitySlice extends AbilitySlice {
    ...

    @Override
    public void onStart(Intent intent) {
        ...
    }
```

```java
...
    //判断方块能否向左移动的函数
    public boolean left() {
        ...
    }

    //判断方块能否向右移动的函数
    public boolean right() {
        boolean k;
        //表示方块已经接触到网格的右端
        if (Nowcolumn + column_number + column_start == width) {
            return false;
        }

        //表示方块的右一列是否存在其他方块
        for (int column = 0; column < grids_number; column ++ ) {
            k = true;
            for (int j = 0; j < grids_number; j ++ ) {
                if (NowGrids[column][0] == NowGrids[j][0]
                    && NowGrids[column][1] + 1 == NowGrids[j][1]) {
                    k = false;
                }
            }
            if (k) {
                if (grids[NowGrids[column][0] + Nowrow][NowGrids[column][1] + Nowcolumn + 1] != 0)
                    return false;
            }
        }

        return true;
    }

    //对对应颜色方块的不同形态赋予 NowGrids、row_number、column_number
    //GridsColor、column_start 的值
    public void createRedGrids1() {
        NowGrids = RedGrids1;
        row_number = 2;
        column_number = 3;
        GridsColor = 1;
        column_start = 3;
    }
    ...
}
```

添加一个名为 rightShift() 的函数,以实现方块向右移动。在函数体内判断 right() 函数的返回值,当返回值为 true 时,实现方块向右移动一格,并且 Nowrow 加 1。在函数 drawButton() 内的按钮 button_right 中增加单击事件,调用函数 rightShift(),代码如下:

```java
//第 5 章 ThirdAbilitySlice.java
package com.test.game.slice;

import ohos.aafwk.ability.AbilitySlice;
import ohos.agp.components.DirectionalLayout;
import ohos.aafwk.content.Intent;
import ohos.agp.components.Component;
import ohos.agp.components.ComponentContainer;
import ohos.agp.render.Canvas;
import ohos.agp.render.Paint;
import ohos.agp.utils.Color;
import ohos.agp.utils.RectFloat;
import ohos.agp.utils.TextAlignment;
import ohos.agp.components.Button;
import ohos.agp.components.element.ShapeElement;
import ohos.agp.colors.RgbColor;

import java.util.Timer;
import java.util.TimerTask;

public class ThirdAbilitySlice extends AbilitySlice {
    ...

    @Override
    public void onStart(Intent intent) {
        ...
    }
    //初始化数据的函数
    public void initialize() {
        ...
    }

    //随机重新生成一种颜色方块的函数
    public void createGrids() {
        ...
    }

    //绘制按钮的函数
    public void drawButton() {
        //设置背景图层
        ShapeElement background = new ShapeElement();
```

```
background.setRgbColor(new RgbColor(120, 198, 197));
background.setCornerRadius(100);

Button button_left = new Button(this);              //初始化按钮
button_left.setText("←");                           //设置按钮的文本
//设置按钮文本的对齐方式
button_left.setTextAlignment(TextAlignment.CENTER);
button_left.setTextColor(Color.WHITE);              //设置文本的颜色
button_left.setTextSize(100);                       //设置按钮文本的大小
button_left.setMarginTop(1800);                     //设置按钮的上外边距
button_left.setMarginLeft(160);                     //设置按钮的左外边距
button_left.setPadding(10, 0, 10, 0);               //设置按钮的内边距
button_left.setBackground(background);              //设置按钮的背景图层
//设置按钮的单击事件
button_left.setClickedListener(new Component.ClickedListener() {
    @Override
    public void onClick(Component component) {
        leftShift();
    }
});
layout.addComponent(button_left);

Button button_change = new Button(this);
button_change.setText("变");
button_change.setTextAlignment(TextAlignment.CENTER);
button_change.setTextColor(Color.WHITE);
button_change.setTextSize(100);
button_change.setMarginLeft(480);
button_change.setMarginTop(-135);
button_change.setPadding(10, 0, 10, 0);
button_change.setBackground(background);
layout.addComponent(button_change);

Button button_right = new Button(this);
button_right.setText("→");
button_right.setTextAlignment(TextAlignment.CENTER);
button_right.setTextColor(Color.WHITE);
button_right.setTextSize(100);
button_right.setMarginLeft(780);
button_right.setMarginTop(-135);
button_right.setPadding(10, 0, 10, 0);
button_right.setBackground(background);
//设置按钮的单击事件
button_right.setClickedListener(new Component.ClickedListener() {
    @Override
    public void onClick(Component component) {
```

```
                rightShift();
            }
        });
        layout.addComponent(button_right);

        Button button_start = new Button(this);
        button_start.setText("重新开始");
        button_start.setTextSize(100);
        button_start.setTextAlignment(TextAlignment.CENTER);
        button_start.setTextColor(Color.WHITE);
        button_start.setMarginTop(5);
        button_start.setMarginLeft(180);
        button_start.setPadding(10, 10, 10, 10);
        button_start.setBackground(background);
        layout.addComponent(button_start);

        Button button_back = new Button(this);
        button_back.setText("返回");
        button_back.setTextSize(100);
        button_back.setTextAlignment(TextAlignment.CENTER);
        button_back.setTextColor(Color.WHITE);
        button_back.setMarginTop(-150);
        button_back.setMarginLeft(680);
        button_back.setPadding(10, 10, 10, 10);
        button_back.setBackground(background);
        //设置按钮的单击事件
        button_back.setClickedListener(new Component.ClickedListener() {
            @Override
            public void onClick(Component component) {
                //跳转到 MainAbilitySlice()语句
                present(new MainAbilitySlice(),new Intent());
            }
        });
        layout.addComponent(button_back);
}

//绘制网格的函数
public void drawGrids() {
    ...
}

//方块自动下落的函数
public void run() {
    ...
}
```

```java
//判断方块能否下落的函数
public boolean down() {
    ...
}
//实现方块向左移动的函数
public void leftShift() {
    ...
}

//判断方块能否向左移动的函数
public boolean left() {
    ...
}

//实现方块向右移动的函数
public void rightShift() {
    if (right()) {
        //将原来方块的颜色清除
        for (int row = 0; row < grids_number; row ++ ) {
            grids[NowGrids[row][0] + Nowrow][NowGrids[row][1] + Nowcolumn] = 0;
        }
        Nowcolumn ++ ;
        //将颜色方块添加到15×10网格的二维数组grids中
        for (int row = 0; row < grids_number; row ++ ) {
            grids[NowGrids[row][0] + Nowrow][NowGrids[row][1] + Nowcolumn] = GridsColor;
        }
    }
    //重新绘制网格
    drawGrids();
}

//判断方块能否向右移动的函数
public boolean right() {
    ...
}
...
}
```

进入游戏页面，当每次单击"→"按钮时，正在下落的方块会向右移动一格，如果正在下落的方块位于网格的右端或其右端存在其他方块，则不会再向右移动了，运行效果如图 5-42 和图 5-43 所示。

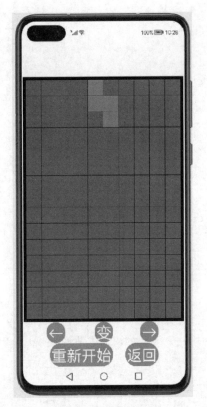
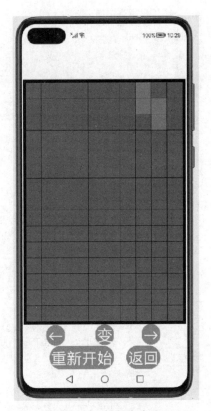

图 5-42　向右移动前　　　　　　　　　图 5-43　向右移动后

5.13　在游戏页面实现方块形态的改变

本节实现的运行效果：当单击"变"按钮时，正在下落的方块会循环改变一次形态。

本节的实现思路：通过对当前方块的颜色进行判断，在同一颜色的不同形态中依次改变 NowGrids、row_number、column_number、GridsColor、column_start 的值，实现方块形态的改变。

打开 ThirdAbilitySlice.java 文件。

（1）添加一个名为 changRedGrids() 的函数，对红色方块的形态进行循环改变。当 NowGrids 为 RedGrids1 时，调用函数 createRedGrids2()，当 NowGrids 为 RedGrids2 时，调用函数 createRedGrids1()。

（2）添加一个名为 changeGreenGrids() 的函数，对绿色方块的形态进行循环改变。当 NowGrids 为 GreenGrids1 时，调用函数 createGreenGrids2()，当 NowGrids 为 GreenGrids2 时，调用函数 createGreenGrids1()。

（3）添加一个名为 changeCyanGrids() 的函数，对蓝绿色方块的形态进行循环改变。当

NowGrids 为 CyanGrids1 时,调用函数 createCyanGrids2(),当 NowGrids 为 CyanGrids2 时,调用函数 createCyanGrids1()。

(4)添加一个名为 changeMagentaGrids() 的函数,对品红色方块的形态进行循环改变。当 NowGrids 为 MagentaGrids1 时,调用函数 createMagentaGrids2(),当 NowGrids 为 MagentaGrids2 时,调用函数 createMagentaGrids3(),当 NowGrids 为 MagentaGrids3 时,调用函数 createMagentaGrids4(),当 NowGrids 为 MagentaGrids4 时,调用函数 createMagentaGrids1()。

(5)添加一个名为 changeBlueGrids() 的函数,对蓝色方块的形态进行循环改变。当 NowGrids 为 BlueGrids1 时,调用函数 createBlueGrids2(),当 NowGrids 为 BlueGrids2 时,调用函数 createBlueGrids3(),当 NowGrids 为 BlueGrids3 时,调用函数 createBlueGrids4(),当 NowGrids 为 BlueGrids4 时,调用函数 createBlueGrids1()。

(6)添加一个名为 changeWhiteGrids() 的函数,对白色方块的形态进行循环改变。当 NowGrids 为 WhiteGrids1 时,调用函数 createWhiteGrids2(),当 NowGrids 为 WhiteGrids2 时,调用函数 createWhiteGrids3(),当 NowGrids 为 WhiteGrids3 时,调用函数 createWhiteGrids4(),当 NowGrids 为 WhiteGrids4 时,调用函数 createWhiteGrids1()。

注意不需要添加名为 changeYellowGrids() 的函数对黄色方块的形态进行循环改变,因为黄色方块的形态只有一种,无法进行改变,代码如下:

```java
//第 5 章 ThirdAbilitySlice.java
package com.test.game.slice;

import ohos.aafwk.ability.AbilitySlice;
import ohos.agp.components.DirectionalLayout;
import ohos.aafwk.content.Intent;
import ohos.agp.components.Component;
import ohos.agp.components.ComponentContainer;
import ohos.agp.render.Canvas;
import ohos.agp.render.Paint;
import ohos.agp.utils.Color;
import ohos.agp.utils.RectFloat;
import ohos.agp.utils.TextAlignment;
import ohos.agp.components.Button;
import ohos.agp.components.element.ShapeElement;
import ohos.agp.colors.RgbColor;

import java.util.Timer;
import java.util.TimerTask;

public class ThirdAbilitySlice extends AbilitySlice {
    ...
```

```java
@Override
public void onStart(Intent intent) {
    ...
}

...

//判断方块能否向右移动的函数
public boolean right() {
    ...
}

//在同一种颜色的不同形态之间切换
public void changRedGrids() {
    if (NowGrids == RedGrids1) {
        createRedGrids2();
    } else if (NowGrids == RedGrids2) {
        createRedGrids1();
    }
}

public void changeGreenGrids() {
    if (NowGrids == GreenGrids1) {
        createGreenGrids2();
    } else if (NowGrids == GreenGrids2) {
        createGreenGrids1();
    }
}

public void changeCyanGrids() {
    if (NowGrids == CyanGrids1) {
        createCyanGrids2();
    } else if (NowGrids == CyanGrids2) {
        createCyanGrids1();
    }
}

public void changeMagentaGrids() {
    if (NowGrids == MagentaGrids1) {
        createMagentaGrids2();
    } else if (NowGrids == MagentaGrids2) {
        createMagentaGrids3();
    } else if (NowGrids == MagentaGrids3) {
        createMagentaGrids4();
    } else if (NowGrids == MagentaGrids4) {
        createMagentaGrids1();
```

```java
        }
    }

    public void changeBlueGrids() {
        if (NowGrids == BlueGrids1) {
            createBlueGrids2();
        } else if (NowGrids == BlueGrids2) {
            createBlueGrids3();
        } else if (NowGrids == BlueGrids3) {
            createBlueGrids4();
        } else if (NowGrids == BlueGrids4) {
            createBlueGrids1();
        }
    }

    public void changeWhiteGrids() {
        if (NowGrids == WhiteGrids1) {
            createWhiteGrids2();
        } else if (NowGrids == WhiteGrids2) {
            createWhiteGrids3();
        } else if (NowGrids == WhiteGrids3) {
            createWhiteGrids4();
        } else if (NowGrids == WhiteGrids4) {
            createWhiteGrids1();
        }
    }

    //对对应颜色方块的不同形态赋予 NowGrids、row_number、column_number
    //GridsColor、column_start 的值
    public void createRedGrids1() {
        NowGrids = RedGrids1;
        row_number = 2;
        column_number = 3;
        GridsColor = 1;
        column_start = 3;
    }
    ...
}
```

添加一个名为 change() 的函数,以判断方块能否改变形态。当假设方块的形态改变后,方块形态改变后的位置如果超过网格的范围,则不能改变方块的形态,因此返回值为 false。方块形态改变后的位置如果存在其他方块,则不能改变方块的形态,因此返回值也为 false。如果不满足上述情况,则表示方块可以改变形态,因此返回值为 true,代码如下:

```java
//第 5 章 ThirdAbilitySlice.java
package com.test.game.slice;

import ohos.aafwk.ability.AbilitySlice;
import ohos.agp.components.DirectionalLayout;
import ohos.aafwk.content.Intent;
import ohos.agp.components.Component;
import ohos.agp.components.ComponentContainer;
import ohos.agp.render.Canvas;
import ohos.agp.render.Paint;
import ohos.agp.utils.Color;
import ohos.agp.utils.RectFloat;
import ohos.agp.utils.TextAlignment;
import ohos.agp.components.Button;
import ohos.agp.components.element.ShapeElement;
import ohos.agp.colors.RgbColor;

import java.util.Timer;
import java.util.TimerTask;

public class ThirdAbilitySlice extends AbilitySlice {
    ...

    @Override
    public void onStart(Intent intent) {
        ...
    }

    ...

    //判断方块能否向右移动的函数
    public boolean right() {
        ...
    }

    //判断方块能否改变形态的函数
    private boolean change(){
        for (int row = 0; row < grids_number; row ++ ) {
            if (grids[NowGrids[row][0] + Nowrow][NowGrids[row][1] + Nowcolumn] != 0) {
                return false;
            }

            if (NowGrids[row][0] + Nowrow < 0 ||NowGrids[row][0] + Nowrow >= height ||
NowGrids[row][1] + Nowcolumn < 0 ||NowGrids[row][1] + Nowcolumn >= width) {
                return false;
            }
```

```
        }

        return true;
    }

    //在同一种颜色的不同形态之间切换
    public void changRedGrids() {
        if (NowGrids == RedGrids1) {
            createRedGrids2();
        } else if (NowGrids == RedGrids2) {
            createRedGrids1();
        }
    }
    ...
}
```

添加一个名为 changeGrids() 的函数,以实现方块改变形态。假设方块可以改变形态,消除当前的方块,定义一个局部变量 Grids 并初始化为 NowGrids,根据 GridsColor 的数值调用函数 changRedGrids()、changeGreenGrids()、changeCyanGrids()、changeMagentaGrids()、changeBlueGrids() 或 changeWhiteGrids()。判断 change() 函数的返回值,当返回值为 true 时,实现方块改变形态;当返回值为 false 时,不改变方块的形态,重新绘制没改变前方块的形态,调用函数 drawGrids()。在函数 drawButton() 内的按钮 button_change 增加单击事件,调用函数 changeGrids(),代码如下:

```
//第 5 章 ThirdAbilitySlice.java
package com.test.game.slice;

import ohos.aafwk.ability.AbilitySlice;
import ohos.agp.components.DirectionalLayout;
import ohos.aafwk.content.Intent;
import ohos.agp.components.Component;
import ohos.agp.components.ComponentContainer;
import ohos.agp.render.Canvas;
import ohos.agp.render.Paint;
import ohos.agp.utils.Color;
import ohos.agp.utils.RectFloat;
import ohos.agp.utils.TextAlignment;
import ohos.agp.components.Button;
import ohos.agp.components.element.ShapeElement;
import ohos.agp.colors.RgbColor;

import java.util.Timer;
import java.util.TimerTask;
```

```java
public class ThirdAbilitySlice extends AbilitySlice {
    ...

    @Override
    public void onStart(Intent intent) {
        ...
    }

    //随机重新生成一种颜色方块的函数
    public void createGrids() {
        ...
    }
    //绘制按钮的函数
    public void drawButton() {
        //设置背景图层
        ShapeElement background = new ShapeElement();
        background.setRgbColor(new RgbColor(120, 198, 197));
        background.setCornerRadius(100);

        Button button_left = new Button(this);                //初始化按钮
        button_left.setText("←");                             //设置按钮的文本
        //设置按钮文本的对齐方式
        button_left.setTextAlignment(TextAlignment.CENTER);
        button_left.setTextColor(Color.WHITE);                //设置文本的颜色
        button_left.setTextSize(100);                         //设置按钮文本的大小
        button_left.setMarginTop(1800);                       //设置按钮的上外边距
        button_left.setMarginLeft(160);                       //设置按钮的左外边距
        button_left.setPadding(10, 0, 10, 0);                 //设置按钮的内边距
        button_left.setBackground(background);                //设置按钮的背景图层
        //设置按钮的单击事件
        button_left.setClickedListener(new Component.ClickedListener() {
            @Override
            public void onClick(Component component) {
                leftShift();
            }
        });
        layout.addComponent(button_left);

        Button button_change = new Button(this);
        button_change.setText("变");
        button_change.setTextAlignment(TextAlignment.CENTER);
        button_change.setTextColor(Color.WHITE);
```

```
button_change.setTextSize(100);
button_change.setMarginLeft(480);
button_change.setMarginTop(-135);
button_change.setPadding(10, 0, 10, 0);
button_change.setBackground(background);
//设置按钮的单击事件
button_change.setClickedListener(new Component.ClickedListener() {
    @Override
    public void onClick(Component component) {
        changGrids();
    }
});
layout.addComponent(button_change);

Button button_right = new Button(this);
button_right.setText("→");
button_right.setTextAlignment(TextAlignment.CENTER);
button_right.setTextColor(Color.WHITE);
button_right.setTextSize(100);
button_right.setMarginLeft(780);
button_right.setMarginTop(-135);
button_right.setPadding(10, 0, 10, 0);
button_right.setBackground(background);
//设置按钮的单击事件
button_right.setClickedListener(new Component.ClickedListener() {
    @Override
    public void onClick(Component component) {
        rightShift();
    }
});
layout.addComponent(button_right);

Button button_start = new Button(this);
button_start.setText("重新开始");
button_start.setTextSize(100);
button_start.setTextAlignment(TextAlignment.CENTER);
button_start.setTextColor(Color.WHITE);
button_start.setMarginTop(5);
button_start.setMarginLeft(180);
button_start.setPadding(10, 10, 10, 10);
button_start.setBackground(background);
layout.addComponent(button_start);
```

```java
Button button_back = new Button(this);
button_back.setText("返回");
button_back.setTextSize(100);
button_back.setTextAlignment(TextAlignment.CENTER);
button_back.setTextColor(Color.WHITE);
button_back.setMarginTop(-150);
button_back.setMarginLeft(680);
button_back.setPadding(10, 10, 10, 10);
button_back.setBackground(background);
//设置按钮的单击事件
button_back.setClickedListener(new Component.ClickedListener() {
    @Override
    public void onClick(Component component) {
        //跳转到MainAbilitySlice()语句
        present(new MainAbilitySlice(),new Intent());
    }
});
layout.addComponent(button_back);
}

//绘制网格的函数
public void drawGrids() {
    ...
}

...

//判断方块能否向右移动的函数
public boolean right() {
    ...
}

//实现方块改变形态的函数
public void changeGrids() {
    int[][] Grids = NowGrids; //定义一个二维数组,用来存放改变形态前的方块形态

    for (int row = 0; row < grids_number; row ++) {
        //将原来方块的颜色清除
        grids[NowGrids[row][0] + Nowrow][NowGrids[row][1] + Nowcolumn] = 0;
    }
    if (column_number == 2 && Nowcolumn + column_start == 0) {
        Nowcolumn ++;
    }

    if (GridsColor == 1) {
        changRedGrids();
```

```
        } else if (GridsColor == 2) {
            changeGreenGrids();
        } else if (GridsColor == 3) {
            changeCyanGrids();
        } else if (GridsColor == 4) {
            changeMagentaGrids();
        } else if (GridsColor == 5) {
            changeBlueGrids();
        } else if (GridsColor == 6) {
            changeWhiteGrids();
        }

        if(change()){
            //如果能够改变形态,则将行的颜色方块添加到15×10网格的二维数组grids中
            for (int row = 0; row < grids_number; row ++ ) {
                grids[NowGrids[row][0] + Nowrow][NowGrids[row][1] + Nowcolumn] = GridsColor;
            }
        }else{
            //如果不能改变形态,则将原来的颜色方块添加到15×10网格的二维数组grids中
            NowGrids = Grids;
            for (int row = 0; row < grids_number; row ++ ) {
                grids[NowGrids[row][0] + Nowrow][NowGrids[row][1] + Nowcolumn] = GridsColor;
            }
        }

        //重新绘制网格
        drawGrids();
    }

    //判断方块能否改变形态的函数
    private boolean change(){
        ...
    }
    ...
}
```

进入游戏页面,当每次单击"变"按钮时,正在下落的方块会改变形态并向右移动一格,运行效果如图5-44和图5-45所示。

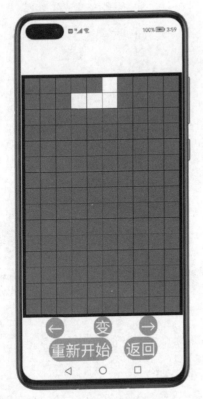
图 5-44　单击"变"按钮前

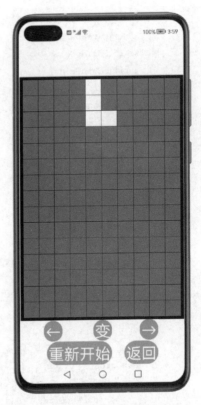
图 5-45　单击"变"按钮后

5.14　在游戏页面实现整行相同色彩方格的消除

本节实现的运行效果：当网格中存在整行相同色彩方格时，该行方格被消除，该行上方所有方格整体向下移动一格。

本节的实现思路：在生成方块之前，从网格的下方往上查找是否存在整行相同色彩方格的行，如果存在则消除该行方格，并且该行上方所有方格整体向下移动。

打开 ThirdAbilitySlice.java 文件。

添加一个名为 eliminateGrids() 的函数，以实现整行相同色彩方格的消除。从网格的下方往上查找是否存在整行相同色彩方格的行，以局部变量 k 表示，当 k 为 false 时表示不存在整行相同色彩方格的行。若 k 为 true 时则消除该行方格，并且该行上方所有方格整体向下移动。调用函数 drawGrids()，代码如下：

```
//第 5 章 ThirdAbilitySlice.java
package com.test.game.slice;
```

```java
import ohos.aafwk.ability.AbilitySlice;
import ohos.agp.components.DirectionalLayout;
import ohos.aafwk.content.Intent;
import ohos.agp.components.Component;
import ohos.agp.components.ComponentContainer;
import ohos.agp.render.Canvas;
import ohos.agp.render.Paint;
import ohos.agp.utils.Color;
import ohos.agp.utils.RectFloat;
import ohos.agp.utils.TextAlignment;
import ohos.agp.components.Button;
import ohos.agp.components.element.ShapeElement;
import ohos.agp.colors.RgbColor;

import java.util.Timer;
import java.util.TimerTask;

public class ThirdAbilitySlice extends AbilitySlice {
    ...

    @Override
    public void onStart(Intent intent) {
        ...
    }

    ...

    //判断方块能否改变形态的函数
    private boolean change(){
        ...
    }

    //实现消除整行方格的函数
    public void eliminateGrids() {
        boolean k;
        //从下往上循环判断每一行是否已经满了
        for (int row = height - 1; row >= 0; row--) {
            k = true;
            //如果该行存在一个或一个以上灰色的方格,则说明该行没有满足条件
            for (int column = 0; column < width; column++) {
                if (grids[row][column] == 0)
                    k = false;
            }
            if (k) {
                //将该行上面的所有行整体向下移动一格
                for (int i = row - 1; i >= 0; i--) {
```

```java
            for (int j = 0; j < width; j ++ ) {
                grids[i + 1][j] = grids[i][j];
            }
        }
        for (int n = 0; n < width; n ++ ) {
            grids[0][n] = 0;
        }
        //再次判断该行是否满足消除的条件
        row ++ ;
    }
}
//重新绘制网格
drawGrids();
}

//在同一种颜色的不同形态之间切换
public void changRedGrids() {
    if (NowGrids == RedGrids1) {
        createRedGrids2();
    } else if (NowGrids == RedGrids2) {
        createRedGrids1();
    }
}
...
}
```

在函数 createGrids() 内随机生成方块前调用函数 eliminateGrids()，代码如下：

```java
//第 5 章 ThirdAbilitySlice.java
package com.test.game.slice;

import ohos.aafwk.ability.AbilitySlice;
import ohos.agp.components.DirectionalLayout;
import ohos.aafwk.content.Intent;
import ohos.agp.components.Component;
import ohos.agp.components.ComponentContainer;
import ohos.agp.render.Canvas;
import ohos.agp.render.Paint;
import ohos.agp.utils.Color;
import ohos.agp.utils.RectFloat;
import ohos.agp.utils.TextAlignment;
import ohos.agp.components.Button;
import ohos.agp.components.element.ShapeElement;
import ohos.agp.colors.RgbColor;
```

```java
import java.util.Timer;
import java.util.TimerTask;

public class ThirdAbilitySlice extends AbilitySlice {
    ...

    @Override
    public void onStart(Intent intent) {
        ...
    }

    //初始化数据的函数
    public void initialize() {
        ...
    }

    //随机重新生成一种颜色方块的函数
    public void createGrids() {
        Nowrow = 0;
        Nowcolumn = 0;

        eliminateGrids();

        double random = Math.random();  //生成[0,1)的随机数
        //根据随机数的大小,调用相关的函数
        if (random >= 0 && random < 0.2) {
            if (random >= 0 && random < 0.1)
                createRedGrids1();
            else
                createRedGrids2();
        } else if (random >= 0.2 && random < 0.4) {
            if (random >= 0.2 && random < 0.3)
                createGreenGrids1();
            else
                createGreenGrids2();
        } else if (random >= 0.4 && random < 0.45) {
            if (random >= 0.4 && random < 0.43)
                createCyanGrids1();
            else
                createCyanGrids2();
        } else if (random >= 0.45 && random < 0.6) {
            if (random >= 0.45 && random < 0.48)
                createMagentaGrids1();
            else if (random >= 0.48 && random < 0.52)
                createMagentaGrids2();
            else if (random >= 0.52 && random < 0.56)
```

```
                createMagentaGrids3();
            else
                createMagentaGrids4();
        } else if (random >= 0.6 && random < 0.75) {
            if (random >= 0.6 && random < 0.63)
                createBlueGrids1();
            else if (random >= 0.63 && random < 0.67)
                createBlueGrids2();
            else if (random >= 0.67 && random < 0.71)
                createBlueGrids3();
            else
                createBlueGrids4();
        } else if (random >= 0.75 && random < 0.9) {
            if (random >= 0.75 && random < 0.78)
                createWhiteGrids1();
            else if (random >= 0.78 && random < 0.82)
                createWhiteGrids2();
            else if (random >= 0.82 && random < 0.86)
                createWhiteGrids3();
            else
                createWhiteGrids4();
        } else {
            createYellowGrids();
        }

        //将颜色方块添加到15 × 10 网格的二维数组 grids 中
        for (int row = 0; row < grids_number; row ++ ) {
            grids[NowGrids[row][0]][NowGrids[row][1]] = GridsColor;
        }
    }

    //绘制按钮的函数
    public void drawButton() {
        ...
    }
    ...
}
```

进入游戏页面,当网格中存在整行相同色彩方格时,该行方格被消除,该行上方所有方格整体向下移动,运行效果如图 5-46 和图 5-47 所示。

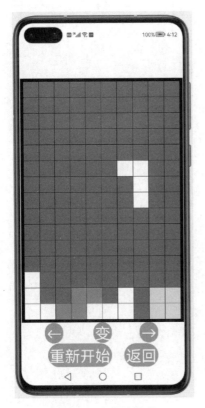
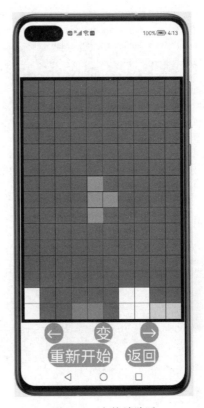

图 5-46 方块消除前　　　　　　　　图 5-47 方块消除后

5.15 在游戏页面显示游戏结束的文本

本节实现的运行效果：当网格中无法生成新的方块时,将会在网格的上方显示"游戏结束"的文本。

本节的实现思路：先判断生成方块的位置是否已存在其他方块,若已存在,则表示游戏结束,在网格的上方显示"游戏结束"文本。

打开 ThirdAbilitySlice.java 文件。

添加一个名为 gameover() 的函数,以实现判断生成方块的位置是否已存在其他方块。当生成方块的任一方格的数值不为 0 时,说明生成方块的位置存在其他方块,因此返回值为 false,否则返回值为 true,代码如下：

```
//第 5 章 ThirdAbilitySlice.java
package com.test.game.slice;
```

```java
import ohos.aafwk.ability.AbilitySlice;
import ohos.agp.components.DirectionalLayout;
import ohos.aafwk.content.Intent;
import ohos.agp.components.Component;
import ohos.agp.components.ComponentContainer;
import ohos.agp.render.Canvas;
import ohos.agp.render.Paint;
import ohos.agp.utils.Color;
import ohos.agp.utils.RectFloat;
import ohos.agp.utils.TextAlignment;
import ohos.agp.components.Button;
import ohos.agp.components.element.ShapeElement;
import ohos.agp.colors.RgbColor;

import java.util.Timer;
import java.util.TimerTask;

public class ThirdAbilitySlice extends AbilitySlice {
    ...

    @Override
    public void onStart(Intent intent) {
        ...
    }

    ...

    //判断方块能否改变形态的函数
    private boolean change(){
        ...
    }

    //判断游戏是否结束
    public boolean gameover() {
        //当生成方块的任一方格的数值不为 0 时,说明游戏结束
        for (int row = 0; row < grids_number; row ++ ) {
            if (grids[NowGrids[row][0] + Nowrow][NowGrids[row][1] + Nowcolumn] != 0) {
                return false;
            }
        }
        return true;
    }

    //实现消除整行方格的函数
    public void eliminateGrids() {
        ...
    }
    ...
}
```

添加一个名为 drawText() 的函数,以实现绘制"游戏结束"的文本。

添加一个文本 text,将文本 setText 设置为游戏结束,将属性 setTextSize(文本的大小)设置为 100,将属性 setTextColor(文本的颜色)设置为 Color.BLUE(蓝色),将属性 setTextAlignment(文本的对齐方式)设置为 TextAlignment.CENTER(居中)。将属性 setMarginsTopAndBottom(文本的上下外边距)设置为(-2000,0),将属性 setMarginsLeftAndRight(文本的左右外边距)设置为(350,0)。最后将设置好样式的文本添加到布局 layout 中,设置 UI 布局,代码如下:

```java
//第5章 ThirdAbilitySlice.java
package com.test.game.slice;

import ohos.aafwk.ability.AbilitySlice;
import ohos.agp.components.DirectionalLayout;
import ohos.aafwk.content.Intent;
import ohos.agp.components.Component;
import ohos.agp.components.ComponentContainer;
import ohos.agp.render.Canvas;
import ohos.agp.render.Paint;
import ohos.agp.utils.Color;
import ohos.agp.utils.RectFloat;
import ohos.agp.utils.TextAlignment;
import ohos.agp.components.Button;
import ohos.agp.components.element.ShapeElement;
import ohos.agp.colors.RgbColor;
import ohos.agp.components.Text;

import java.util.Timer;
import java.util.TimerTask;

public class ThirdAbilitySlice extends AbilitySlice {
    ...

    @Override
    public void drawGrids() {
        ...
    }

    ...

    //绘制网格的函数
    public void drawGrids() {
        ...
    }
```

```java
//绘制"游戏结束"文本
public void drawText(){
    Text text = new Text(this);                          //初始化文本
    text.setText("游戏结束");                              //设置文本
    text.setTextSize(100);                               //设置文本的大小
    text.setTextColor(Color.BLUE);                       //设置文本的颜色
    text.setTextAlignment(TextAlignment.CENTER);         //设置文本的对齐方式
    text.setMarginsTopAndBottom(-2000, 0);               //设置文本的上下外边距
    text.setMarginsLeftAndRight(350, 0);                 //设置文本的左右外边距
    layout.addComponent(text);
    setUIContent(layout);
}

//方块自动下落的函数
public void run() {
    ...
}
...
}
```

定义一个 boolean 类型的全局变量 Gameover。在函数体 initialize() 中将变量 Gameover 初始化为 true。在函数体 createGrids() 内，在绘制生成新的方块之前，判断 gameover() 函数的返回值，当返回值为 true 时，绘制生成新的方块。当返回值为 false 时，停止时间的流逝，不再实现方块的下落，调用函数 drawText()，以便显示"游戏结束"文本，将变量 Gameover 赋值为 false，以表示游戏已经结束了，代码如下：

```java
//第 5 章 ThirdAbilitySlice.java
package com.test.game.slice;

import ohos.aafwk.ability.AbilitySlice;
import ohos.agp.components.DirectionalLayout;
import ohos.aafwk.content.Intent;
import ohos.agp.components.Component;
import ohos.agp.components.ComponentContainer;
import ohos.agp.render.Canvas;
import ohos.agp.render.Paint;
import ohos.agp.utils.Color;
import ohos.agp.utils.RectFloat;
import ohos.agp.utils.TextAlignment;
import ohos.agp.components.Button;
import ohos.agp.components.element.ShapeElement;
import ohos.agp.colors.RgbColor;
import ohos.agp.components.Text;
```

```java
import java.util.Timer;
import java.util.TimerTask;

public class ThirdAbilitySlice extends AbilitySlice {
    private DirectionalLayout layout;                   //自定义定向布局
    private static final int length = 100;              //网格中方格的边长
    private static final int interval = 2;              //网格中方格的间距
    private static final int height = 15;               //网格中竖列方格的数量
    private static final int width = 10;                //网格中横列方格的数量
    private static final int left = 30;                 //网格的左端距手机边界的距离
    private static final int top = 250;                 //网格的顶端距手机边界的距离
    private static final int margin = 20;               //网格的外围距离
    private int[][] grids;                              //15×10网格的二维数组
    private int[][] NowGrids;                           //当前方块形态的二维数组
    private int row_number;                             //当前方块的总行数
    private int column_number;                          //当前方块的总列数
    private int column_start;                           //当前方块所在grids的列数
    //当前方块的颜色,0表示灰色,1代表红色,2代表绿色,3代表蓝绿色
    //4代表品红色,5代表蓝色,6代表白色,7代表黄色
    private int GridsColor;
    //19种方块所占网格的位置所对应的数值
    private static final int[][] RedGrids1 = {{0, 3},{0, 4},{1, 4},{1, 5}};
    private static final int[][] RedGrids2 = {{0, 5},{1, 5},{1, 4},{2, 4}};
    private static final int[][] GreenGrids1 = {{0, 5},{0, 4},{1, 4},{1, 3}};
    private static final int[][] GreenGrids2 = {{0, 4},{1, 4},{1, 5},{2, 5}};
    private static final int[][] CyanGrids1 = {{0, 4},{1, 4},{2, 4},{3, 4}};
    private static final int[][] CyanGrids2 = {{0, 3},{0, 4},{0, 5},{0, 6}};
    private static final int[][] MagentaGrids1 = {{0,4},{1, 3},{1, 4},{1, 5}};
    private static final int[][] MagentaGrids2 = {{0,4},{1, 4},{1, 5},{2, 4}};
    private static final int[][] MagentaGrids3 = {{0,3},{0, 4},{0, 5},{1, 4}};
    private static final int[][] MagentaGrids4 = {{0,5},{1, 5},{1, 4},{2, 5}};
    private static final int[][] BlueGrids1 = {{0, 3},{1, 3},{1, 4},{1, 5}};
    private static final int[][] BlueGrids2 = {{0, 5},{0, 4},{1, 4},{2, 4}};
    private static final int[][] BlueGrids3 = {{0, 3},{0, 4},{0, 5},{1, 5}};
    private static final int[][] BlueGrids4 = {{0, 5},{1, 5},{2, 5},{2, 4}};
    private static final int[][] WhiteGrids1 = {{0, 5},{1, 5},{1, 4},{1, 3}};
    private static final int[][] WhiteGrids2 = {{0, 4},{1, 4},{2, 4},{2, 5}};
    private static final int[][] WhiteGrids3 = {{0, 5},{0, 4},{0, 3},{1, 3}};
    private static final int[][] WhiteGrids4 = {{0, 4},{0, 5},{1, 5},{2, 5}};
    private static final int[][] YellowGrids = {{0, 4},{0, 5},{1, 5},{1, 4}};
    private static final int grids_number = 4;          //方块的方格数量
    private int Nowrow;                                 //方块下落移动的行数
    private int Nowcolumn;                              //方块左右移动的列数
    private Timer timer;                                //时间变量
    private boolean Gameover;                           //表示游戏是否结束
```

```java
@Override
public void onStart(Intent intent) {
    ...
}

//初始化数据的函数
public void initialize() {
    layout = new DirectionalLayout(this); //对定向布局 layout 初始化
    Gameover = true;
    //将二维数组 grids 初始化为 0
    grids = new int[height][width];
    for (int row = 0; row < height; row ++ )
        for (int column = 0; column < width; column ++ )
            grids[row][column] = 0;

    createGrids();
    drawButton();
    drawGrids();
}

//随机重新生成一种颜色方块的函数
public void createGrids() {
    Nowrow = 0;
    Nowcolumn = 0;

    eliminateGrids();

    double random = Math.random(); //生成[0,1)的随机数
    //根据随机数的大小,调用相关的函数
    if (random >= 0 && random < 0.2) {
        if (random >= 0 && random < 0.1)
            createRedGrids1();
        else
            createRedGrids2();
    } else if (random >= 0.2 && random < 0.4) {
        if (random >= 0.2 && random < 0.3)
            createGreenGrids1();
        else
            createGreenGrids2();
    } else if (random >= 0.4 && random < 0.45) {
        if (random >= 0.4 && random < 0.43)
            createCyanGrids1();
        else
            createCyanGrids2();
    } else if (random >= 0.45 && random < 0.6) {
        if (random >= 0.45 && random < 0.48)
```

```
                createMagentaGrids1();
            else if (random >= 0.48 && random < 0.52)
                createMagentaGrids2();
            else if (random >= 0.52 && random < 0.56)
                createMagentaGrids3();
            else
                createMagentaGrids4();
        } else if (random >= 0.6 && random < 0.75) {
            if (random >= 0.6 && random < 0.63)
                createBlueGrids1();
            else if (random >= 0.63 && random < 0.67)
                createBlueGrids2();
            else if (random >= 0.67 && random < 0.71)
                createBlueGrids3();
            else
                createBlueGrids4();
        } else if (random >= 0.75 && random < 0.9) {
            if (random >= 0.75 && random < 0.78)
                createWhiteGrids1();
            else if (random >= 0.78 && random < 0.82)
                createWhiteGrids2();
            else if (random >= 0.82 && random < 0.86)
                createWhiteGrids3();
            else
                createWhiteGrids4();
        } else {
            createYellowGrids();
        }

        for (int row = 0; row < grids_number; row ++ ) {
            grids[NowGrids[row][0]][NowGrids[row][1]] = GridsColor;
        }
        //判断游戏是否已结束
        if (gameover()) {
            //将颜色方块添加到 15×10 网格的二维数组 grids 中
            for (int row = 0; row < grids_number; row ++ ) {
                grids[NowGrids[row][0] + Nowrow][NowGrids[row][1] + Nowcolumn] = GridsColor;
            }
        } else {
            timer.cancel();         //游戏结束时,停止时间任务
            drawText();             //绘制"游戏结束"文本
            Gameover = false;
        }
    }
```

```
//绘制按钮的函数
public void drawButton() {
    ...
    }
    ...
}
```

为了使当游戏结束时,"←""变""→"按钮不再响应单击事件,即游戏结束时单击这 3 个按钮网格不再发生变化,需要对这 3 个按钮的单击事件添加游戏是否结束的判断。当游戏结束时,按钮不再响应单击事件。在函数体 drawButton() 内,对 button_left、button_change 和 button_right 的单击事件判断 Gameover 的值。当 Gameover 的值为 true 时,执行单击事件,代码如下:

```java
//第 5 章 ThirdAbilitySlice.java
package com.test.game.slice;

import ohos.aafwk.ability.AbilitySlice;
import ohos.agp.components.DirectionalLayout;
import ohos.aafwk.content.Intent;
import ohos.agp.components.Component;
import ohos.agp.components.ComponentContainer;
import ohos.agp.render.Canvas;
import ohos.agp.render.Paint;
import ohos.agp.utils.Color;
import ohos.agp.utils.RectFloat;
import ohos.agp.utils.TextAlignment;
import ohos.agp.components.Button;
import ohos.agp.components.element.ShapeElement;
import ohos.agp.colors.RgbColor;
import ohos.agp.components.Text;

import java.util.Timer;
import java.util.TimerTask;

public class ThirdAbilitySlice extends AbilitySlice {
    ...

    @Override
    public void onStart(Intent intent) {
        ...
    }
    //初始化数据的函数
    public void initialize() {
        ...
    }
```

```java
//随机重新生成一种颜色方块的函数
public void createGrids() {
    ...
}

//绘制按钮的函数
public void drawButton() {
    //设置背景图层
    ShapeElement background = new ShapeElement();
    background.setRgbColor(new RgbColor(120, 198, 197));
    background.setCornerRadius(100);

    Button button_left = new Button(this);                      //初始化按钮
    button_left.setText("←");                                   //设置按钮的文本
    //设置按钮文本的对齐方式
    button_left.setTextAlignment(TextAlignment.CENTER);
    button_left.setTextColor(Color.WHITE);                      //设置文本的颜色
    button_left.setTextSize(100);                               //设置按钮文本的大小
    button_left.setMarginTop(1800);                             //设置按钮的上外边距
    button_left.setMarginLeft(160);                             //设置按钮的左外边距
    button_left.setPadding(10, 0, 10, 0);                       //设置按钮的内边距
    button_left.setBackground(background);                      //设置按钮的背景图层
    //设置按钮的单击事件
    button_left.setClickedListener(new Component.ClickedListener() {
        @Override
        public void onClick(Component component) {
            leftShift();
            if(Gameover){
                leftShift();
            }
        }
    });
    layout.addComponent(button_left);

    Button button_change = new Button(this);
    button_change.setText("变");
    button_change.setTextAlignment(TextAlignment.CENTER);
    button_change.setTextColor(Color.WHITE);
    button_change.setTextSize(100);
    button_change.setMarginLeft(480);
    button_change.setMarginTop(-135);
    button_change.setPadding(10, 0, 10, 0);
    button_change.setBackground(background);
    //设置按钮的单击事件
    button_change.setClickedListener(new Component.ClickedListener() {
        @Override
```

```java
        public void onClick(Component component) {
            changGrids();
            if(Gameover){
                changGrids();
            }
        }
    });
    layout.addComponent(button_change);

    Button button_right = new Button(this);
    button_right.setText("→");
    button_right.setTextAlignment(TextAlignment.CENTER);
    button_right.setTextColor(Color.WHITE);
    button_right.setTextSize(100);
    button_right.setMarginLeft(780);
    button_right.setMarginTop(-135);
    button_right.setPadding(10, 0, 10, 0);
    button_right.setBackground(background);
    //设置按钮的单击事件
    button_right.setClickedListener(new Component.ClickedListener() {
        @Override
        public void onClick(Component component) {
            rightShift();
            if(Gameover){
                rightShift();
            }
        }
    });
    layout.addComponent(button_right);

    Button button_start = new Button(this);
    button_start.setText("重新开始");
    button_start.setTextSize(100);
    button_start.setTextAlignment(TextAlignment.CENTER);
    button_start.setTextColor(Color.WHITE);
    button_start.setMarginTop(5);
    button_start.setMarginLeft(180);
    button_start.setPadding(10, 10, 10, 10);
    button_start.setBackground(background);
    layout.addComponent(button_start);

    Button button_back = new Button(this);
    button_back.setText("返回");
    button_back.setTextSize(100);
    button_back.setTextAlignment(TextAlignment.CENTER);
    button_back.setTextColor(Color.WHITE);
    button_back.setMarginTop(-150);
    button_back.setMarginLeft(680);
    button_back.setPadding(10, 10, 10, 10);
```

```
        button_back.setBackground(background);
        //设置按钮的单击事件
        button_back.setClickedListener(new Component.ClickedListener() {
            @Override
            public void onClick(Component component) {
                //跳转到 MainAbilitySlice()语句
                present(new MainAbilitySlice(),new Intent());
            }
        });
        layout.addComponent(button_back);
    }

    //绘制网格的函数
    public void drawGrids() {
        ...
    }
    ...
}
```

进入游戏页面，当网格中无法生成新的方块时，将会在网格的上方显示"游戏结束"文本。这时再单击"←""变""→"按钮时，网格不再发生变化，运行效果如图 5-48 所示。

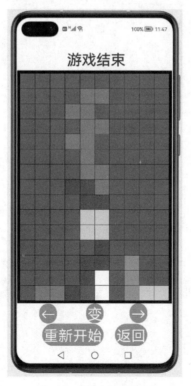

图 5-48 游戏结束页面

5.16 在游戏页面实现游戏重新开始功能

本节实现的运行效果：当单击"重新开始"按钮时，网格中的所有方块便会被清空，游戏将会重新开始。

本节的实现思路：添加重新开始的单击事件，对所有变量进行初始化。

打开 ThirdAbilitySlice.java 文件。

在函数体 drawButton()内，对 button_start 添加单击事件，调用函数 initialize()对变量进行初始化，停止时间的流逝，再调用函数 run()。这里先停止时间流逝再调用函数 run()是因为该单击事件可能是在游戏未结束时响应，如果没有先停止时间流逝再调用函数 run()，则方块的下落速度将会翻倍，代码如下：

```java
//第 5 章 ThirdAbilitySlice.java
package com.test.game.slice;

import ohos.aafwk.ability.AbilitySlice;
import ohos.agp.components.DirectionalLayout;
import ohos.aafwk.content.Intent;
import ohos.agp.components.Component;
import ohos.agp.components.ComponentContainer;
import ohos.agp.render.Canvas;
import ohos.agp.render.Paint;
import ohos.agp.utils.Color;
import ohos.agp.utils.RectFloat;
import ohos.agp.utils.TextAlignment;
import ohos.agp.components.Button;
import ohos.agp.components.element.ShapeElement;
import ohos.agp.colors.RgbColor;
import ohos.agp.components.Text;

import java.util.Timer;
import java.util.TimerTask;

public class ThirdAbilitySlice extends AbilitySlice {
    ...

    @Override
    public void onStart(Intent intent) {
        ...
    }

    //初始化数据的函数
    public void initialize() {
        ...
    }
```

```java
//随机重新生成一种颜色方块的函数
public void createGrids() {
    ...
}

//绘制按钮的函数
public void drawButton() {
    //设置背景图层
    ShapeElement background = new ShapeElement();
    background.setRgbColor(new RgbColor(120, 198, 197));
    background.setCornerRadius(100);

    Button button_left = new Button(this);                    //初始化按钮
    button_left.setText("←");                                  //设置按钮的文本
    //设置按钮文本的对齐方式
    button_left.setTextAlignment(TextAlignment.CENTER);
    button_left.setTextColor(Color.WHITE);                     //设置文本的颜色
    button_left.setTextSize(100);                              //设置按钮文本的大小
    button_left.setMarginTop(1800);                            //设置按钮的上外边距
    button_left.setMarginLeft(160);                            //设置按钮的左外边距
    button_left.setPadding(10, 0, 10, 0);                      //设置按钮的内边距
    button_left.setBackground(background);                     //设置按钮的背景图层
    //设置按钮的单击事件
    button_left.setClickedListener(new Component.ClickedListener() {
        @Override
        public void onClick(Component component) {
            if(Gameover){
                leftShift();
            }
        }
    });
    layout.addComponent(button_left);

    Button button_change = new Button(this);
    button_change.setText("变");
    button_change.setTextAlignment(TextAlignment.CENTER);
    button_change.setTextColor(Color.WHITE);
    button_change.setTextSize(100);
    button_change.setMarginLeft(480);
    button_change.setMarginTop(-135);
    button_change.setPadding(10, 0, 10, 0);
    button_change.setBackground(background);
    //设置按钮的单击事件
    button_change.setClickedListener(new Component.ClickedListener() {
        @Override
        public void onClick(Component component) {
            if(Gameover){
                changGrids();
            }
```

```
    }
});
layout.addComponent(button_change);

Button button_right = new Button(this);
button_right.setText("→");
button_right.setTextAlignment(TextAlignment.CENTER);
button_right.setTextColor(Color.WHITE);
button_right.setTextSize(100);
button_right.setMarginLeft(780);
button_right.setMarginTop(-135);
button_right.setPadding(10, 0, 10, 0);
button_right.setBackground(background);
//设置按钮的单击事件
button_right.setClickedListener(new Component.ClickedListener() {
    @Override
    public void onClick(Component component) {
        if(Gameover){
            rightShift();
        }
    }
});
layout.addComponent(button_right);

Button button_start = new Button(this);
button_start.setText("重新开始");
button_start.setTextSize(100);
button_start.setTextAlignment(TextAlignment.CENTER);
button_start.setTextColor(Color.WHITE);
button_start.setMarginTop(5);
button_start.setMarginLeft(180);
button_start.setPadding(10, 10, 10, 10);
button_start.setBackground(background);
//设置按钮的单击事件
button_start.setClickedListener(new Component.ClickedListener() {
    @Override
    public void onClick(Component component) {
        initialize();          //对数据进行初始化
        timer.cancel();        //停止时间任务
        run();                 //执行时间任务
    }
});
layout.addComponent(button_start);

Button button_back = new Button(this);
button_back.setText("返回");
button_back.setTextSize(100);
button_back.setTextAlignment(TextAlignment.CENTER);
button_back.setTextColor(Color.WHITE);
button_back.setMarginTop(-150);
```

```
        button_back.setMarginLeft(680);
        button_back.setPadding(10, 10, 10, 10);
        button_back.setBackground(background);
        //设置按钮的单击事件
        button_back.setClickedListener(new Component.ClickedListener() {
            @Override
            public void onClick(Component component) {
                //跳转到 MainAbilitySlice()语句
                present(new MainAbilitySlice(),new Intent());
            }
        });
        layout.addComponent(button_back);
    }
    public void drawGrids() {
        ...
}
...
```

进入游戏页面,无论游戏是否已经结束,当单击"重新开始"按钮时,网格中的所有方块便会被清空,游戏将会重新开始,运行效果如图 5-49 和图 5-50 所示。

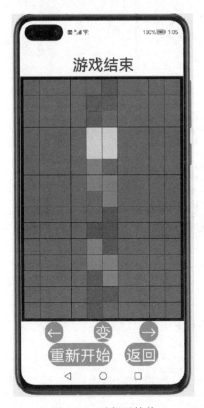
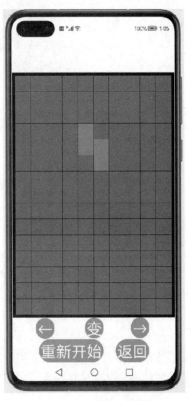

图 5-49　重新开始前　　　　　　　　图 5-50　重新开始后

至此，在智能手机上用 Java 实现了"俄罗斯方块"App 的全部功能！

5.17　JavaScript 与 Java 的对比

在第 4 章完成了用 JavaScript 开发并且运行在智能手机上的经典游戏 App——"数字华容道"，在本章的前 16 节完成了用 Java 开发并且运行在智能手机上的经典游戏 App——"俄罗斯方块"。

接下来给出用 JavaScript 开发经典游戏 App——"俄罗斯方块"的代码，并且对 JavaScript 与 Java 这两种编程语言开发进行简单的对比。

创建一个名为 Game_JS 的 Hello World 项目，其余代码文件如图 5-51 所示。

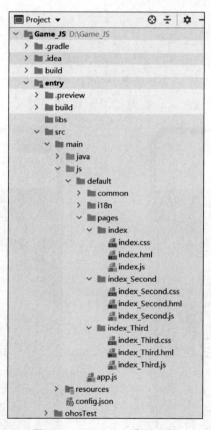

图 5-51　JavaScript 代码文件

JavaScript 代码文件中的代码如下：

```
第 5 章 config.json
...
```

```json
      "launchType": "standard",
      "metaData": {
        "customizeData": [
          {
            "name": "hwc-theme",
            "value": "androidhwext:style/Theme.Emui.Light.NoTitleBar",
            "extra": ""
          }
        ]
      }
...
```

```html
<!-- 第5章 index.hml -->
<div class = "container">
    <!-- 添加文本为"开始"的按钮组件 -->
    <input type = "button" value = "开始" class = "btn_game"
        onclick = "clickAction_game" />
    <!-- 添加文本为"关于"的按钮组件 -->
    <input type = "button" value = "关于" class = "btn_author"
        onclick = "clickAction_author" />
</div>
```

```css
/* 第5章 index.css */
.container {
    flex-direction: column;
    justify-content: center;
    align-items: center;
    background-color: #EFE5D3;
}

/* 文本为"开始"的按钮样式 */
.btn_game {
    height: 50px;
    width: 100%;
    font-size: 25px;
    text-color: #FFFFFF;
    text-align: center;
    radius: 100px;
    background-color: #78C6C5;
}

/* 文本为"关于"的按钮样式 */
.btn_author {
    height: 50px;
    width: 100%;
    margin-top: 30px;
```

```
        font-size:25px;
        text-color: #FFFFFF;
        text-align: center;
        radius: 100px;
        background-color: #78C6C5;
}

@media screen and (device-type: tablet) and (orientation: landscape) {
    .title {
        font-size: 100px;
    }
}

@media screen and (device-type: wearable) {
    .title {
        font-size: 28px;
        color: #FFFFFF;
    }
}

@media screen and (device-type: tv) {
    .container {
        background-image: url("../../common/images/Wallpaper.png");
        background-size: cover;
        background-repeat: no-repeat;
        background-position: center;
    }

    .title {
        font-size: 100px;
        color: #FFFFFF;
    }
}

@media screen and (device-type: phone) and (orientation: landscape) {
    .title {
        font-size: 60px;
    }
}
```

```
//第5章 index.js
import router from '@system.router';

export default {
    data: {
```

```
        },
        //文本为"开始"的按钮的单击事件
        clickAction_game(){
            //页面跳转语句
            router.replace({
                uri:'pages/index_Third/index_Third'
            })
        },
        //文本为"关于"的按钮的单击事件
        clickAction_author(){
            //页面跳转语句
            router.replace({
                uri:'pages/index_Second/index_Second'
            })
        }
}
```

```
<!-- 第5章 index_Second.hml -->
<div class="container">
    <!-- 文本为"程序:俄罗斯方块"的文本组件 -->
    <text class="title">
        程序:俄罗斯方块
    </text>
    <!-- 文本为"作者:张诏添"的文本组件 -->
    <text class="title">
        作者:张诏添
    </text>
    <!-- 文本为"版本:v1.1.0"的文本组件 -->
    <text class="title">
        版本:v1.1.0
    </text>
    <!-- 添加文本为"返回"的按钮组件 -->
    <input type="button" value="返回" class="btn_back"
        onclick="clickAction_back" />
</div>
```

```
/* 第5章 index_Second.css */
.container {
    flex-direction: column;
    background-color: #EFE5D3;
}

/* 文本的样式 */
.title {
    font-size: 25px;
```

```css
    text-color: #000000;
    margin-top: 20px;
    margin-left: 5px;
}

/* 文本为"返回"的按钮样式 */
.btn_back {
    height: 50px;
    width: 100%;
    margin-top: 30px;
    font-size:25px;
    text-color: #FFFFFF;
    text-align: center;
    radius: 100px;
    background-color: #78C6C5;
}
```

```js
//第5章 index_Second.js
import router from '@system.router';

export default {
    data: {

    },
    //文本为"关于"的按钮的单击事件
    clickAction_back(){
        //页面跳转语句
        router.replace({
            uri:'pages/index/index'
        })
    }
}
```

```html
<!-- 第5章 index_Third.hml -->
<div class = "container">
    <!-- 栈组件 -->
    <stack>
        <!-- 画布组件 -->
        <canvas class = "canvas" ref = "canvas"></canvas>
        <!-- 文本为"游戏结束"的文本组件 -->
        <text class = "game_over" show = "{{isShow}}" >
            游戏结束
        </text>
    </stack>
    <!-- 添加文本为"←"的按钮组件 -->
    <input type = "button" value = "←" class = "btn_left"
```

```html
            onclick = "clickAction_left" />
    <!-- 添加文本为"变"的按钮组件 -->
    < input type = "button" value = "变" class = "btn_change"
            onclick = "clickAction_change" />
    <!-- 添加文本为"→"的按钮组件 -->
    < input type = "button" value = "→" class = "btn_right"
            onclick = "clickAction_right" />
    <!-- 添加文本为"重新开始"的按钮组件 -->
    < input type = "button" value = "重新开始" class = "btn_start"
            onclick = "clickAction_start" />
    <!-- 添加文本为"返回"的按钮组件 -->
    < input type = "button" value = "返回" class = "btn_back"
            onclick = "clickAction_back" />
</div>
```

```css
/* 第 5 章 index_Third.css */
.container {
    flex-direction: column;
}

/* 画布组件的样式 */
.canvas {
    width: 350;
    height: 518px;
    margin-top: 75px;
    margin-left: 6px;
    background-color: black;
}

/* 文本"游戏结束"样式 */
.game_over {
    font-size: 30px;
    text-color: #0000FF;
    text-align: center;
    margin-top: 18px;
    margin-left: 120px;
}

/* 文本为"←"的按钮样式 */
.btn_left{
    height: 50px;
    width: 50px;
    margin-top: 1px;
    font-size:40px;
    text-color: #FFFFFF;
    text-align: center;
```

```css
    radius: 100px;
    background-color:#78C6C5;
    margin-left: 55px;
}

/* 文本为"变"的按钮样式 */
.btn_change{
    height: 50px;
    width: 50px;
    margin-top: 1px;
    font-size:35px;
    text-color: #FFFFFF;
    text-align: center;
    radius: 100px;
    background-color:#78C6C5;
    margin-left: 155px;
    margin-top: -50px;
}

/* 文本为"→"的按钮样式 */
.btn_right{
    height: 50px;
    width: 50px;
    margin-top: 1px;
    font-size:40px;
    text-color: #FFFFFF;
    text-align: center;
    radius: 100px;
    background-color:#78C6C5;
    margin-left: 255px;
    margin-top: -50px;
}

/* 文本为"重新开始"的按钮样式 */
.btn_start{
    height: 50px;
    width: 150px;
    margin-top: 1px;
    font-size:35px;
    text-color: #FFFFFF;
    text-align: center;
    radius: 100px;
    background-color:#78C6C5;
    margin-left: 60px;
}

/* 文本为"返回"的按钮样式 */
.btn_back{
    height: 50px;
```

```css
    width: 80px;
    margin-top: 1px;
    font-size:35px;
    text-color: #FFFFFF;
    text-align: center;
    radius: 100px;
    background-color:#78C6C5;
    margin-left: 230px;
    margin-top: -50px;
}
```

```js
//第 5 章 index_Third.js
import router from '@system.router';

const length = 32;                  //网格中方格的边长
const interval = 2;                 //网格中方格的间距
const height = 15;                  //网格中竖列方格的数量
const width = 10;                   //网格中横列方格的数量
const left = 6;                     //网格的左端距手机边界的距离
const top = 5;                      //网格的顶端距手机边界的距离
//19 种方块所占网格的位置所对应的数值
const RedGrids1 = [[0, 3], [0, 4], [1, 4], [1, 5]];
const RedGrids2 = [[0, 5], [1, 5], [1, 4], [2, 4]];
const GreenGrids1 = [[0, 5], [0, 4], [1, 4], [1, 3]];
const GreenGrids2 = [[0, 4], [1, 4], [1, 5], [2, 5]];
const CyanGrids1 = [[0, 4], [1, 4], [2, 4], [3, 4]];
const CyanGrids2 = [[0, 3], [0, 4], [0, 5], [0, 6]];
const MagentaGrids1 = [[0, 4], [1, 3], [1, 4], [1, 5]];
const MagentaGrids2 = [[0, 4], [1, 4], [1, 5], [2, 4]];
const MagentaGrids3 = [[0, 3], [0, 4], [0, 5], [1, 4]];
const MagentaGrids4 = [[0, 5], [1, 5], [1, 4], [2, 5]];
const BlueGrids1 = [[0, 3], [1, 3], [1, 4], [1, 5]];
const BlueGrids2 = [[0, 5], [0, 4], [1, 4], [2, 4]];
const BlueGrids3 = [[0, 3], [0, 4], [0, 5], [1, 5]];
const BlueGrids4 = [[0, 5], [1, 5], [2, 5], [2, 4]];
const WhiteGrids1 = [[0, 5], [1, 5], [1, 4], [1, 3]];
const WhiteGrids2 = [[0, 4], [1, 4], [2, 4], [2, 5]];
const WhiteGrids3 = [[0, 5], [0, 4], [0, 3], [1, 3]];
const WhiteGrids4 = [[0, 4], [0, 5], [1, 5], [2, 5]];
const YellowGrids = [[0, 4], [0, 5], [1, 5], [1, 4]];
const grids_number = 4;             //方块的方格数量

var grids;                          //15 × 10 网格的二维数组
var NowGrids;                       //当前方块形态的二维数组
var row_number;                     //当前方块的总行数
var column_number;                  //当前方块的总列数
var column_start;                   //当前方块所在 grids 的列数
//当前方块的颜色,0 表示灰色,1 代表红色,2 代表绿色,3 代表蓝绿色
//4 代表品红色,5 代表蓝色,6 代表白色,7 代表黄色
```

```
var GridsColor;
var Nowrow;                              //方块下落移动的行数
var Nowcolumn;                           //方块左右移动的列数
var Gameover;                            //表示游戏是否结束
var timer = null;                        //时间变量

export default {
    data: {
        isShow: false                    //先不显示游戏结束的文本
    },
    //生命周期函数
    onInit(){
        this.initialize();
        this.createGrids();
    },
    //生命周期函数
    onShow(){
        this.drawGrids();

        timer = setInterval(this.run, 750);   //启动时间任务
    },
    //初始化数据的函数
    initialize(){
        Gameover = true;
        grids = [[0,0,0,0,0,0,0,0,0,0,0,0,0,0,0],
                 [0,0,0,0,0,0,0,0,0,0,0,0,0,0,0],
                 [0,0,0,0,0,0,0,0,0,0,0,0,0,0,0],
                 [0,0,0,0,0,0,0,0,0,0,0,0,0,0,0],
                 [0,0,0,0,0,0,0,0,0,0,0,0,0,0,0],
                 [0,0,0,0,0,0,0,0,0,0,0,0,0,0,0],
                 [0,0,0,0,0,0,0,0,0,0,0,0,0,0,0],
                 [0,0,0,0,0,0,0,0,0,0,0,0,0,0,0],
                 [0,0,0,0,0,0,0,0,0,0,0,0,0,0,0],
                 [0,0,0,0,0,0,0,0,0,0,0,0,0,0,0],
                 [0,0,0,0,0,0,0,0,0,0,0,0,0,0,0],
                 [0,0,0,0,0,0,0,0,0,0,0,0,0,0,0],
                 [0,0,0,0,0,0,0,0,0,0,0,0,0,0,0],
                 [0,0,0,0,0,0,0,0,0,0,0,0,0,0,0],
                 [0,0,0,0,0,0,0,0,0,0,0,0,0,0,0]];
    },
    //随机重新生成一种颜色方块的函数
    createGrids() {
        Nowrow = 0;
        Nowcolumn = 0;
```

```javascript
let random = Math.random();          //生成[0,1)的随机数
//根据随机数的大小,调用相关的函数
if (random >= 0 && random < 0.2) {
    if (random >= 0 && random < 0.1){
        this.createRedGrids1();
    } else{
        this.createRedGrids2();
    }
} else if (random >= 0.2 && random < 0.4) {
    if (random >= 0.2 && random < 0.3){
        this.createGreenGrids1();
    }
    else{
        this.createGreenGrids2();
    }
} else if (random >= 0.4 && random < 0.45) {
    if (random >= 0.4 && random < 0.43)
        this.createCyanGrids1();
    else
        this.createCyanGrids2();
} else if (random >= 0.45 && random < 0.6) {
    if (random >= 0.45 && random < 0.48)
        this.createMagentaGrids1();
    else if (random >= 0.48 && random < 0.52)
        this.createMagentaGrids2();
    else if (random >= 0.52 && random < 0.56)
        this.createMagentaGrids3();
    else
        this.createMagentaGrids4();
} else if (random >= 0.6 && random < 0.75) {
    if (random >= 0.6 && random < 0.63)
        this.createBlueGrids1();
    else if (random >= 0.63 && random < 0.67)
        this.createBlueGrids2();
    else if (random >= 0.67 && random < 0.71)
        this.createBlueGrids3();
    else
        this.createBlueGrids4();
} else if (random >= 0.75 && random < 0.9) {
    if (random >= 0.75 && random < 0.78)
        this.createWhiteGrids1();
    else if (random >= 0.78 && random < 0.82)
        this.createWhiteGrids2();
    else if (random >= 0.82 && random < 0.86)
        this.createWhiteGrids3();
```

```
            else
                this.createWhiteGrids4();
        } else {
            this.createYellowGrids();
        }

        //判断游戏是否结束
        if (this.gameover()) {
            //将颜色方块添加到15×10网格的二维数组grids中
            for (let row = 0; row < grids_number; row ++) {
                grids[NowGrids[row][0] + Nowrow][NowGrids[row][1] + Nowcolumn] = GridsColor;
            }
        } else {
            clearInterval(timer);              //当游戏结束时,停止时间任务
            Gameover = false;                  //绘制"游戏结束"文本
            this.isShow = true;                //显示游戏结束的文本
        }
    },
    //绘制网格的函数
    drawGrids(){
        var context = this.$refs.canvas.getContext('2d');

        //对数值进行判断,并将画笔设置为相应的颜色
        for (let row = 0; row < height; row ++){
            for (let column = 0; column < width; column ++){
                if (grids[row][column] == 0){
                    context.fillStyle = "#888888";
                } else if (grids[row][column] == 1){
                    context.fillStyle = "#FF0000";
                } else if (grids[row][column] == 2){
                    context.fillStyle = "#00FF00";
                } else if (grids[row][column] == 3){
                    context.fillStyle = "#FF00FF";
                } else if (grids[row][column] == 4){
                    context.fillStyle = "#00FFFF";
                } else if (grids[row][column] == 5){
                    context.fillStyle = "#0000FF";
                } else if (grids[row][column] == 6){
                    context.fillStyle = "#FFFFFF";
                } else if (grids[row][column] == 7){
                    context.fillStyle = "#FFFF00";
                }
                //绘制矩形
                context.fillRect(left + column * (length + interval),top + row * (length + interval),length,length);
```

```javascript
            }
        }
    },
    //方块自动下落的函数
    run(){
        //如果能够下落,则下落一行
        if (this.down()) {
            //将原来方块的颜色清除
            for (let row = 0; row < grids_number; row ++ ) {
                grids[NowGrids[row][0] + Nowrow][NowGrids[row][1] + Nowcolumn] = 0;
            }
            Nowrow ++ ;
            //将颜色方块添加到15 × 10网格的二维数组 grids 中
            for (let row = 0; row < grids_number; row ++ ) {
                grids[NowGrids[row][0] + Nowrow][NowGrids[row][1] + Nowcolumn] = GridsColor;
            }
        } else {
            //如果不能下落,则判断能否消除和重新随机生成一种颜色方块
            this.eliminateGrids();
            this.createGrids();
        }
        //重新绘制网格
        this.drawGrids();
    },
    //判断方块能否下落的函数
    down(){
        let k;
        //表示方块已经接触到网格的底端
        if (Nowrow + row_number == height) {
            return false;
        }

        //判断方块的下一行是否存在其他方块
        for (let row = 0; row < grids_number; row ++ ) {
            k = true;
            for (let i = 0; i < grids_number; i ++ ) {
                if (NowGrids[row][0] + 1 == NowGrids[i][0] && NowGrids[row][1] == NowGrids[i][1]) {
                    k = false;
                }
            }
            if (k) {
                if (grids[NowGrids[row][0] + Nowrow + 1][NowGrids[row][1] + Nowcolumn] != 0){
                    return false;
```

```
            }
        }
    return true;
},
//实现方块向左移动的函数
leftShift() {
    if (this.left()) {
        //将原来方块的颜色清除
        for (let row = 0; row < grids_number; row ++ ) {
            grids[NowGrids[row][0] + Nowrow][NowGrids[row][1] + Nowcolumn] = 0;
        }
        Nowcolumn -- ;
        //将颜色方块添加到15 × 10网格的二维数组grids中
        for (let row = 0; row < grids_number; row ++ ) {
            grids[NowGrids[row][0] + Nowrow][NowGrids[row][1] + Nowcolumn] = GridsColor;
        }
    }
    //重新绘制网格
    this.drawGrids();
},
//判断方块能否向左移动的函数
left() {
    let k;
    //表示方块已经接触到网格的左端
    if (Nowcolumn + column_start == 0) {
        return false;
    }

    //表示方块的左一列是否存在其他方块
    for (let column = 0; column < grids_number; column ++ ) {
        k = true;
        for (let j = 0; j < grids_number; j ++ ) {
            if (NowGrids[column][0] == NowGrids[j][0]
                && NowGrids[column][1] - 1 == NowGrids[j][1]) {
                k = false;
            }
        }
        if (k) {
            if (grids[NowGrids[column][0] + Nowrow][NowGrids[column][1] + Nowcolumn - 1] != 0)
                return false;
        }
    }
```

```javascript
        return true;
    },
    //实现方块向右移动的函数
    rightShift() {
        if (this.right()) {
            //将原来方块的颜色清除
            for (let row = 0; row < grids_number; row ++ ) {
                grids[NowGrids[row][0] + Nowrow][NowGrids[row][1] + Nowcolumn] = 0;
            }
            Nowcolumn ++ ;
            //将颜色方块添加到15 × 10网格的二维数组grids中
            for (let row = 0; row < grids_number; row ++ ) {
                grids[NowGrids[row][0] + Nowrow][NowGrids[row][1] + Nowcolumn] = GridsColor;
            }
        }
        //重新绘制网格
        this.drawGrids();
    },
    //判断方块能否向右移动的函数
    right() {
        let k;
        //表示方块已经接触到网格的右端
        if (Nowcolumn + column_number + column_start == width) {
            return false;
        }

        //表示方块的右一列是否存在其他方块
        for (let column = 0; column < grids_number; column ++ ) {
            k = true;
            for (let j = 0; j < grids_number; j ++ ) {
                if (NowGrids[column][0] == NowGrids[j][0]
                    && NowGrids[column][1] + 1 == NowGrids[j][1]) {
                    k = false;
                }
            }
            if (k) {
                if (grids[NowGrids[column][0] + Nowrow][NowGrids[column][1] + Nowcolumn + 1] != 0)
                    return false;
            }
        }

        return true;
    },
    //文本为"←"的按钮的单击事件
```

```
        clickAction_left(){
            if (Gameover){
                this.leftShift();
            }
        },
        //文本为"→"的按钮的单击事件
        clickAction_right(){
            if (Gameover){
                this.rightShift();
            }
        },
        //文本为"变"的按钮的单击事件
        clickAction_change(){
            if (Gameover){
                this.changGrids();
            }
        },
        //文本为"重新开始"的按钮的单击事件
        clickAction_start(){
            this.initialize();
            this.createGrids();
            this.drawGrids();
            this.isShow = false;
            clearInterval(timer);
            this.onShow();
        },
        //文本为"返回"的按钮的单击事件
        clickAction_back(){
            //页面跳转语句
            router.replace({
                uri:'pages/index/index'
            })
        },
        //实现方块改变形态的函数
        changGrids() {
            let Grids = NowGrids; //定义一个二维数组,用来存放改变形态前的方块形态

            for (let row = 0; row < grids_number; row ++ ) {
                //将原来方块的颜色清除
                grids[NowGrids[row][0] + Nowrow][NowGrids[row][1] + Nowcolumn] = 0;
            }
            if (column_number == 2 && Nowcolumn + column_start == 0) {
                Nowcolumn ++ ;
            }


            if (GridsColor == 1) {
```

```
            this.changRedGrids();
        } else if (GridsColor == 2) {
            this.changeGreenGrids();
        } else if (GridsColor == 3) {
            this.changeCyanGrids();
        } else if (GridsColor == 4) {
            this.changeMagentaGrids();
        } else if (GridsColor == 5) {
            this.changeBlueGrids();
        } else if (GridsColor == 6) {
            this.changeWhiteGrids();
        }
        if(this.change()){
            //如果能够改变形态,则将行的颜色方块添加到 15×10 网格的二维数组 grids 中
            for (let row = 0; row < grids_number; row ++ ) {
                grids[NowGrids[row][0] + Nowrow][NowGrids[row][1] + Nowcolumn] = GridsColor;
            }
        }else{
            //如果不能改变形态,则将原来颜色方块添加到 15×10 网格的二维数组 grids 中
            NowGrids = Grids;
            for (let row = 0; row < grids_number; row ++ ) {
                grids[NowGrids[row][0] + Nowrow][NowGrids[row][1] + Nowcolumn] = GridsColor;
            }
        }

        //重新绘制网格
        this.drawGrids();
    },
    //判断方块能否改变形态的函数
    change(){
        for (let row = 0; row < grids_number; row ++ ) {
            if (grids[NowGrids[row][0] + Nowrow][NowGrids[row][1] + Nowcolumn] != 0) {
                return false;
            }

            if (NowGrids[row][0] + Nowrow < 0 || NowGrids[row][0] + Nowrow >= height || NowGrids[row][1] + Nowcolumn < 0 || NowGrids[row][1] + Nowcolumn >= width) {
                return false;
            }
        }

        return true;
    },
    //判断游戏是否结束
```

```javascript
gameover() {
    //当生成方块的任一方格的数值不为 0 时,说明游戏结束
    for (let row = 0; row < grids_number; row ++ ) {
        if (grids[NowGrids[row][0] + Nowrow][NowGrids[row][1] + Nowcolumn] != 0) {
            return false;
        }
    }
    return true;
},
//实现消除整行方格的函数
eliminateGrids() {
    let k;
    //从下往上循环判断每一行是否已经满了
    for (let row = height - 1; row >= 0; row -- ) {
        k = true;
        //如果该行存在一个或一个以上灰色的方格,则说明该行没有满足条件
        for (let column = 0; column < width; column ++ ) {
            if (grids[row][column] == 0)
                k = false;
        }
        if (k) {
            //将该行上面的所有行整体向下移动一格
            for (let i = row - 1; i >= 0; i -- ) {
                for (let j = 0; j < width; j ++ ) {
                    grids[i + 1][j] = grids[i][j];
                }
            }
            for (let n = 0; n < width; n ++ ) {
                grids[0][n] = 0;
            }
            //再次判断该行是否满足消除的条件
            row ++ ;
        }
    }
    //重新绘制网格
    this.drawGrids();
},
//在同一种颜色的不同形态之间切换
changRedGrids() {
    if (NowGrids == RedGrids1) {
        this.createRedGrids2();
    } else if (NowGrids == RedGrids2) {
        this.createRedGrids1();
    }
},
changeGreenGrids() {
```

```
        if (NowGrids == GreenGrids1) {
            this.createGreenGrids2();
        } else if (NowGrids == GreenGrids2) {
            this.createGreenGrids1();
        }
    },
    changeCyanGrids() {
        if (NowGrids == CyanGrids1) {
            this.createCyanGrids2();
        } else if (NowGrids == CyanGrids2) {
            this.createCyanGrids1();
        }
    },
    changeMagentaGrids() {
        if (NowGrids == MagentaGrids1) {
            this.createMagentaGrids2();
        } else if (NowGrids == MagentaGrids2) {
            this.createMagentaGrids3();
        } else if (NowGrids == MagentaGrids3) {
            this.createMagentaGrids4();
        } else if (NowGrids == MagentaGrids4) {
            this.createMagentaGrids1();
        }
    },
    changeBlueGrids() {
        if (NowGrids == BlueGrids1) {
            this.createBlueGrids2();
        } else if (NowGrids == BlueGrids2) {
            this.createBlueGrids3();
        } else if (NowGrids == BlueGrids3) {
            this.createBlueGrids4();
        } else if (NowGrids == BlueGrids4) {
            this.createBlueGrids1();
        }
    },
    changeWhiteGrids() {
        if (NowGrids == WhiteGrids1) {
            this.createWhiteGrids2();
        } else if (NowGrids == WhiteGrids2) {
            this.createWhiteGrids3();
        } else if (NowGrids == WhiteGrids3) {
            this.createWhiteGrids4();
        } else if (NowGrids == WhiteGrids4) {
            this.createWhiteGrids1();
        }
    },
```

```
//对对应颜色方块的不同形态赋予 NowGrids、row_number、column_number、
//GridsColor、column_start 的值
createRedGrids1() {
    NowGrids = RedGrids1;
    row_number = 2;
    column_number = 3;
    GridsColor = 1;
    column_start = 3;
},
createRedGrids2() {
    NowGrids = RedGrids2;
    row_number = 3;
    column_number = 2;
    GridsColor = 1;
    column_start = 4;
},
createGreenGrids1() {
    NowGrids = GreenGrids1;
    row_number = 2;
    column_number = 3;
    GridsColor = 2;
    column_start = 3;
},
createGreenGrids2() {
    NowGrids = GreenGrids2;
    row_number = 3;
    column_number = 2;
    GridsColor = 2;
    column_start = 4;
},
createCyanGrids1() {
    NowGrids = CyanGrids1;
    row_number = 4;
    column_number = 1;
    GridsColor = 3;
    column_start = 4;
},
createCyanGrids2() {
    NowGrids = CyanGrids2;
    row_number = 1;
    column_number = 4;
    GridsColor = 3;
    column_start = 3;
},
createMagentaGrids1() {
```

```
        NowGrids = MagentaGrids1;
        row_number = 2;
        column_number = 3;
        GridsColor = 4;
        column_start = 3;
    },
    createMagentaGrids2() {
        NowGrids = MagentaGrids2;
        row_number = 3;
        column_number = 2;
        GridsColor = 4;
        column_start = 4;
    },
    createMagentaGrids3() {
        NowGrids = MagentaGrids3;
        row_number = 2;
        column_number = 3;
        GridsColor = 4;
        column_start = 3;
    },
    createMagentaGrids4() {
        NowGrids = MagentaGrids4;
        row_number = 3;
        column_number = 2;
        GridsColor = 4;
        column_start = 4;
    },
    createBlueGrids1() {
        NowGrids = BlueGrids1;
        row_number = 2;
        column_number = 3;
        GridsColor = 5;
        column_start = 3;
    },
    createBlueGrids2() {
        NowGrids = BlueGrids2;
        row_number = 3;
        column_number = 2;
        GridsColor = 5;
        column_start = 4;
    },
    createBlueGrids3() {
        NowGrids = BlueGrids3;
        row_number = 2;
        column_number = 3;
```

```
            GridsColor = 5;
            column_start = 3;
        },
        createBlueGrids4() {
            NowGrids = BlueGrids4;
            row_number = 3;
            column_number = 2;
            GridsColor = 5;
            column_start = 4;
        },
        createWhiteGrids1() {
            NowGrids = WhiteGrids1;
            row_number = 2;
            column_number = 3;
            GridsColor = 6;
            column_start = 3;
        },
        createWhiteGrids2() {
            NowGrids = WhiteGrids2;
            row_number = 3;
            column_number = 2;
            GridsColor = 6;
            column_start = 4;
        },
        createWhiteGrids3() {
            NowGrids = WhiteGrids3;
            row_number = 2;
            column_number = 3;
            GridsColor = 6;
            column_start = 3;
        },
        createWhiteGrids4() {
            NowGrids = WhiteGrids4;
            row_number = 3;
            column_number = 2;
            GridsColor = 6;
            column_start = 4;
        },
        createYellowGrids() {
            NowGrids = YellowGrids;
            row_number = 2;
            column_number = 2;
            GridsColor = 7;
            column_start = 4;
        }
    }
```

实现效果和前 16 节的实现效果是一致的。

现在对这两个程序 Game 和 Game_JS 进行对比。

对于编写布局方式，用 Java 开发的项目有以下两种布局方式。

（1）在代码中创建布局：用代码创建 Component 和 ComponentContainer 对象，为这些对象设置合适的布局参数和属性值，并将 Component 添加到 ComponentContainer 中，从而创建出完整界面。例如程序 Game 中的 ThirdAbilitySlice. java 文件的布局方式。

（2）在 XML 文件中声明 UI 布局：按层级结构来描述 Component 和 ComponentContainer 的关系，给组件节点设定合适的布局参数和属性值，在代码中可直接加载，以便生成此布局，例如程序 Game 中的 MainAbilitySlice. java 和 SecondAbilitySlice. java 文件的布局方式。需要说明的是，以这两种方式创建出的布局没有本质差别，在 XML 文件中声明布局时，在加载后同样可在代码中对该布局进行修改。

用 JavaScript 开发的项目只有一种布局方式，布局文件主要为 hml 文件和 css 文件。hml 文件是页面的结构，它用于描述页面中包含哪些组件；scc 文件是页面的样式，它用于描述页面中的组件是什么样的。

用 Java 开发的项目在 XML 文件中声明 UI 布局和用 JavaScript 开发的项目的布局方式很雷同。

例如对于主页面布局，对比代码文本 ability_main. xml、代码文件 index. hml、代码文件 index. css，发现都可以添加两个按钮 Button，并且可以对按钮 Button 的各种属性值进行设置，不同的只是部分属性名称不一致，但其对应的描述是一致的。如在这两种布局方式中，组件宽度和组件高度的名称同样为 width 和 height，而文本大小和文本的对齐方式，在 Java 中的名称为 text_size 和 text_alignment，在 JavaScript 中的名称为 font-size 和 text-align。

对于组件间的交互方式，用 Java 开发的项目主要编写在 AbilitySlice. java 文件中，而用 JavaScript 开发的项目主要编写在 js 文件中，两者也有一些相同点和不同点。

相同之处在于：两者均有对应的页面生命周期事件，组件间的交互以函数间相互调用的方式为主，大部分语句是相同的，例如两者均有 if 语句和 for 语句，而且用法都是相同的。

不同之处在于：在 Java 中的函数必须定义类型 void、String、int 等，而在 JavaScript 中的函数是不需要定义类型的，函数的定义直接为"函数名(形式参数){函数体}"，而函数的调用为"this. 函数名(实际参数)"。另外一点不同的地方是少部分语句，例如在 Java 中的变量的类型有很多种，有整型 int、双精度类型 double、字符串类型 String 等，常量则为在类型前添加 final；在 JavaScript 中的变量类型为两种：全局变量 var 和局部变量 let，常量则为 const。

总地来讲，对于用 Java 和 JavaScript 开发 HarmonyOS 的项目有很大相通之处，当掌握了其中一种语言后，学习另外一种语言也会变得十分容易。对于部分项目来讲，当用一种编程语言开发出来后，基本可以采用复制、粘贴的方式再加修改部分语句后，即可实现用另外一种编程语言开发同一个项目了。正所谓"程序＝算法＋数据结构"，希望各位读者在以后的开发学习中不要过于纠结编程语言的选择。

第 6 章 持续动力：应用运行与发布

前面章节的代码都是在预览器或者模拟器里运行的，本章介绍如何使用本地真机运行代码和项目 App 上架发布的流程。

6.1 使用本地真机运行应用

在 2.2 节已经介绍了可以使用本机的预览器 Previewer 来预览代码的运行效果，还可以使用本机的模拟器 Simulator 来运行和调试代码。在成功开发项目后，相信读者已经迫不及待地想使用真机调试了，在这一节将会详细讲述如何使用本地真机运行应用。

在讲述之前先了解一下基本知识。

编译构建是将 HarmonyOS 应用的源代码、资源、第三方库等打包生成 HAP 或者 App 的过程。其中，HAP 可以直接运行在真机设备或者模拟器中；App 则用于将应用上架到华为应用市场。

为了确保 HarmonyOS 应用的完整性，HarmonyOS 通过数字证书和授权文件来对应用进行管控，只有签名过的 HAP 才允许安装到设备上运行(如果不带签名信息，仅可以运行在模拟器中)；同时，上架到华为应用市场的 App 也必须通过签名才允许上架，因此，为了保证应用能够发布和安装到设备上，需要提前申请相应的证书与 Profile 文件。

申请证书和 Profile 文件时，用于调试和上架的证书与授权文件不能交叉使用。

应用调试证书与应用调试 Profile 文件、应用发布证书与应用发布 Profile 文件具有匹配关系，必须成对使用，不可交叉使用。

应用调试证书与应用调试 Profile 文件必须应用于调试场景，如果用于发布场景，则将导致应用发布审核不通过；应用发布证书与应用发布 Profile 文件必须应用于发布场景，如果用于调试场景，则将导致应用无法安装。

目前 DevEco Studio(DevEco Studio V2.1 Release 及更高版本)能自动化签名，这给开发者带来了非常好的体验。

通过 USB 连接智能手机和计算机，在智能手机中打开"开发者模式"，可在设置→关于手机/关于平板中，连续多次单击"版本号"，直到提示"你正处于开发者模式"即可，然后在设

第6章 持续动力：应用运行与发布

置的系统与更新→开发人员选项中，打开"USB 调试"开关，如图 6-1 所示。

在项目的菜单栏中选择 File，在展开的菜单中选择 Project Structure，如图 6-2 所示。

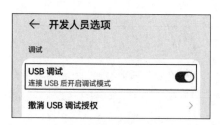

图 6-1 开发人员选项

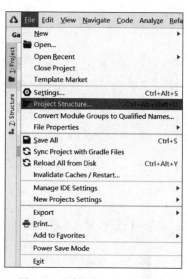

图 6-2 选择 Project Structure

在弹出对话框的左侧选择 Project，再选择 Signing Configs，登录华为账号，如图 6-3 所示。

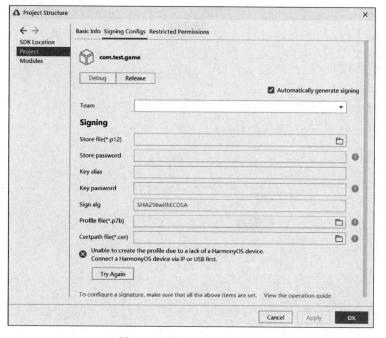

图 6-3 选择 Signing Configs

打开 AppGallery Connect(AGC),网址为 https://developer.huawei.com/consumer/cn/service/josp/agc/index.html#/,选择"进入 AGC 控制台"并登录华为账号,选择"我的项目",如图 6-4 所示。

图 6-4　选择"我的项目"

单击"添加项目"按钮,新建 HarmonyOS 项目,如图 6-5 所示。

图 6-5　新建 HarmonyOS 项目

在"创建项目"界面输入对应的项目名称,单击"确认"按钮,如图 6-6 所示。

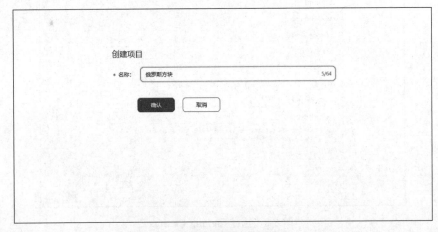

图 6-6　配置项目名称

单击"添加应用"按钮,弹出"添加应用"对话框。在"选择平台"的右侧会自动选 App(HarmonyOS),在"支持设备"的右侧勾选"手机"复选框。配置相应的"应用名称""应用分类""默认语言"。需要注意的是,"应用包名"必须和需要调试程序中的 config.json→app→bundlename 一致,最后单击"确认"按钮,如图 6-7 所示。

图 6-7 创建应用

再返回图 6-3 所示的页面,单击 Try Again 按钮,即可自动进行签名。要说明的是,自动生成签名所需的密钥(.p12)、数字证书(.cer)和 Profile 文件(.p7b)会存放到用户 user 目录下的 .ohos\config 目录下,如图 6-8 所示。

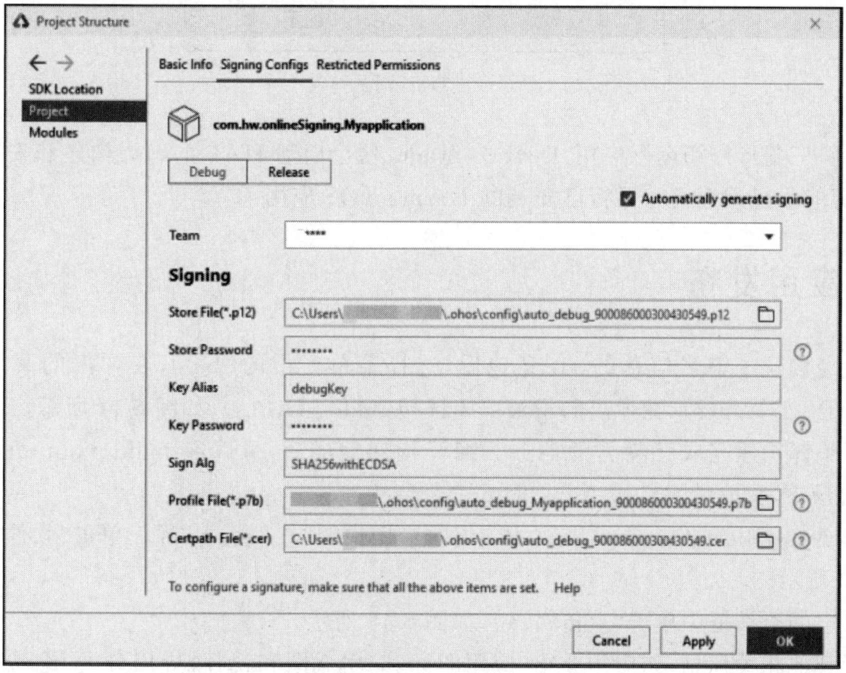

图 6-8 自动签名

单击 OK 按钮,这样在工程下的 build.gradle 中便可查看签名的配置信息,如图 6-9 所示。

```
ohos {
    signingConfigs { NamedDomainObjectContainer<SigningConfigOptions> it ->
        debug {
            storeFile file('C:\\Users\\████████\\.ohos\\config\\auto_debug_900086000300430549.p12')
            storePassword '000000018DB216D38F4A178DB72DE2E7A3D5D4895507C6596DF858A22C72AD02AF255843D7878F826'
            keyAlias = 'debugKey'
            keyPassword '000000183B3E9BDC1B5D3CA0B1403B41FF876071F4C7E74C60F1F24ADA36A382EFE1309E3590E6DE'
            signAlg = 'SHA256withECDSA'
            profile file('C:\\Users\\████████\\.ohos\\config\\auto_debug_Myapplication_900086000300430549.p7b')
            certpath file('C:\\Users\\████████\\.ohos\\config\\auto_debug_900086000300430549.cer')
        }
    }
```

图 6-9 配置信息

在通过 USB 将智能手机与计算机连接时,将 USB 的连接方式选择为"传输文件",此时会在手机中弹出"是否允许 USB 调试"的弹框,这时单击"确定"按钮,如图 6-10 所示。

图 6-10 USB 调试弹窗

单击斜三角形按钮运行应用,DevEco Studio 便会启动 HAP 的编译构建和安装。安装成功后,智能手机就会自动运行已安装的 HarmonyOS 应用了。

6.2 应用发布

在已经构建带签名信息的 HAP 包后,选择菜单栏中的 Build,在弹出的菜单中选择 Build HAP(s)/App(s),在弹出的子菜单中选择 Build HAP(s),如图 6-11 所示。

等待编译构建完成已签名的 App。编译构建完成后,可以在 build→outputs→app→release 目录下,获取带签名的 App:game-release-signed.app。

打开 AppGallery Connect,在刚才新建的应用中的"软件版本"界面单击"软件包管理",如图 6-12 所示。

在弹出的对话框中单击"上传"按钮,如图 6-13 所示。

配置其他相关信息,如应用介绍、应用图标、应用截图和视频、应用分类、隐私政策网址

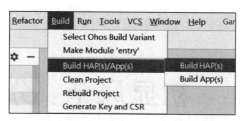

图 6-11　选择 Build HAP(s)

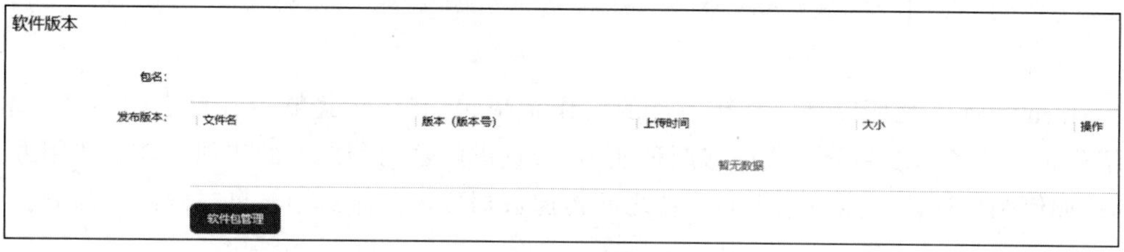

图 6-12　"软件版本"界面

图 6-13　"软件包管理"对话框

等信息后,单击"提交审核"按钮,在弹出的窗口中确认版本号无误后,单击"确认"按钮。提交成功后,在"版本信息"界面的"状态"中可查看审核状态。审核通过后,表示应用发布成功。

第 7 章 初显风范：分布式

HarmonyOS 之所以是一个新一代的操作系统，与其分布式能力有着密切关系。本章介绍分布式任务调度和分布式迁移两种能力，着重讲解这两种能力的实现原理和使用方法。同时，如何利用这两种能力在不同设备之间传递数据成为分布式中不可或缺的一部分。

7.1 分布式任务调度

在 1.4 节就简单介绍了分布式任务调度的概述，分布式任务调度基于分布式软总线、分布式数据管理、分布式 Profile 等技术特性，构建统一的分布式服务管理（发现、同步、注册、调用）机制，支持对跨设备的应用进行远程启动、远程调用、远程连接及迁移等操作，能够根据不同设备的能力、位置、业务运行状态、资源使用情况，以及用户的习惯和意图，选择合适的设备运行分布式任务。

在这一节将以一个简单的分布式任务调度项目进行具体讲述。

7.1.1 获取设备的 UDID

创建一个 Java 版的 Hello World 项目，项目名称为 MyDispatch，如图 7-1 所示。
打开 config.json 文件。
想要获得分布式任务调度能力，需要配置相关的权限。这里需要添加的权限一共有如下 4 个。

（1）ohos.permission.DISTRIBUTED_DATASYNC 表示允许不同设备间进行数据交换。

（2）ohos.permission.GET_DISTRIBUTED_DEVICE_INFO 表示允许获取分布式组网内的设备列表和设备信息。

（3）ohos.permission.DISTRIBUTED_DEVICE_STATE_CHANGE 表示允许获取分布式组网内设备的状态变化。

（4）ohos.permission.GET_BUNDLE_INFO 表示允许查询其他应用的信息。

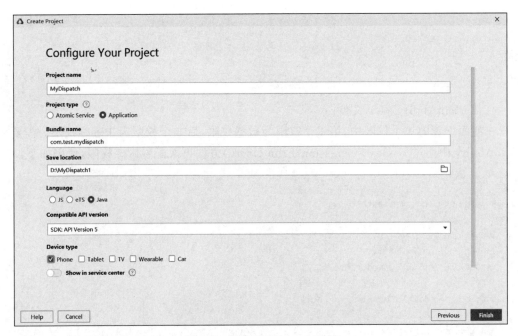

图 7-1　新建 MyDispatch 项目

代码如下：

```
//第 7 章 7-1 config.json
{
    ...
    "distro": {
      "deliveryWithInstall": true,
      "moduleName": "entry",
      "moduleType": "entry",
      "installationFree": false
    },
    "reqPermissions": [
      {
        "name": "ohos.permission.GET_DISTRIBUTED_DEVICE_INFO"
      },
      {
        "name": "ohos.permission.DISTRIBUTED_DATASYNC"
      },
      {
        "name": "ohos.permission.DISTRIBUTED_DEVICE_STATE_CHANGE"
      },
      {
        "name": "ohos.permission.GET_BUNDLE_INFO"
      }
    ],
    "abilities": [
```

```
            ...
        ]
        ...
}
```

打开 MainAbility.java 文件。

在前面配置的 4 个权限中,第 1 个权限为敏感权限,后 3 个权限为非敏感权限。需要在 MainAbility 中通过 requestPermissionsFromUser() 方法再次配置敏感权限,代码如下:

```
//第 7 章 7-1 MainAbility.java
package com.test.mydispatch;

import com.test.mydispatch.slice.MainAbilitySlice;
import ohos.aafwk.ability.Ability;
import ohos.aafwk.content.Intent;

public class MainAbility extends Ability {
    @Override
    public void onStart(Intent intent) {
        super.onStart(intent);
        super.setMainRoute(MainAbilitySlice.class.getName());

        requestPermissionsFromUser(new String[]{
                "ohos.permission.DISTRIBUTED_DATASYNC"}, 0);
    }
}
```

打开 ability_main.xml 文件。

在页面中添加一个 Button,以便于后续响应单击事件。添加一个 Button 组件,将属性 id 的值设置为 $+id:button_btn,以通过 MainAbilitySlice.java 文件根据唯一标识设置单击事件。将组件的 width(宽)和组件的 height(高)属性的值分别设置为 50vp 和 match_parent。属性 text(文本)的值设置为分布式任务调度,以显示按钮上需要显示的文本。将属性 text_size(文本大小)的值设置为 25vp,将属性 text_color(文本颜色)的值设置为 #FFFFFF(白色),将属性 text_alignment(文本的对齐方式)的值设置为 center(居中对齐),将属性 background_element(背景图层)的值设置为 #78C6C5,代码如下:

```
<?xml version="1.0" encoding="UTF-8"?>
<!-- 第 7 章 7-1 ability_main.xml -->
<DirectionalLayout
    xmlns:ohos="http://schemas.huawei.com/res/ohos"
    ohos:height="match_parent"
    ohos:width="match_parent"
```

```xml
        ohos:alignment = "center"
        ohos:orientation = "vertical">

    <!-- 文本为"Hello World"的样式 -->
    <Text
        ohos:id = " $ + id:text_helloworld"
        ohos:height = "match_content"
        ohos:width = "match_content"
        ohos:background_element = " $graphic:background_ability_main"
        ohos:layout_alignment = "horizontal_center"
        ohos:text = " $string:mainability_HelloWorld"
        ohos:text_size = "40vp"
        />

    <!-- 将文本设置为"分布式任务调度"的按钮样式 -->
    <Button
        ohos:id = " $ + id:button_btn"
        ohos:height = "50vp"
        ohos:width = "match_parent"
        ohos:text = "分布式任务调度"
        ohos:text_size = "25vp"
        ohos:text_color = " #FFFFFF"
        ohos:text_alignment = "center"
        ohos:background_element = " #78C6C5"/>

</DirectionalLayout>
```

打开 MainAbilitySlice.java 文件。

初始化一个控制台输出窗口 HiLogLabel。在 onStart() 函数体内定义一个按钮 button，通过唯一标识 ID 赋值为刚才布局中的按钮。并为这个按钮添加一个单击事件，在单击事件的函数体内通过 DeviceInfo.FLAG_GET_ONLINE_DEVICE 和 getDeviceId() 函数获取远程手机的设备 ID，并将这个 ID 在 Log 窗口中打印出来。这样，当单击按钮时就会触发按钮的单击事件，从而在 Log 窗口中打印远程设备的 ID，代码如下：

```java
//第 7 章 7-1 MainAbilitySlice.java
package com.test.mydispatch.slice;

import com.test.mydispatch.ResourceTable;
import ohos.aafwk.ability.AbilitySlice;
import ohos.aafwk.content.Intent;
import ohos.agp.components.Button;
import ohos.agp.components.Component;
import ohos.distributedschedule.interwork.DeviceInfo;
import ohos.distributedschedule.interwork.DeviceManager;
```

```java
import ohos.hiviewdfx.HiLog;
import ohos.hiviewdfx.HiLogLabel;

import java.util.List;

public class MainAbilitySlice extends AbilitySlice {
    //初始化控制台输出窗口
    private static final HiLogLabel Information = new HiLogLabel
            (HiLog.LOG_APP,0x00101,"控制台");

    @Override
    public void onStart(Intent intent) {
        super.onStart(intent);
        super.setUIContent(ResourceTable.Layout_ability_main);

        //获取按钮组件对象
        Button button = (Button) findComponentById
                (ResourceTable.Id_button_btn);
        //设置单击监听器
        button.setClickedListener(new Component.ClickedListener() {
            @Override
            public void onClick(Component component) {
                //获取远程手机的设备ID
                List<DeviceInfo> onlineDevices = DeviceManager
                        .getDeviceList(DeviceInfo.FLAG_GET_ONLINE_DEVICE);
                //如果远程手机不存在,则结束响应事件
                if(onlineDevices.size() == 0)
                    return ;
                //将获取远程手机列表的第1个ID取出来
                String deviceId = onlineDevices.get(0).getDeviceId();
                //控制台输出语句
                HiLog.info(Information,deviceId);
            }
        });
    }

    @Override
    public void onActive() {
        super.onActive();
    }

    @Override
    public void onForeground(Intent intent) {
        super.onForeground(intent);
    }
}
```

在菜单栏中选择 Tools,在弹出的菜单中选择 Device Manager,如图 7-2 所示。

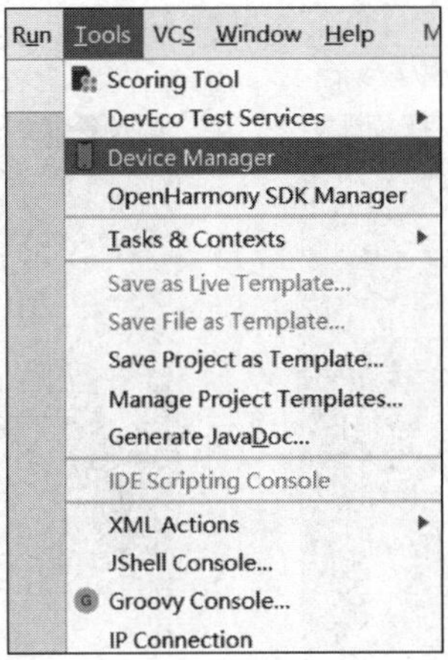

图 7-2 选择 Device Manager

登录华为账号后,可以看到下方出现了 Super Device 选项。目前 Super Device 提供的模拟器是智能手机＋智能手机、智能手机＋平板和智能手机＋电视机的组合。选择智能手机＋智能手机右侧的斜三角形按钮,以运行远程模拟器,如图 7-3 所示。

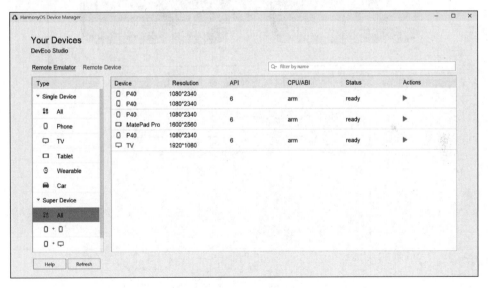

图 7-3 Device Manager

这样,两台远程模拟器就运行起来了。选择 entry 右侧的倒三角形按钮,选择 Super App,以达到同时运行两台模拟器的效果,如图 7-4 所示。

单击 Super App,运行代码。在弹出的窗口中单击 OK 按钮,如图 7-5 所示。

图 7-4 选择 Super App

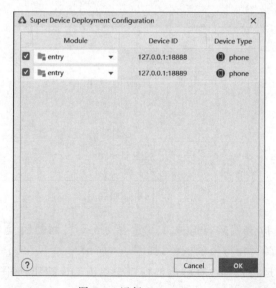

图 7-5 运行 Super App

在模拟器弹出的"是否允许'entry_MainAbility'使用多设备协同?"的窗口中单击"始终允许"按钮,如图 7-6 所示。

图 7-6　运行并允许使用多设备协同

单击 P40:18888 设备的按钮,在 P40:18888 的 Log 窗口中便会打印出 P40:18889 设备的 ID。在 Log 窗口中的第 1 个下拉列表可以选择设备的 Log 窗口,运行效果如图 7-7 所示。

图 7-7　Log 窗口

7.1.2　实现分布式任务调度

接下来实现利用远程设备的 ID 实现分布式任务调度。

打开 MainAbilitySlice.java 文件。

在 onStart()函数体内的 button 的单击事件函数体中,定义一个 Operation 类型的变量 operation,将 withDeviceId 指定为远程设备 ID,将 withBundleName 指定为创建应用的包名,将 withAbilityName 指定为 MainAbility 的包名,这些值都可以在 config.json 文件的 module 中查看,也可以输入语句获得。将 withFlags 指定为 Intent.FLAG_ABILITYSLICE_MULTI_DEVICE。

再将 operation 添加到网络 intent 中,并且启动 intent,代码如下:

```
//第 7 章 7-1 MainAbilitySlice.java
package com.test.mydispatch.slice;

import com.test.mydispatch.ResourceTable;
import ohos.aafwk.ability.AbilitySlice;
import ohos.aafwk.content.Intent;
import ohos.agp.components.Button;
```

```java
import ohos.agp.components.Component;
import ohos.distributedschedule.interwork.DeviceInfo;
import ohos.distributedschedule.interwork.DeviceManager;
import ohos.hiviewdfx.HiLog;
import ohos.hiviewdfx.HiLogLabel;

import java.util.List;

public class MainAbilitySlice extends AbilitySlice {
    //初始化控制台输出窗口
    private static final HiLogLabel Information = new HiLogLabel
            (HiLog.LOG_APP,0x00101,"控制台");

    @Override
    public void onStart(Intent intent) {
        super.onStart(intent);
        super.setUIContent(ResourceTable.Layout_ability_main);

        //获取按钮组件对象
        Button button = (Button) findComponentById
                (ResourceTable.Id_button_btn);
        //设置单击监听器
        button.setClickedListener(new Component.ClickedListener() {
            @Override
            public void onClick(Component component) {
                //获取远程手机的设备ID
                List<DeviceInfo> onlineDevices = DeviceManager
                        .getDeviceList(DeviceInfo.FLAG_GET_ONLINE_DEVICE);
                //如果远程手机不存在,则结束响应事件
                if(onlineDevices.size() == 0)
                    return ;
                //将获取远程手机列表的第1个ID取出来
                String deviceId = onlineDevices.get(0).getDeviceId();
                //控制台输出语句
                HiLog.info(Information,deviceId);

                Operation operation = new Intent.OperationBuilder()
                        .withDeviceId(deviceId)           //任务调度启动设备的ID
                        .withBundleName(getBundleName())  //任务调度启动应用的包名
                        //任务调度启动Ability的包名
                        .withAbilityName(MainAbility.class.getName())
                        .withFlags(Intent.FLAG_ABILITYSLICE_MULTI_DEVICE)
                        .build();

                intent.setOperation(operation);
                startAbility(intent);                     //启动任务调度
```

```
            }
        });
    }

    @Override
    public void onActive() {
        super.onActive();
    }

    @Override
    public void onForeground(Intent intent) {
        super.onForeground(intent);
    }
}
```

当单击任意一台设备的按钮时,另一台的应用就会被拉起,即实现了分布式任务调度,运行效果如图7-8所示。

图7-8　运行效果

7.1.3 数据传递的分布式任务调度

接下来实现带数据传递的分布式任务调度。

打开 MainAbilitySlice.java 文件。

定义一个变量 number 并初始化为 0。在函数 onStart()中定义一个文本 text,通过唯一标识 ID 赋值为刚才布局中的文本。将 number 赋值为关键字为 number 指示的值,并将文本 text 的值设置为原来文本后加上变量 number。

在 button 按钮的单击事件中令 number 加 1,并且将关键字 number 的值放到 intent 中,代码如下:

```java
//第 7 章 7-1 MainAbilitySlice.java
package com.test.mydispatch.slice;

import com.test.mydispatch.ResourceTable;
import ohos.aafwk.ability.AbilitySlice;
import ohos.aafwk.content.Intent;
import ohos.agp.components.Button;
import ohos.agp.components.Component;
import ohos.agp.components.Text;
import ohos.distributedschedule.interwork.DeviceInfo;
import ohos.distributedschedule.interwork.DeviceManager;
import ohos.hiviewdfx.HiLog;
import ohos.hiviewdfx.HiLogLabel;

import java.util.List;

public class MainAbilitySlice extends AbilitySlice {
    //初始化控制台输出窗口
    private static final HiLogLabel Information = new HiLogLabel(
            HiLog.LOG_APP,0x00101,"控制台");
    private static int number = 0; //传递数据的变量

    @Override
    public void onStart(Intent intent) {
        super.onStart(intent);
        super.setUIContent(ResourceTable.Layout_ability_main);

        //获取文本组件对象
        Text text = (Text) findComponentById
                (ResourceTable.Id_text_helloworld);
        //取关键字 number 的值,如果不存在,则值为 0
        number = intent.getIntParam("number",0);
        //设置文本组件内容
```

```java
            text.setText(text.getText() + number);

        //获取按钮组件对象
        Button button = (Button) findComponentById
                (ResourceTable.Id_button_btn);
        //设置单击监听器
        button.setClickedListener(new Component.ClickedListener() {
            @Override
            public void onClick(Component component) {
                //获取远程手机的设备 ID
                List < DeviceInfo > onlineDevices = DeviceManager
                        .getDeviceList(DeviceInfo.FLAG_GET_ONLINE_DEVICE);
                //如果远程手机不存在,则结束响应事件
                if(onlineDevices.size() == 0)
                    return ;
                //将获取远程手机列表的第 1 个 ID 取出来
                String deviceId = onlineDevices.get(0).getDeviceId();
                //控制台输出语句
                HiLog.info(Information,deviceId);

                Operation operation = new Intent.OperationBuilder()
                        .withDeviceId(deviceId)                  //任务调度启动设备的 ID
                        .withBundleName(getBundleName())         //任务调度启动应用的包名
                        //任务调度启动 Ability 的包名
                        .withAbilityName(MainAbility.class.getName())
                        .withFlags(Intent.FLAG_ABILITYSLICE_MULTI_DEVICE)
                        .build();

                intent.setOperation(operation);
                //每次单击时数值加 1
                number ++ ;
                //将关键字 number 的值存放到 intent 中
                intent.setParam("number",number);
                startAbility(intent);                            //启动任务调度
            }
        });
    }

    @Override
    public void onActive() {
        super.onActive();
    }

    @Override
    public void onForeground(Intent intent) {
        super.onForeground(intent);
    }
}
```

当单击任意一台设备的按钮时,另一台设备会被拉起应用,并且文本后的数值会加1,运行效果如图7-9所示。

图7-9 运行效果

7.2 分布式迁移

7.2.1 概念

开发者在应用FA中通过调用流转任务管理服务、分布式任务调度的接口,实现跨端迁移。设备A上的应用FA向流转任务管理服务注册一个流转回调。

(1) Alt1-系统推荐流转:系统感知周边有可用设备后,主动为用户提供可选择流转的设备信息,并在用户完成设备选择后回调onConnected并通知应用FA开始流转,将用户选择的设备B的设备信息提供给应用FA。

(2) Alt2-用户手动流转:系统在用户手动单击流转图标后,通过showDeviceList通知流转任务管理服务,被动为用户提供可选择交互的设备信息,在用户完成设备选择后回调onConnected并通知应用FA开始流转,将用户选择的设备B的设备信息提供给应用FA。

设备A上的应用FA通过调用分布式任务调度的能力,向设备B的应用发起跨端迁移。应用FA需要自己管理流转状态,将流转状态从IDLE迁移到CONNECTING,并上报到流转任务管理服务,具体流程如图7-10所示。

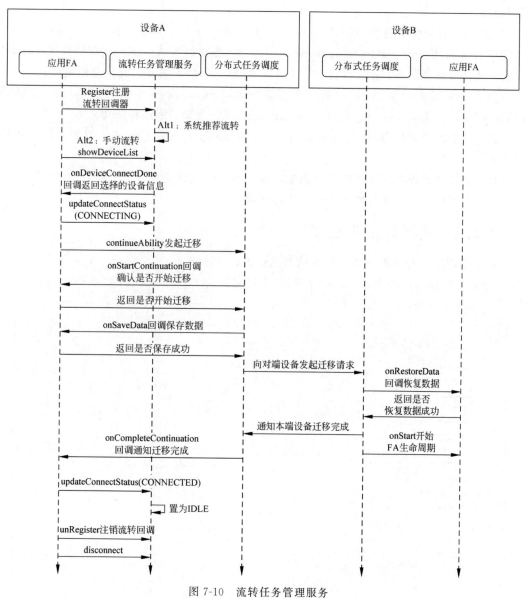

图 7-10　流转任务管理服务

（1）设备A上的FA请求迁移。系统回调设备A上的FA,以及其AbilitySlice栈中所有AbilitySlice实例的IAbilityContinuation.onStartContinuation()方法,以确认当前是否可以开始迁移,当onStartContinuation()方法的返回值为true时,表示当前FA可以开始迁移。

（2）如果可以开始迁移，则系统回调设备 A 上的 FA，以及其 AbilitySlice 栈中所有 AbilitySlice 实例的 IAbilityContinuation.onSaveData()方法，以便保存迁移后恢复状态所需的数据。

（3）如果保存数据成功，则系统在设备 B 上启动同一个 FA，并恢复 AbilitySlice 栈，然后回调 IAbilityContinuation.onRestoreData()方法，传递设备 A 上 FA 保存的数据，应用可在此方法恢复业务状态；此后设备 B 上此 FA 从 onStart()方法开始其生命周期回调。

（4）系统回调设备 A 上的 FA，以及其 AbilitySlice 栈中所有 AbilitySlice 实例的 IAbilityContinuation.onCompleteContinuation()方法，通知应用迁移成功。

（5）应用将流转状态从 CONNECTING 迁移到 CONNECTED，并上报到流转任务管理服务。

（6）流转任务管理服务将流转状态重新置为 IDLE，流转完成。

（7）应用向流转任务管理服务注销流转回调。

7.2.2　实现分布式迁移

接下来以一个简单的分布式迁移项目为例进行具体讲述。

创建一个 Java 版的 Hello World 项目，项目名称为 MyMigration，如图 7-11 所示。

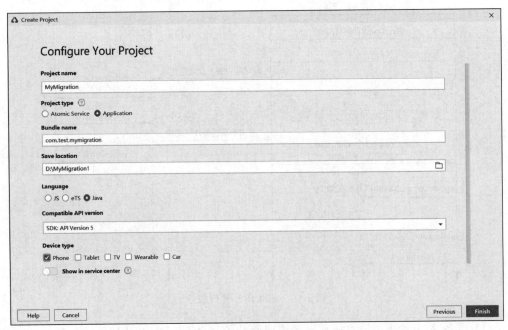

图 7-11　MyMigration

打开 config.json 文件。

想要获得分布式任务调度能力，需要配置相关的权限。这里需要添加如下 6 个权限。

(1) ohos.permission.GET_DISTRIBUTED_DEVICE_INFO 表示允许获取分布式组网内的设备列表和设备信息。

(2) ohos.permission.READ_USER_STORAGE 表示允许应用读取用户外部存储中的媒体文件信息。

(3) ohos.permission.WRITE_USER_STORAGE 表示允许应用读写用户外部存储中的媒体文件信息。

(4) ohos.permission.DISTRIBUTED_DATASYNC 表示允许不同设备间进行数据交换。

(5) ohos.permission.DISTRIBUTED_DEVICE_STATE_CHANGE 表示允许获取分布式组网内设备的状态变化。

(6) ohos.permission.GET_BUNDLE_INFO 表示允许查询其他应用的信息。

代码如下：

```
第 7 章 7-2 config.json
{
    ...
    "distro": {
      "deliveryWithInstall": true,
      "moduleName": "entry",
      "moduleType": "entry",
      "installationFree": false
    },
    "reqPermissions": [
      {
        "name": "ohos.permission.GET_DISTRIBUTED_DEVICE_INFO"
      },
      {
        "name": "ohos.permission.READ_USER_STORAGE"
      },
      {
        "name": "ohos.permission.WRITE_USER_STORAGE"
      },
      {
        "name": "ohos.permission.DISTRIBUTED_DATASYNC"
      },
      {
        "name": "ohos.permission.DISTRIBUTED_DEVICE_STATE_CHANGE"
      },
      {
        "name": "ohos.permission.GET_BUNDLE_INFO"
      }
```

```
        ],
        "abilities": [
            ...
            ]
            ...
}
```

打开 MainAbility.java 文件。

在前面配置的 6 个权限中，前 3 个权限为敏感权限，后 3 个权限为非敏感权限。需要在 MainAbility 中通过 requestPermissionsFromUser() 方法再次配置敏感权限，代码如下：

```java
//第 7 章 7-2 MainAbility.java
package com.test.mymigration;

import com.test.mymigration.slice.MainAbilitySlice;
import ohos.aafwk.ability.Ability;
import ohos.aafwk.content.Intent;

public class MainAbility extends Ability {
    @Override
    public void onStart(Intent intent) {
        super.onStart(intent);
        super.setMainRoute(MainAbilitySlice.class.getName());

        String[] permissions = {
                "ohos.permission.DISTRIBUTED_DATASYNC",
                "ohos.permission.READ_USER_STORAGE",
                "ohos.permission.WRITE_USER_STORAGE"
        };

        requestPermissionsFromUser(permissions, 0);
    }
}
```

打开 ability_main.XML 文件。

删除原来的 Text 组件。添加一个 TextField 组件，将属性 id 的值设置为 $＋id：textfield_tf，以通过 MainAbilitySlice.java 文件根据唯一标识设置单击事件。将组件的 width（宽）和组件的 height（高）属性的值分别设置为 200vp 和 match_parent，将属性 background_element（背景图层）的值设置为 ♯EEEEEE。将属性 paddind（内边距）的值设置为 10vp，将属性 margin（外边距）的值设置为 10vp，将属性 hint（显示文本）设置为"请输入内容……"，将属性 text_size（文本大小）的值设置为 25vp，将属性 text_color（文本颜色）的值设置为 ♯000000（黑色）。

添加一个 Button 组件，将属性 id 的值设置为 $＋id：button_btn，以通过 MainAbilitySlice.

java文件根据唯一标识设置单击事件。将组件的width(宽)和组件的height(高)属性的值分别设置为50vp和match_parent。将属性text(文本)的值设置为分布式迁移,以显示按钮上需要显示的文本。将属性text_size(文本大小)的值设置为25vp,将属性text_color(文本颜色)的值设置为♯FFFFFF(白色),将属性text_alignment(文本的对齐方式)的值设置为center(居中对齐),将属性background_element(背景图层)的值设置为♯78C6C5,代码如下:

```xml
<?xml version = "1.0" encoding = "utf-8"?>
<!-- 第7章 7-2 ability_main.xml -->
<DirectionalLayout
    xmlns:ohos = "http://schemas.huawei.com/res/ohos"
    ohos:height = "match_parent"
    ohos:width = "match_parent"
    ohos:alignment = "center"
    ohos:orientation = "vertical">

    <Text
        ohos:id = "$+id:text_helloworld"
        ohos:height = "match_content"
        ohos:width = "match_content"
        ohos:background_element = "$graphic:background_ability_main"
        ohos:layout_alignment = "horizontal_center"
        ohos:text = "$string:mainability_HelloWorld"
        ohos:text_size = "40vp"
        />

    <!-- 文本输入框的样式 -->
    <TextField
        ohos:id = "$+id:textfield_tf"
        ohos:height = "200vp"
        ohos:width = "match_parent"
        ohos:background_element = "#EEEEEE"
        ohos:padding = "10vp"
        ohos:margin = "10vp"
        ohos:hint = "请输入内容……"
        ohos:text_size = "25vp"
        ohos:text_color = "#000000"/>

    <!-- 将文本设置为"分布式迁移"的按钮样式 -->
    <Button
        ohos:id = "$+id:button_btn"
        ohos:height = "50vp"
        ohos:width = "match_parent"
        ohos:text = "分布式迁移"
```

```
            ohos:text_size = "25vp"
            ohos:text_color = "#FFFFFF"
            ohos:text_alignment = "center"
            ohos:background_element = "#78C6C5"/>

</DirectionalLayout>
```

打开 MainAbility.java 文件。

将类 MainAbility 实现接口 IAbilityContinuation，并添加对应的方法 onStartContinuation()，此方法的返回值为 true。添加对应的方法 onSaveData(IntentParams intentParams)，此方法的返回值为 true。添加对应的方法 onRestoreData(IntentParams intentParams)，此方法的返回值为 true。添加对应的方法 onCompleteContinuation(int i) 和 onRemoteTerminated()，代码如下：

```java
//第7章 7-2 MainAbility.java
package com.test.mymigration;

import com.test.mymigration.slice.MainAbilitySlice;
import ohos.aafwk.ability.Ability;
import ohos.aafwk.ability.IAbilityContinuation;
import ohos.aafwk.content.Intent;
import ohos.aafwk.content.IntentParams;

public class MainAbility extends Ability implements IAbilityContinuation {
    @Override
    public void onStart(Intent intent) {
        super.onStart(intent);
        super.setMainRoute(MainAbilitySlice.class.getName());

        String[] permissions = {
                "ohos.permission.DISTRIBUTED_DATASYNC",
                "ohos.permission.READ_USER_STORAGE",
                "ohos.permission.WRITE_USER_STORAGE"
        };

        requestPermissionsFromUser(permissions, 0);
    }

    //在该方法中决定迁移还是不迁移
    @Override
    public boolean onStartContinuation() {
        return true;
    }
```

```java
//该方法用于保存当前页面的数据,将保存好的数据通过 intentParams 发送到迁移的另外一台
//设备
@Override
public boolean onSaveData(IntentParams intentParams) {
    return true;
}

//目标设备通过 intentParams 传送的数据恢复页面,恢复完数据后开始目标设备的生命周期
@Override
public boolean onRestoreData(IntentParams intentParams) {
    return true;
}

//迁移完成后会执行迁移设备的该函数
@Override
public void onCompleteContinuation(int i) {

}

@Override
public void onRemoteTerminated() {

}
}
```

打开 MainAbilitySlice.java 文件。

将类 MainAbilitySlice 实现接口 IAbilityContinuation,并添加对应的方法 onStartContinuation(),此方法的返回值为 true。添加对应的方法 onSaveData(IntentParams intentParams),此方法的返回值为 true。添加对应的方法 onRestoreData(IntentParams intentParams),此方法的返回值为 true。添加对应的方法 onCompleteContinuation(int i) 和 onRemoteTerminated(),代码如下:

```java
//第 7 章 7-2 MainAbilitySlice.java
package com.test.mymigration.slice;

import com.test.mymigration.ResourceTable;
import ohos.aafwk.ability.AbilitySlice;
import ohos.aafwk.ability.IAbilityContinuation;
import ohos.aafwk.content.Intent;
import ohos.aafwk.content.IntentParams;

public class MainAbilitySlice extends AbilitySlice implements IAbilityContinuation {
    @Override
    public void onStart(Intent intent) {
```

```java
        super.onStart(intent);
        super.setUIContent(ResourceTable.Layout_ability_main);
    }

    @Override
    public void onActive() {
        super.onActive();
    }

    @Override
    public void onForeground(Intent intent) {
        super.onForeground(intent);
    }

    //该方法中决定迁移还是不迁移
    @Override
    public boolean onStartContinuation() {
        return true;
    }

    //该方法用于保存当前页面的数据,将保存好的数据通过 intentParams 发送到迁移的另外一台
    //设备
    @Override
    public boolean onSaveData(IntentParams intentParams) {
        return true;
    }

    //目标设备通过 intentParams 传送的数据恢复页面,恢复完数据后开始目标设备的生命周期
    @Override
    public boolean onRestoreData(IntentParams intentParams) {
        return true;
    }

    //迁移完成后会执行迁移设备的该函数
    @Override
    public void onCompleteContinuation(int i) {

    }

    @Override
    public void onRemoteTerminated() {

    }
}
```

定义一个文本输入框 tf 和一个字符类型的变量 number 并初始化为 null。

在 onStart()函数体内通过唯一标识 ID 将 tf 赋值为刚才布局中的文本输入框。定义一个按钮 button1,通过唯一标识 ID 赋值为刚才布局中的按钮,并为这个按钮添加一个单击事件,在单击事件的函数体内调用函数 continueAbility()。最后将 tf 的文本设置为 number,代码如下:

```java
//第7章 7-2 MainAbilitySlice.java
package com.test.mymigration.slice;

import com.test.mymigration.ResourceTable;
import ohos.aafwk.ability.AbilitySlice;
import ohos.aafwk.ability.IAbilityContinuation;
import ohos.aafwk.content.Intent;
import ohos.aafwk.content.IntentParams;
import ohos.agp.components.Button;
import ohos.agp.components.Component;
import ohos.agp.components.TextField;

public class MainAbilitySlice extends AbilitySlice implements IAbilityContinuation {
    private static TextField tf;              //定义文本输入框对象
    private static String number = "";        //文本内容

    @Override
    public void onStart(Intent intent) {
        super.onStart(intent);
        super.setUIContent(ResourceTable.Layout_ability_main);
        //获取文本输入框组件对象
        tf = (TextField) findComponentById(ResourceTable.Id_textfield_tf);

        //获取按钮组件对象
        Button button1 = (Button) findComponentById
                (ResourceTable.Id_button_btn);
        //设置单击监听器
        button1.setClickedListener(new Component.ClickedListener() {
            @Override
            public void onClick(Component component) {
                continueAbility();           //用于连接远程 Ability
            }
        });
        tf.setText(number);                   //设置文本框显示的内容
    }

    @Override
    public void onActive() {
        super.onActive();
    }
```

```java
@Override
public void onForeground(Intent intent) {
    super.onForeground(intent);
}

//在该方法中决定迁移还是不迁移
@Override
public boolean onStartContinuation() {
    return true;
}

//该方法用于保存当前页面的数据,将保存好的数据通过 intentParams 发送到迁移的另外一台
//设备
@Override
public boolean onSaveData(IntentParams intentParams) {
    return true;
}

//目标设备通过 intentParams 传送的数据恢复页面,恢复完数据后开始目标设备的生命周期
@Override
public boolean onRestoreData(IntentParams intentParams) {
    return true;
}

//迁移完成后会执行迁移设备的该函数
@Override
public void onCompleteContinuation(int i) {

}

@Override
public void onRemoteTerminated() {

}
}
```

在函数 onActive()中也将 tf 的文本设置为 number。

在函数 onSaveData(IntentParams intentParams)中将关键字 tf 的文本放到 intentParams 中。

在函数 onRestoreData(IntentParams intentParams)中给 number 赋值为 intentParams 中关键字为 tf 的值。

在函数 onCompleteContinuation(int i)中调用语句 terminateAbility(),以便销毁当前页面,代码如下:

```java
//第7章 7-2 MainAbilitySlice.java
package com.test.mymigration.slice;

import com.test.mymigration.ResourceTable;
import ohos.aafwk.ability.AbilitySlice;
import ohos.aafwk.ability.IAbilityContinuation;
import ohos.aafwk.content.Intent;
import ohos.aafwk.content.IntentParams;
import ohos.agp.components.Button;
import ohos.agp.components.Component;
import ohos.agp.components.TextField;

public class MainAbilitySlice extends AbilitySlice implements IAbilityContinuation {
    private static TextField tf;                      //定义文本输入框对象
    private static String number = "";                //文本内容

    @Override
    public void onStart(Intent intent) {
        super.onStart(intent);
        super.setUIContent(ResourceTable.Layout_ability_main);
        //获取文本输入框组件对象
        tf = (TextField) findComponentById(ResourceTable.Id_textfield_tf);

        //获取按钮组件对象
        Button button1 = (Button) findComponentById
            (ResourceTable.Id_button_btn);
        //设置单击监听器
        button1.setClickedListener(new Component.ClickedListener() {
            @Override
            public void onClick(Component component) {
                continueAbility();              //用于连接远程 Ability
            }
        });
        tf.setText(number);                     //设置文本框显示的内容
    }

    @Override
    public void onActive() {
        super.onActive();
        tf.setText(number);                     //设置文本框显示的内容
    }

    @Override
    public void onForeground(Intent intent) {
        super.onForeground(intent);
    }
```

```java
//在该方法中决定迁移还是不迁移
@Override
public boolean onStartContinuation() {
    return true;
}

//该方法用于保存当前页面的数据,将保存好的数据通过 intentParams 发送到迁移的另外一台
//设备
@Override
public boolean onSaveData(IntentParams intentParams) {
    return true;
}

//目标设备通过 intentParams 传送的数据恢复页面,恢复完数据后开始目标设备的生命周期
@Override
public boolean onRestoreData(IntentParams intentParams) {
    try {
        //取关键字为 tf 的值
        number = intentParams.getParam("tf").toString();
    }catch (Exception e){
        
    }
    return true;
}

//迁移完成后会执行迁移设备的该函数
@Override
public void onCompleteContinuation(int i) {
    terminateAbility(); //销毁当前页面
}

@Override
public void onRemoteTerminated() {
    
}
}
```

在其中一台设备输入内容后,单击"分布式迁移"按钮,就会发现内容已经迁移到另一台设备了,运行效果如图 7-12 所示。

7.2.3 实现分布式回迁

接下来实现分布式回迁功能。

第7章 初显风范：分布式 291

图 7-12 分布式迁移

打开 ability_main.xml 文件。

添加一个 Button 组件，将属性 id 的值设置为 $+id:button，以通过 MainAbilitySlice.java 文件根据唯一标识设置单击事件。将组件的 width(宽)和组件的 height(高)属性的值分别设置为 50vp 和 match_parent。将属性 text(文本)的值设置为分布式回迁，以显示按钮上需要显示的文本。将属性 text_size(文本大小)的值设置为 25vp，将属性 text_color(文本颜色)的值设置为♯FFFFFF(白色)，将属性 text_alignment(文本的对齐方式)的值设置为 center(居中对齐)，将属性 background_element(背景图层)的值设置为♯78C6C5，将属性 top_margin(上外边距)的值设置为 25vp，代码如下：

```
<?xml version = "1.0" encoding = "utf - 8"?>
<!-- 第 7 章 7-2 ability_main.xml -->
<DirectionalLayout
    xmlns:ohos = "http://schemas.huawei.com/res/ohos"
    ohos:height = "match_parent"
    ohos:width = "match_parent"
    ohos:alignment = "center"
    ohos:orientation = "vertical">
```

```xml
<!-- 文本输入框的样式 -->
<TextField
    ohos:id = "$+id:textfield_tf"
    ohos:height = "200vp"
    ohos:width = "match_parent"
    ohos:background_element = "#EEEEEE"
    ohos:padding = "10vp"
    ohos:margin = "10vp"
    ohos:hint = "请输入内容……"
    ohos:text_size = "25vp"
    ohos:text_color = "#000000"/>

<!-- 将文本设置为"分布式迁移"的按钮样式 -->
<Button
    ohos:id = "$+id:button_btn"
    ohos:height = "50vp"
    ohos:width = "match_parent"
    ohos:text = "分布式迁移"
    ohos:text_size = "25vp"
    ohos:text_color = "#FFFFFF"
    ohos:text_alignment = "center"
    ohos:background_element = "#78C6C5"/>

<!-- 将文本设置为"分布式迁移"的按钮样式 -->
<Button
    ohos:id = "$+id:button_btn2"
    ohos:height = "50vp"
    ohos:width = "match_parent"
    ohos:text = "分布式回迁"
    ohos:text_size = "25vp"
    ohos:text_color = "#FFFFFF"
    ohos:text_alignment = "center"
    ohos:background_element = "#78C6C5"
    ohos:top_margin = "25vp"/>

</DirectionalLayout>
```

打开 MainAbilitySlice.java 文件。

在 onStart() 函数体内 button1 的单击事件的函数体内,删除调用函数 continueAbility(),改为调用函数 continueAbilityReversibly()。

继续定义一个按钮 button2,通过唯一标识 ID 赋值为刚才布局中添加的按钮"分布式回迁",并为这个按钮添加一个单击事件,在单击事件的函数体内调用函数 reverseContinueAbility()。

在 onCompleteContinuation(int i) 函数体内删去调用函数 terminateAbility(),以达到不销毁当前页面的目的,代码如下:

```java
//第7章 7-2 MainAbilitySlice.java
package com.test.mymigration.slice;

import com.test.mymigration.ResourceTable;
import ohos.aafwk.ability.AbilitySlice;
import ohos.aafwk.ability.IAbilityContinuation;
import ohos.aafwk.content.Intent;
import ohos.aafwk.content.IntentParams;
import ohos.agp.components.Button;
import ohos.agp.components.Component;
import ohos.agp.components.TextField;

public class MainAbilitySlice extends AbilitySlice implements IAbilityContinuation {
    private static TextField tf;                //定义文本输入框对象
    private static String number = "";          //文本内容

    @Override
    public void onStart(Intent intent) {
        super.onStart(intent);
        super.setUIContent(ResourceTable.Layout_ability_main);
        //获取文本输入框组件对象
        tf = (TextField) findComponentById(ResourceTable.Id_textfield_tf);

        //获取按钮组件对象
        Button button1 = (Button) findComponentById
                (ResourceTable.Id_button_btn);
        //设置单击监听器
        button1.setClickedListener(new Component.ClickedListener() {
            @Override
            public void onClick(Component component) {
                //continueAbility();          //用于连接远程 Ability
                try{
                    continueAbilityReversibly();
                }catch(Exception e){

                }
            }
        });

        //获取按钮组件对象
        Button button2 = (Button) findComponentById
                (ResourceTable.Id_button_btn2);
        //设置单击监听器
        button2.setClickedListener(new Component.ClickedListener() {
```

```java
            @Override
            public void onClick(Component component) {
                try{
                    reverseContinueAbility();          //实现回迁
                }catch(Exception e){
                    
                }
            }
        });
        tf.setText(number);                            //设置文本框显示的内容
}

@Override
public void onActive() {
    super.onActive();
    tf.setText(number);                                //设置文本框显示的内容
}

@Override
public void onForeground(Intent intent) {
    super.onForeground(intent);
}

//在该方法中决定迁移还是不迁移
@Override
public boolean onStartContinuation() {
    return true;
}

//该方法用于保存当前页面的数据,将保存好的数据通过 intentParams 发送到迁移的另外一台
//设备
@Override
public boolean onSaveData(IntentParams intentParams) {
    return true;
}

//目标设备通过 intentParams 传送的数据恢复页面,恢复完数据后开始目标设备的生命周期
@Override
public boolean onRestoreData(IntentParams intentParams) {
    try {
        //取关键字 tf 的值
        number = intentParams.getParam("tf").toString();
    }catch (Exception e){
        
    }
    return true;
```

```
}

//迁移完成后会执行迁移设备的该函数
@Override
public void onCompleteContinuation(int i) {
//terminateAbility();        //销毁当前页面
}

@Override
public void onRemoteTerminated() {

}
}
```

在其中一台设备输入内容后,单击"分布式迁移"按钮,就会发现内容已经迁移到另一台设备了。再在另一台设备修改输入内容,单击第一台设备的"分布式回迁"按钮,就会发现内容回迁到第一台设备了,运行效果如图7-13所示。

图7-13　分布式回迁

第 8 章 告别读者：数据管理

本章介绍两种数据库的应用，包括轻量级偏好数据库和分布式数据库，分别为实现本地数据储存和跨设备数据储存。HarmonyOS 应用数据管理支持单设备的各种结构化数据的持久化，以及跨设备之间数据的同步、共享及搜索功能。开发者通过应用数据管理，能够方便地完成应用程序数据在不同终端设备间的无缝衔接，满足用户跨设备使用数据的一致性体验。

8.1 轻量级偏好数据库

8.1.1 概念

轻量级偏好数据库（Light Weight Preference Database）是本地应用数据管理，提供单设备上结构化数据的存储和访问能力，使用 SQLite 作为持久化存储引擎，能达到应用数据进行持久化和访问的需求。

轻量级数据存储适用于对 Key-Value 结构的数据进行存取和持久化操作。应用运行时全量数据将会被加载在内存中，使访问速度更快，存取效率更高。如果对数据持久化，数据最终会落盘到文本文件中，建议在开发过程中减少落盘频率，即减少对持久化文件的读写次数。

Key-Value 数据结构是一种非常典型的数据库结构，是一种键值结构的数据类型。Key 是不重复的关键字，Value 是数据值。

轻量级数据存储向本地应用提供的 API 支持本地应用读写数据及观察数据变化。数据存储形式为键-值对，键的类型为字符串型，值的存储数据类型包括整型、字符串型、布尔型、浮点型、长整型、字符串型 Set 集合。

轻量级偏好数据库的运作机制如图 8-1 所示。

（1）本模块提供轻量级数据存储的操作类，应用通过这些操作类完成数据库操作。

（2）借助 DatabaseHelper API，应用可以将指定文件的内容加载到 Preferences 实例，每个文件最多有一个 Preferences 实例，系统会通过静态容器将该实例存储到内存中，直到应用主动从内存中移除该实例或者删除该文件。

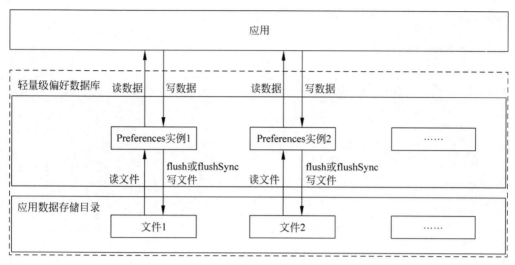

图 8-1 轻量级偏好数据库的运作机制

（3）获取文件对应的 Preferences 实例后，应用可借助 Preferences API，从 Preferences 实例中读取数据或者将数据写入 Preferences 实例，通过 flush 或者 flushSync 将 Preferences 实例持久化。

其中轻量级偏好数据库的约束如下：

（1）Key 键为 String 类型，要求非空且长度不超过 80 个字符。

（2）当 Value 值为 String 类型时，可以为空，但是长度不超过 8192 个字符。

（3）当 Value 值为字符串型 Set 集合类型时，要求集合元素非空且长度不超过 8192 个字符。

（4）存储的数据量应该是轻量级的，建议存储的数据不超过一万条，否则会在内存方面产生较大的开销。

需要注意的是，轻量级数据存储主要用于保存应用的一些常用配置，并不适合存储大量数据和频繁地改变数据的场景。用户的数据保存在文件中，可以持久化地存储在设备上。需要注意的是，用户访问的实例包含文件的所有数据，并一直加载在设备的内存中，并通过轻量级数据存储的 API 完成数据操作。

接下来将以一个简单的项目具体讲述轻量级偏好数据库。

8.1.2 实现轻量级偏好数据库

创建一个 Java 版的 Hello World 项目，项目名称为 MyPreference，如图 8-2 所示。

打开 ability_main.xml 文件。

在页面中添加一个 Button，以便于后续响应单击事件。添加一个 Button 组件，将属性 id 的值设置为 ＄＋id:button_btn，以通过 MainAbilitySlice.java 文件根据唯一标识设置单击事件。将组件的 width（宽）和组件的 height（高）属性的值分别设置为 50vp 和 match_

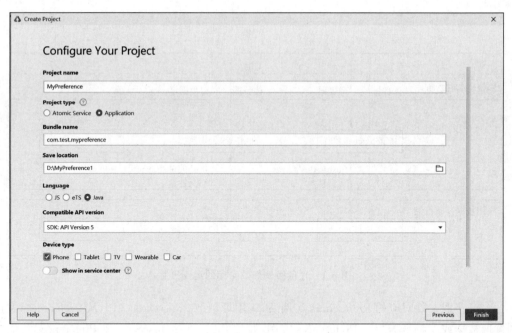

图 8-2　MyPreference

parent。将属性 text(文本)的值设置为轻量级偏好数据库,以显示按钮上需要显示的文本。将属性 text_size(文本大小)的值设置为 25vp,将属性 text_color(文本颜色)的值设置为白色♯FFFFFF,将属性 text_alignment(文本的对齐方式)的值设置为 center(居中对齐),将属性 background_element(背景图层)的值设置为♯78C6C5,代码如下:

```xml
<?xml version = "1.0" encoding = "utf-8"?>
<!-- 第 8 章 8-1 ability_main.xml -->
<DirectionalLayout
    xmlns:ohos = "http://schemas.huawei.com/res/ohos"
    ohos:height = "match_parent"
    ohos:width = "match_parent"
    ohos:alignment = "center"
    ohos:orientation = "vertical">

    <!-- 文本为"Hello Wordld"的样式 -->
    <Text
        ohos:id = "$ + id:text_helloworld"
        ohos:height = "match_content"
        ohos:width = "match_content"
        ohos:background_element = "$graphic:background_ability_main"
        ohos:layout_alignment = "horizontal_center"
        ohos:text = "$string:mainability_HelloWorld"
```

```xml
        ohos:text_size = "40vp"
        />

    <!-- 将文本设置为"轻量级偏好数据库"的按钮样式 -->
    <Button
        ohos:id = "$ + id:button_btn"
        ohos:height = "50vp"
        ohos:width = "match_parent"
        ohos:text = "轻量级偏好数据库"
        ohos:text_size = "25vp"
        ohos:text_color = "#FFFFFF"
        ohos:text_alignment = "center"
        ohos:background_element = "#78C6C5"/>

</DirectionalLayout>
```

打开 MainAbilitySlice.java 文件。

定义一个 Context 类型的变量 context、一个 DatabaseHelper 类型的变量 databaseHelper、一个 String 类型的变量 filename、一个 Preferences 类型的变量 preferences 和一个 int 类型的变量 number，代码如下：

```java
//第 8 章 8-1 MainAbilitySlice.java
package com.test.mypreference.slice;

import com.test.mypreference.ResourceTable;
import ohos.aafwk.ability.AbilitySlice;
import ohos.aafwk.content.Intent;
import ohos.app.Context;
import ohos.data.DatabaseHelper;
import ohos.data.preferences.Preferences;

public class MainAbilitySlice extends AbilitySlice {
    private static Context context;
    private static DatabaseHelper databaseHelper;
    private static String filename;
    private static Preferences preferences;
    private static int number;

    @Override
    public void onStart(Intent intent) {
        super.onStart(intent);
        super.setUIContent(ResourceTable.Layout_ability_main);
    }
```

```
    @Override
    public void onActive() {
        super.onActive();
    }

    @Override
    public void onForeground(Intent intent) {
        super.onForeground(intent);
    }
}
```

DatabaseHelper 为创建数据库使用数据库操作的辅助类,通过 DatabaseHelper 的 getPreferences()方法可以获取对应文件名的 Preferences 实例,再通过 Preferences 提供的方法进行数据库的相关操作。

DatabaseHelper 的构造需要传入 context,AbilitySlice 已经实现了 ohos.app.Context 接口,因此可以在 onStart()函数体内调用 getContext()方法来获得 context。

Preferences 的数据存储在文件中,因此需要指定存储的文件名,其取值不能为空,也不能包含路径,指定为 pdb,默认存储目录可以通过 Context.getPreferencesDir()方法获取,代码如下:

```java
//第 8 章 8-1 MainAbilitySlice.java
package com.test.mypreference.slice;

import com.test.mypreference.ResourceTable;
import ohos.aafwk.ability.AbilitySlice;
import ohos.aafwk.content.Intent;
import ohos.app.Context;
import ohos.data.DatabaseHelper;
import ohos.data.preferences.Preferences;

public class MainAbilitySlice extends AbilitySlice {
    private static Context context;
    private static DatabaseHelper databaseHelper;
    private static String filename;
    private static Preferences preferences;
    private static int number;

    @Override
    public void onStart(Intent intent) {
        super.onStart(intent);
        super.setUIContent(ResourceTable.Layout_ability_main);

        context = getContext();
```

```
        filename = "pdb";
        databaseHelper = new DatabaseHelper(context);
        preferences = databaseHelper.getPreferences(filename);
    }

    @Override
    public void onActive() {
        super.onActive();
    }

    @Override
    public void onForeground(Intent intent) {
        super.onForeground(intent);
    }
}
```

在 onStart()函数体内定义一个文本 text,通过唯一标识 ID 赋值为刚才布局中的文本。定义一个按钮 button,通过唯一标识 ID 赋值为刚才布局中的按钮,并为这个按钮添加一个单击事件,在单击事件的函数体内 number 加 1,通过 Preferences 的 putInt()方法可以将数据写入 Preferences 实例,通过 flush()或者 flushSync()方法将 Preferences 实例持久化。当然,通过 Preferences 的 putString()方法也可以将数据写入 Preferences 实例中。最后将 text 的文本设置为 number。

flush()方法会立即更改内存中的 Preferences 对象,但会将更新异步写入磁盘。flushSync()方法在更改内存中数据的同时会将数据同步写入磁盘。由于 flushSync()方法是同步的,建议不要从主线程调用它,以避免界面卡顿,代码如下:

```
//第8章 8-1 MainAbilitySlice.java
package com.test.mypreference.slice;

import com.test.mypreference.ResourceTable;
import ohos.aafwk.ability.AbilitySlice;
import ohos.aafwk.content.Intent;
import ohos.agp.components.Button;
import ohos.agp.components.Component;
import ohos.agp.components.Text;
import ohos.app.Context;
import ohos.data.DatabaseHelper;
import ohos.data.preferences.Preferences;

public class MainAbilitySlice extends AbilitySlice {
    private static Context context;
    private static DatabaseHelper databaseHelper;
    private static String filename;
    private static Preferences preferences;
    private static int number;
```

```java
@Override
public void onStart(Intent intent) {
    super.onStart(intent);
    super.setUIContent(ResourceTable.Layout_ability_main);

    context = getContext();
    filename = "pdb";
    databaseHelper = new DatabaseHelper(context);
    preferences = databaseHelper.getPreferences(filename);

    //获取文本组件对象
    Text text = (Text) findComponentById
            (ResourceTable.Id_text_helloworld);

    //获取按钮组件对象
    Button button = (Button) findComponentById
            (ResourceTable.Id_button_btn);
    //设置单击监听器
    button.setClickedListener(new Component.ClickedListener() {
        @Override
        public void onClick(Component component) {
            number ++;                  //每次单击时数值加1
            //将关键字 number 中的数值存放在轻量级偏好数据库中
            preferences.putInt("number",number);
            preferences.flush();        //实例持久化
            //设置文本显示的内容
            text.setText(Integer.toString(number));
        }
    });
}

@Override
public void onActive() {
    super.onActive();
}

@Override
public void onForeground(Intent intent) {
    super.onForeground(intent);
}
}
```

通过 Preferences 的 getInt()方法传入键，以便获取对应的值并赋值给 number，如果键不存在，则返回默认值 1。将 text 的文本设置为 number。当然，通过 Preferences 的 getString()方法也可传入键并获取对应的值。

通过 DatabaseHelper 的 deletePreferences()方法可以删除数据库，在本项目中可以添加代码 databaseHelper.deletePreferences(filename)以达到删除数据库的效果，这里就不在

项目中添加了,代码如下:

```java
//第8章 8-1 MainAbilitySlice.java
package com.test.mypreference.slice;

import com.test.mypreference.ResourceTable;
import ohos.aafwk.ability.AbilitySlice;
import ohos.aafwk.content.Intent;
import ohos.agp.components.Button;
import ohos.agp.components.Component;
import ohos.agp.components.Text;
import ohos.app.Context;
import ohos.data.DatabaseHelper;
import ohos.data.preferences.Preferences;

public class MainAbilitySlice extends AbilitySlice {
    private static Context context;
    private static DatabaseHelper databaseHelper;
    private static String filename;
    private static Preferences preferences;
    private static int number;

    @Override
    public void onStart(Intent intent) {
        super.onStart(intent);
        super.setUIContent(ResourceTable.Layout_ability_main);

        context = getContext();
        filename = "pdb";
        databaseHelper = new DatabaseHelper(context);
        preferences = databaseHelper.getPreferences(filename);

        //获取文本组件对象
        Text text = (Text) findComponentById
                (ResourceTable.Id_text_helloworld);
        //获取轻量级偏好数据库中关键字 number 的值,如果不存在,则值为1
        number = preferences.getInt("number",1);
        //设置文本显示的内容
        text.setText(Integer.toString(number));
        //获取按钮组件对象
        Button button = (Button) findComponentById
                (ResourceTable.Id_button_btn);
        //设置单击监听器
        button.setClickedListener(new Component.ClickedListener() {
            @Override
            public void onClick(Component component) {
                number ++ ;           //每次单击时数值加1
                //将关键字 number 中的数值存放在轻量级偏好数据库中
                preferences.putInt("number",number);
```

```
                    preferences.flush();              //实例持久化
                    //设置文本显示的内容
                    text.setText(Integer.toString(number));
            }
        });
    }

    @Override
    public void onActive() {
        super.onActive();
    }

    @Override
    public void onForeground(Intent intent) {
        super.onForeground(intent);
    }
}
```

每次单击"轻量级偏好数据库"按钮时,文本显示的数值会加 1。退出应用后再运行应用,可以发现文本显示的数值为退出应用前的数值,这就说明数据已经通过轻量级偏好数据库存储起来了,运行效果如图 8-3 所示。

图 8-3　运行效果

8.2 分布式数据库

8.2.1 概念

在1.4节简单介绍了分布式数据管理，分布式数据管理基于分布式软总线的能力，实现应用程序数据和用户数据的分布式管理。用户数据不再与单一物理设备绑定，业务逻辑与数据存储分离，跨设备的数据处理如同本地数据处理一样方便快捷，让开发者能够轻松实现全场景、多设备下的数据存储、共享和访问，为打造一致、流畅的用户体验创造了基础条件。这里用到的即是分布式数据库。

分布式数据服务（Distributed Data Service，DDS）为应用程序提供不同设备间数据库数据分布式的能力。分布式数据库支持用户数据跨设备相互同步，为用户提供在多种终端设备上一致的数据访问体验。通过调用分布式数据接口，应用程序将数据保存到分布式数据库中。通过结合账号、应用和数据库三元组，分布式数据服务对属于不同应用的数据进行隔离，保证不同应用之间的数据不能通过分布式数据服务互相访问。在通过可信认证的设备间，分布式数据服务支持应用数据相互同步，为用户提供在多种终端设备上最终一致的数据访问体验。

1. KV数据模型

KV数据模型是Key-Value数据模型的简称，Key-Value即键-值。它是一种NoSQL类型数据库，其数据以键-值对的形式进行组织、索引和存储。

KV数据模型适合不涉及过多数据关系和业务关系的业务数据存储，比SQL数据库存储拥有更好的读写性能，同时因其在分布式场景中降低了解决数据库版本兼容问题的复杂度和数据同步过程中冲突解决的复杂度而被广泛使用。分布式数据库也基于KV数据模型，对外提供KV类型的访问接口。

2. 分布式数据库的事务性

分布式数据库事务支持本地事务（和传统数据库的事务概念一致）和同步事务。同步事务是指在设备之间同步数据时，以本地事务为单位进行同步，一次本地事务的修改要么都同步成功，要么都同步失败。

3. 分布式数据库的一致性

在分布式场景中一般涉及多个设备，组网内设备之间看到的数据是否一致称为分布式数据库的一致性。分布式数据库的一致性可以分为强一致性、弱一致性和最终一致性。

（1）强一致性：强一致性是指某一设备成功增、删、改数据后，组网内设备对该数据的读取操作都将得到更新后的值。

（2）弱一致性：弱一致性是指某一设备成功增、删、改数据后，组网内设备可能读取到本次更新数据，也可能读取不到，不能保证在多长时间后每个设备的数据一定是一致的。

（3）最终一致性：最终一致性是指某一设备成功增、删、改数据后，组网内设备可能读取不到本次更新数据，但在某个时间窗口之后组网内设备的数据能够达到一致状态。

其中强一致性对分布式数据的管理要求非常高，在服务器的分布式场景可能会遇到。因为移动终端设备的不常在线及无中心的特性，分布式数据服务不支持强一致性，只支持最终一致性。

4. 分布式数据库同步

底层通信组件完成设备发现和认证后,会通知上层应用程序(包括分布式数据服务)设备上线。收到设备上线的消息后分布式数据服务可以在两个设备之间建立加密的数据传输通道,利用该通道在两个设备之间进行数据同步。

分布式数据服务提供了两种同步方式:手动同步方式和自动同步方式。

(1)手动同步:由应用程序调用 sync 接口来触发,需要指定同步的设备列表和同步模式。同步模式分为 PULL_ONLY(将远端数据拉到本端)、PUSH_ONLY(将本端数据推送到远端)和 PUSH_PULL(将本端数据推送到远端,同时也将远端数据拉取到本端)。

(2)自动同步:由分布式数据库自动将本端数据推送到远端,同时也将远端数据拉取到本端来完成数据同步,同步时机包括设备上线、应用程序更新数据等,应用不需要主动调用 sync 接口。

5. 单版本分布式数据库

单版本是指数据在本地并以单个 KV 条目为单位的方式保存,对每个 Key 最多只保存一个条目项,当数据在本地被用户修改时,不管它是否已经被同步出去,均直接在这个条目上进行修改。同步也以此为基础,按照它在本地被写入或更改的顺序将当前最新一次修改逐条同步至远端设备。

6. 设备协同分布式数据库

设备协同分布式数据库建立在单版本分布式数据库之上,对应用程序存入的 KV 数据中的 Key 前面拼接了本设备的 DeviceID 标识符,这样能保证每个设备产生的数据严格隔离,底层按照设备的维度管理这些数据,设备协同分布式数据库支持以设备的维度查询分布式数据,但是不支持修改远端设备同步过来的数据。

7. 分布式数据库冲突解决策略

分布式数据库多设备提交冲突场景,在给提交冲突做合并的过程中,如果多个设备同时修改了同一数据,则称这种场景为数据冲突。数据冲突采用默认冲突解决策略,基于提交时间戳,取时间戳较大的提交数据,当前不支持定制冲突解决策略。

8. 数据库 Schema 化管理与谓词查询

单版本数据库支持在创建和打开数据库时指定 Schema,数据库根据 Schema 定义感知 KV 记录的 Value 格式,以实现对 Value 值结构的检查,并基于 Value 中的字段实现索引建立和谓词查询。

9. 分布式数据库备份能力

提供分布式数据库备份能力,业务通过将 backup 属性设置为 true,可以触发分布式数据服务每日备份。当分布式数据库发生损坏时,分布式数据服务会删除损坏数据库,并且从备份数据库中恢复上次备份的数据。如果不存在备份数据库,则创建一个新的数据库。同时支持加密数据库的备份能力。

分布式数据服务的运作机制如下:

分布式数据服务支撑 HarmonyOS 应用程序数据库数据分布式管理,支持数据在相同账号的多端设备之间相互同步,为用户在多端设备上提供一致的用户体验,分布式数据服务包含 5 部分。

(1) 服务接口:分布式数据服务提供专门的数据库创建、数据访问、数据订阅等接口供应用程序调用,接口支持 KV 数据模型,支持常用的数据类型,同时确保接口的兼容性、易用性和可发布性。

(2) 服务组件:服务组件负责服务内元数据管理、权限管理、加密管理、备份和恢复管理及多用户管理等,同时负责初始化底层分布式 DB 的存储组件、同步组件和通信适配层。

(3) 存储组件:存储组件负责数据的访问、数据的缩减、事务、快照、数据库加密,以及数据合并和冲突解决等特性。

(4) 同步组件:同步组件连接了存储组件与通信组件,其目标是保持在线设备间的数据库数据的一致性,包括将本地产生的未同步数据同步给其他设备,接收来自其他设备发送过来的数据,以及合并到本地设备中。

(5) 通信适配层:通信适配层负责调用底层公共通信层的接口完成通信管道的创建、连接,接收设备上下线消息,维护已连接和断开设备列表的元数据,同时将设备上下线信息发送给上层同步组件,同步组件维护连接的设备列表,同步数据时根据该列表,调用通信适配层的接口将数据封装并发送给连接的设备。

应用程序通过调用分布式数据服务接口实现分布式数据库创建、访问、订阅功能,服务接口通过操作服务组件提供的能力,将数据存储至存储组件,存储组件调用同步组件实现数据的同步,同步组件使用通信适配层将数据同步至远端设备,远端设备通过同步组件接收数据,并更新至本端存储组件,通过服务接口提供给应用程序使用,如图 8-4 所示。

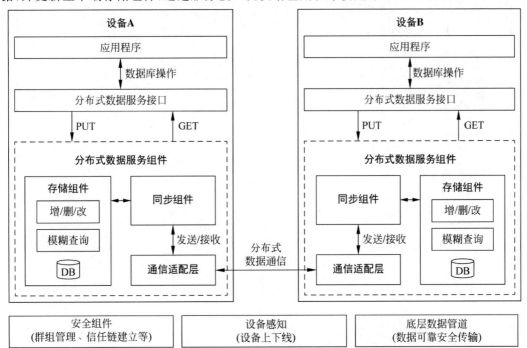

图 8-4 数据分布式运作图

其中分布式数据库的约束如下：

（1）应用程序如需使用分布式数据服务的完整功能，则需要申请 ohos.permission.DISTRIBUTED_DATASYNC 权限。

（2）分布式数据服务的数据模型仅支持 KV 数据模型，不支持外键、触发器等关系型数据库中的功能。

（3）分布式数据服务支持的 KV 数据模型规格：设备协同数据库，Key 最大支持 896B，Value 最大支持 1B～4MB；单版本数据库，Key 最大支持 1KB，Value 最大支持 1B～4MB。

（4）每个应用程序最多支持同时打开 16 个分布式数据库。

分布式数据库与本地数据库的使用场景不同，因此开发者应识别需要在设备间进行同步的数据，并将这些数据保存到分布式数据库中。

分布式数据服务当前不支持应用程序自定义冲突解决策略。

分布式数据服务针对每个应用程序当前的流控机制：KvStore 的接口 1s 最大访问 1000 次，1min 最大访问 10 000 次；KvManager 的接口 1s 最大访问 50 次，1min 最大访问 500 次。

在分布式数据库事件回调方法中不允许进行阻塞操作，例如修改 UI 组件。如需进行此类复杂操作，则建议使用线程管理方式进行处理。

8.2.2 实现分布式数据库

创建一个 Java 版的 Hello World 项目，项目名称为 MyDistributed，如图 8-5 所示。

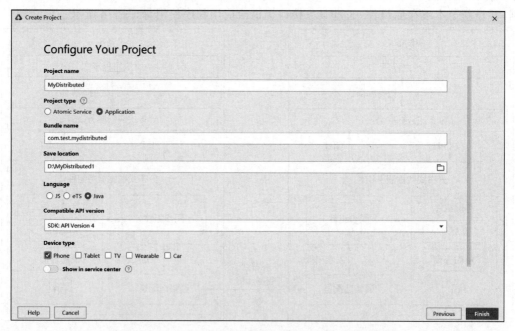

图 8-5 MyDistributed

打开 config.json 文件。

为了实现分布式数据库,需要配置相关的权限。这里需要添加的权限为 ohos. permission.DISTRIBUTED_DATASYNC,表示允许不同设备间的数据交换,代码如下:

```
//第 8 章 8-2 config.json
{
    ...
    "distro": {
      "deliveryWithInstall": true,
      "moduleName": "entry",
      "moduleType": "entry",
      "installationFree": false
    },
    "reqPermissions": [
      {
        "name": "ohos.permission.DISTRIBUTED_DATASYNC"
      }
    ],
    "abilities": [
    ...
    ]
    ...
}
```

打开 MainAbility.java 文件。

前面配置的权限为敏感权限。需要在 MainAbility 中通过 requestPermissionsFromUser 再次配置敏感权限,代码如下:

```java
//第 8 章 8-2 MainAbility.java
package com.test.mydistributed;

import com.test.mydistributed.slice.MainAbilitySlice;
import ohos.aafwk.ability.Ability;
import ohos.aafwk.content.Intent;

public class MainAbility extends Ability {
    @Override
    public void onStart(Intent intent) {
        super.onStart(intent);
        super.setMainRoute(MainAbilitySlice.class.getName());

        requestPermissionsFromUser(new String[]{
                "ohos.permission.DISTRIBUTED_DATASYNC"}, 0);
    }
}
```

打开 ability_main.xml 文件。

在页面中添加一个 Button，以便于后续响应单击事件。添加一个 Button 组件，将 id 属性的值设置为 $+id:button_btn，以通过 MainAbilitySlice.java 文件根据唯一标识设置单击事件。将组件的 width（宽）和组件的 height（高）属性的值分别设置为 50vp 和 match_parent。将属性 text（文本）的值设置为分布式数据库，以显示按钮上需要显示的文本。将属性 text_size（文本大小）的值设置为 25vp，将属性 text_color（文本颜色）的值设置为 #FFFFFF（白色），将属性 text_alignment（文本的对齐方式）的值设置为 center（居中对齐），将属性 background_element（背景图层）的值设置为 #78C6C5，代码如下：

```xml
<?xml version = "1.0" encoding = "utf-8"?>
<!-- 第 8 章 8-2 ability_main.xml -->
<DirectionalLayout
    xmlns:ohos = "http://schemas.huawei.com/res/ohos"
    ohos:height = "match_parent"
    ohos:width = "match_parent"
    ohos:alignment = "center"
    ohos:orientation = "vertical">

    <!-- 文本为"Hello Wordld"的样式 -->
    <Text
        ohos:id = "$+id:text_helloworld"
        ohos:height = "match_content"
        ohos:width = "match_content"
        ohos:background_element = "$graphic:background_ability_main"
        ohos:layout_alignment = "horizontal_center"
        ohos:text = "$string:mainability_HelloWorld"
        ohos:text_size = "40vp"
        />

    <!-- 将文本设置为"分布式数据库"的按钮样式 -->
    <Button
        ohos:id = "$+id:button_btn"
        ohos:height = "50vp"
        ohos:width = "match_parent"
        ohos:text = "分布式数据库"
        ohos:text_size = "25vp"
        ohos:text_color = "#FFFFFF"
        ohos:text_alignment = "center"
        ohos:background_element = "#78C6C5"/>

</DirectionalLayout>
```

打开 MainAbilitySlice.java 文件。

要创建分布式数据库，首先要做的是创建分布式数据库管理器实例 KvManager。定义一个 KvManager 类型的函数 createManager()，用于尝试创建分布式数据库管理器实例，如果创建失败,则抛出错误。

定义一个常量 STORE_ID 并初始化为 contact_db1,表示数据库 ID。分布式数据库管理器实例 KvManager 创建成功后,借助 KvManager 创建 SINGLE_VERSION 分布式数据库。定义一个 SingleKvStore 类型的函数 createDb(KvManager kvManager),用于尝试创建分布式数据库管理器实例,如果创建失败,则抛出错误。

需要注意的是,SINGLE_VERSION 分布式数据库是指数据在本地以单个 KV 条目为单位的方式保存,对每个 Key 最多只保存一个条目项,当数据在本地被用户修改时,不管它是否已经被同步出去,均直接在这个条目上进行修改,代码如下:

```java
//第 8 章 8-2 MainAbilitySlice.java
package com.test.mydistributed.slice;

import com.test.mydistributed.ResourceTable;
import ohos.aafwk.ability.AbilitySlice;
import ohos.aafwk.content.Intent;
import ohos.data.distributed.common.*;
import ohos.data.distributed.user.SingleKvStore;

public class MainAbilitySlice extends AbilitySlice {
    private static final String STORE_ID = "contact_db1";

    @Override
    public void onStart(Intent intent) {
        super.onStart(intent);
        super.setUIContent(ResourceTable.Layout_ability_main);
    }

    //辅助类
    private KvManager createManager() {
        KvManager manager = null;
        try {
            KvManagerConfig config = new KvManagerConfig(this);
            manager = KvManagerFactory.
                    getInstance().createKvManager(config);
        }
        catch (KvStoreException exception) {

        }
        return manager;
    }

    //创建数据库函数
    private SingleKvStore createDb(KvManager kvManager) {
        SingleKvStore kvStore = null;
```

```java
        try {
            Options options = new Options();
                    options.setCreateIfMissing(true).
            options.setCreateIfMissing(true).setEncrypt(false)
                    .setKvStoreType(KvStoreType.SINGLE_VERSION);
            kvStore = kvManager.getKvStore(options, STORE_ID);
        } catch (KvStoreException exception) {

        }
        return kvStore;
    }

    @Override
    public void onActive() {
        super.onActive();
    }

    @Override
    public void onForeground(Intent intent) {
        super.onForeground(intent);
    }
}
```

添加一个函数 subscribeDb(SingleKvStore singleKvStore),用于订阅分布式数据库中数据的变化。在函数体添加一个类 KvStoreObserverClient 继承自类 KvStoreObserver,添加一个函数 onChange(ChangeNotification notification)。在类 KvStoreObserverClient 外订阅分布式数据库中的数据变化。

其中,分布式数据库支持订阅远端和本地的数据变化。订阅远端的参数为 SUBSCRIBE_TYPE_REMOTE;订阅本地的参数为 SUBSCRIBE_TYPE_LOCAL;订阅全部的参数为 SUBSCRIBE_TYPE_ALL,代码如下:

```java
//第8章 8-2 MainAbilitySlice.java
package com.test.mydistributed.slice;

import com.test.mydistributed.ResourceTable;
import ohos.aafwk.ability.AbilitySlice;
import ohos.aafwk.content.Intent;
import ohos.data.distributed.common.*;
import ohos.data.distributed.user.SingleKvStore;

public class MainAbilitySlice extends AbilitySlice {
    private static final String STORE_ID = "contact_db1";

    @Override
```

```java
public void onStart(Intent intent) {
    super.onStart(intent);
    super.setUIContent(ResourceTable.Layout_ability_main);
}

//辅助类
private KvManager createManager() {
    KvManager manager = null;
    try {
        KvManagerConfig config = new KvManagerConfig(this);
        manager = KvManagerFactory.
                getInstance().createKvManager(config);
    }
    catch (KvStoreException exception) {

    }
    return manager;
}

//创建数据库函数
private SingleKvStore createDb(KvManager kvManager) {
    SingleKvStore kvStore = null;
    try {
        Options options = new Options();
                options.setCreateIfMissing(true).
        options.setCreateIfMissing(true).setEncrypt(false)
                .setKvStoreType(KvStoreType.SINGLE_VERSION);
        kvStore = kvManager.getKvStore(options, STORE_ID);
    } catch (KvStoreException exception) {

    }
    return kvStore;
}

//订阅数据变化函数
private void subscribeDb(SingleKvStore singleKvStore) {
    class KvStoreObserverClient implements KvStoreObserver {
        @Override
        public void onChange(ChangeNotification notification) {

        }
    }

    KvStoreObserver kvStoreObserverClient = new KvStoreObserverClient();
    singleKvStore.subscribe(SubscribeType.SUBSCRIBE_TYPE_ALL,
            kvStoreObserverClient);
```

```
    }

    @Override
    public void onActive() {
        super.onActive();
    }

    @Override
    public void onForeground(Intent intent) {
        super.onForeground(intent);
    }
}
```

定义一个 SingleKvStore 类型的变量 singleKvStore，定义一个 KvManager 类型的变量 kvManager。添加一个函数 initDbManager，对变量 singleKvStore 和 kvManager 分别调用函数 createManager()和函数 createDb()，用于初始化，同时订阅分布式数据库中数据的变化。在 onStart()函数中调用函数 initDbManager()，代码如下：

```
//第 8 章 8-2 MainAbilitySlice.java
package com.test.mydistributed.slice;

import com.test.mydistributed.ResourceTable;
import ohos.aafwk.ability.AbilitySlice;
import ohos.aafwk.content.Intent;
import ohos.data.distributed.common.*;
import ohos.data.distributed.user.SingleKvStore;

public class MainAbilitySlice extends AbilitySlice {
    private static final String STORE_ID = "contact_db1";
    private static SingleKvStore singleKvStore;
    private static KvManager kvManager;

    @Override
    public void onStart(Intent intent) {
        super.onStart(intent);
        super.setUIContent(ResourceTable.Layout_ability_main);

        initDbManager();
    }

    private void initDbManager() {
        kvManager = createManager();
        singleKvStore = createDb(kvManager);
        subscribeDb(singleKvStore);
```

```java
    }

    //辅助类
    private KvManager createManager() {
        KvManager manager = null;
        try {
            KvManagerConfig config = new KvManagerConfig(this);
            manager = KvManagerFactory.
                    getInstance().createKvManager(config);
        }
        catch (KvStoreException exception) {

        }
        return manager;
    }

    //创建数据库函数
    private SingleKvStore createDb(KvManager kvManager) {
        SingleKvStore kvStore = null;
        try {
            Options options = new Options();
                    options.setCreateIfMissing(true).
            options.setCreateIfMissing(true).setEncrypt(false)
                    .setKvStoreType(KvStoreType.SINGLE_VERSION);
            kvStore = kvManager.getKvStore(options, STORE_ID);
        } catch (KvStoreException exception) {

        }
        return kvStore;
    }

    //订阅数据变化函数
    private void subscribeDb(SingleKvStore singleKvStore) {
        class KvStoreObserverClient implements KvStoreObserver {
            @Override
            public void onChange(ChangeNotification notification) {

            }
        }

        KvStoreObserver kvStoreObserverClient = new KvStoreObserverClient();
        singleKvStore.subscribe(SubscribeType.SUBSCRIBE_TYPE_ALL,
                kvStoreObserverClient);
    }

    @Override
```

```
    public void onActive() {
        super.onActive();
    }

    @Override
    public void onForeground(Intent intent) {
        super.onForeground(intent);
    }
}
```

添加一个函数 writeData(String key, String value)实现将数据插入。在将数据写入分布式数据库之前，需要先构造分布式数据库的 Key(键)和 Value(值)，通过 putString()方法将数据写入数据库中。当然，也可以通过 putBoolean()、putInt()和 putDouble()等方法将不同的数据类型写入数据库中。

添加一个函数 queryContact(String key)实现查询数据。分布式数据库中的数据查询是根据 Key(键)进行的，如果指定 Key(键)，则会查询出对应 Key(键)的数据；如果不指定 Key，即为空，则查询出所有数据。当然，也可以通过 getInt()、getFloat()和 getDouble()等方法查询到数据库中不同的数据类型。

对于分布式数据库的删除操作，可以直接调用 deleteKvStore()方法，但是需要传递事先定义好的 STORE_ID 参数。在本项目中可以添加代码 kvManager. closeKvStore(singleKvStore)和 kvManager. deleteKvStore(STORE_ID)以达到删除数据库的效果，这里就不在项目中添加了，代码如下：

```java
//第 8 章 8-2 MainAbilitySlice.java
package com.test.mydistributed.slice;

import com.test.mydistributed.ResourceTable;
import ohos.aafwk.ability.AbilitySlice;
import ohos.aafwk.content.Intent;
import ohos.data.distributed.common.*;
import ohos.data.distributed.user.SingleKvStore;

public class MainAbilitySlice extends AbilitySlice {
    private static final String STORE_ID = "contact_db1";
    private static SingleKvStore singleKvStore;
    private static KvManager kvManager;

    @Override
    public void onStart(Intent intent) {
        super.onStart(intent);
        super.setUIContent(ResourceTable.Layout_ability_main);
```

```
        initDbManager();
    }

    private void initDbManager() {
        kvManager = createManager();
        singleKvStore = createDb(kvManager);
        subscribeDb(singleKvStore);
    }

    //写入数据函数
    private void writeData(String key, String value) {
        //如果数值为空或者键为空,则返回
        If (key == null || key.isEmpty() || value == null || value.isEmpty()) {
            return;
        }
        singleKvStore.putString(key, value);
    }

    //查询数据函数
    private String queryContact(String key) {
        String value = null;
        try {
            value = singleKvStore.getString(key);
        }
        catch (KvStoreException exception) {

        }
        return value;
    }

    //辅助类
    private KvManager createManager() {
        KvManager manager = null;
        try {
            KvManagerConfig config = new KvManagerConfig(this);
            manager = KvManagerFactory.
                    getInstance().createKvManager(config);
        }
        catch (KvStoreException exception) {

        }
        return manager;
    }

    //创建数据库函数
    private SingleKvStore createDb(KvManager kvManager) {
```

```
            SingleKvStore kvStore = null;
            try {
                Options options = new Options();
                    options.setCreateIfMissing(true).
                options.setCreateIfMissing(true).setEncrypt(false)
                    .setKvStoreType(KvStoreType.SINGLE_VERSION);
                kvStore = kvManager.getKvStore(options, STORE_ID);
            } catch (KvStoreException exception) {

            }
            return kvStore;
        }

        //订阅数据变化函数
        private void subscribeDb(SingleKvStore singleKvStore) {
            class KvStoreObserverClient implements KvStoreObserver {
                @Override
                public void onChange(ChangeNotification notification) {

                }
            }

            KvStoreObserver kvStoreObserverClient = new KvStoreObserverClient();
            singleKvStore.subscribe(SubscribeType.SUBSCRIBE_TYPE_ALL,
                kvStoreObserverClient);
        }

        @Override
        public void onActive() {
            super.onActive();
        }

        @Override
        public void onForeground(Intent intent) {
            super.onForeground(intent);
        }
    }
```

定义一个变量 number 并初始化为 1。在 onStart()函数体内定义一个文本 text,通过唯一标识 ID 赋值为刚才布局中的文本,将 text 的文本设置为 number。定义一个按钮 button,通过唯一标识 ID 赋值为刚才布局中的按钮,并为这个按钮添加一个单击事件,在单击事件的函数体内 number 加 1,将关键字为 key 所对应的值 number 写入数据库中,最后将 text 的文本设置为 number。

在函数 subscribeDb()的类 KvStoreObserverClient 的函数 onChange()中,查询关键字

key 的值并赋值给 number,代码如下:

```java
//第 8 章 8-2 MainAbilitySlice.java
package com.test.mydistributed.slice;

import com.test.mydistributed.ResourceTable;
import ohos.aafwk.ability.AbilitySlice;
import ohos.aafwk.content.Intent;
import ohos.agp.components.Button;
import ohos.agp.components.Component;
import ohos.agp.components.Text;
import ohos.data.distributed.common.*;
import ohos.data.distributed.user.SingleKvStore;

public class MainAbilitySlice extends AbilitySlice {
    private static final String STORE_ID = "contact_db1";
    private static SingleKvStore singleKvStore;
    private static KvManager kvManager;
    private static int number = 1;

    @Override
    public void onStart(Intent intent) {
        super.onStart(intent);
        super.setUIContent(ResourceTable.Layout_ability_main);

        initDbManager();

        //获取文本组件对象
        Text text = (Text) findComponentById
                (ResourceTable.Id_text_helloworld);
        //设置文本显示的内容
        text.setText(Integer.toString(number));

        //获取按钮组件对象
        Button button = (Button) findComponentById
                (ResourceTable.Id_button_btn);
        //设置单击监听器
        button.setClickedListener(new Component.ClickedListener() {
            @Override
            public void onClick(Component component) {
                number ++; //每次单击时数值加 1
                //将关键字 number 中的数值存放在分布式数据库中
                writeData("key", Integer.toString(number));
                //设置文本显示的内容
                text.setText(Integer.toString(number));
            }
```

```
    });
}

private void initDbManager() {
    kvManager = createManager();
    singleKvStore = createDb(kvManager);
    subscribeDb(singleKvStore);
}

//写入数据函数
private void writeData(String key, String value) {
    //如果数值为空或者键为空,则返回
    If (key == null || key.isEmpty() || value == null || value.isEmpty()) {
        return;
    }
    singleKvStore.putString(key, value);
}

//查询数据函数
private String queryContact(String key) {
    String value = null;
    try {
        value = singleKvStore.getString(key);
    }
    catch (KvStoreException exception) {

    }
    return value;
}

//辅助类
private KvManager createManager() {
    KvManager manager = null;
    try {
        KvManagerConfig config = new KvManagerConfig(this);
        manager = KvManagerFactory.
                getInstance().createKvManager(config);
    }
    catch (KvStoreException exception) {

    }
    return manager;
}

//创建数据库函数
private SingleKvStore createDb(KvManager kvManager) {
```

```java
    SingleKvStore kvStore = null;
    try {
        Options options = new Options();
                    options.setCreateIfMissing(true).
        options.setCreateIfMissing(true).setEncrypt(false)
                .setKvStoreType(KvStoreType.SINGLE_VERSION);
        kvStore = kvManager.getKvStore(options, STORE_ID);
    } catch (KvStoreException exception) {

    }
    return kvStore;
}

//订阅数据变化函数
private void subscribeDb(SingleKvStore singleKvStore) {
    class KvStoreObserverClient implements KvStoreObserver {
        @Override
        public void onChange(ChangeNotification notification) {
            number = Integer.parseInt(queryContact("key"));
        }
    }

    KvStoreObserver kvStoreObserverClient = new KvStoreObserverClient();
    singleKvStore.subscribe(SubscribeType.SUBSCRIBE_TYPE_ALL,
            kvStoreObserverClient);
}

@Override
public void onActive() {
    super.onActive();
}

@Override
public void onForeground(Intent intent) {
    super.onForeground(intent);
}
}
```

在其中一台设备单击"分布式数据库"按钮,文本显示的数值会加1。再单击另一台设备的"分布式数据库"按钮,文本显示的数值为在第一台设备显示数值的基础上加1,这就说明已经实现分布式数据库的功能了,运行效果如图8-6所示。

为了实现数据变化时两台设备的界面同时发生变化,可以通过添加一个时间任务周期性地更新文本。

添加一个 Timer 类型的变量 timer。添加一个函数 run(),对 timer 进行初始化。添加

图 8-6　分布式数据库

一个时间任务,通过子线程 getUITaskDispatcher().asyncDispatch()将 text 的文本设置为 number,将时间任务的延迟设置为 0,将时间间隔设置为 100ms。

在函数 onStart()的函数体内调用函数 run(),代码如下:

```
//第 8 章 8-2 MainAbilitySlice.java
package com.test.mydistributed.slice;

import com.test.mydistributed.ResourceTable;
import ohos.aafwk.ability.AbilitySlice;
import ohos.aafwk.content.Intent;
import ohos.agp.components.Button;
import ohos.agp.components.Component;
import ohos.agp.components.Text;
import ohos.data.distributed.common.*;
import ohos.data.distributed.user.SingleKvStore;

import java.util.Timer;
import java.util.TimerTask;
```

```java
public class MainAbilitySlice extends AbilitySlice {
    private static final String STORE_ID = "contact_db1";
    private static SingleKvStore singleKvStore;
    private static KvManager kvManager;
    private static int number = 1;
    private Timer timer;

    @Override
    public void onStart(Intent intent) {
        super.onStart(intent);
        super.setUIContent(ResourceTable.Layout_ability_main);

        initDbManager();

        //获取文本组件对象
        Text text = (Text) findComponentById
                (ResourceTable.Id_text_helloworld);
        //设置文本显示的内容
        text.setText(Integer.toString(number));

        //获取按钮组件对象
        Button button = (Button) findComponentById
                (ResourceTable.Id_button_btn);
        //设置单击监听器
        button.setClickedListener(new Component.ClickedListener() {
            @Override
            public void onClick(Component component) {
                number ++ ;            //每次单击时数值加 1
                //将关键字 number 中的数值存放在分布式数据库中
                writeData("key", Integer.toString(number));
                //设置文本显示的内容
                text.setText(Integer.toString(number));
            }
        });

        run();
    }

    //间隔更新文本函数
    private void run(){
        timer = new Timer();           //对时间变量进行初始化
        //添加时间任务,延迟为 0,间隔为 100ms
        timer.schedule(new TimerTask() {
            @Override
            public void run() {
                //子线程
```

```java
                    getUITaskDispatcher().asyncDispatch(()->{
                        //获取文本组件对象
                        Text text = (Text) findComponentById
                                (ResourceTable.Id_text_helloworld);
                        //设置文本显示的内容
                        text.setText(Integer.toString(number));
                    });
                }
        },0,100);
}

private void initDbManager() {
    kvManager = createManager();
    singleKvStore = createDb(kvManager);
    subscribeDb(singleKvStore);
}

//写入数据函数
private void writeData(String key, String value) {
    //如果数值为空或者键为空,则返回
    If (key == null || key.isEmpty() || value == null || value.isEmpty()) {
        return;
    }
    singleKvStore.putString(key, value);
}

//查询数据函数
private String queryContact(String key) {
    String value = null;
    try {
        value = singleKvStore.getString(key);
    }
    catch (KvStoreException exception) {

    }
    return value;
}

//辅助类
private KvManager createManager() {
    KvManager manager = null;
    try {
        KvManagerConfig config = new KvManagerConfig(this);
        manager = KvManagerFactory.
                getInstance().createKvManager(config);
    }
```

```java
        catch (KvStoreException exception) {

        }
        return manager;
    }

    //创建数据库函数
    private SingleKvStore createDb(KvManager kvManager) {
        SingleKvStore kvStore = null;
        try {
            Options options = new Options();
                    options.setCreateIfMissing(true).
            options.setCreateIfMissing(true).setEncrypt(false)
                    .setKvStoreType(KvStoreType.SINGLE_VERSION);
            kvStore = kvManager.getKvStore(options, STORE_ID);
        } catch (KvStoreException exception) {

        }
        return kvStore;
    }

    //订阅数据变化函数
    private void subscribeDb(SingleKvStore singleKvStore) {
        class KvStoreObserverClient implements KvStoreObserver {
            @Override
            public void onChange(ChangeNotification notification) {
                number = Integer.parseInt(queryContact("key"));
            }
        }

        KvStoreObserver kvStoreObserverClient = new KvStoreObserverClient();
        singleKvStore.subscribe(SubscribeType.SUBSCRIBE_TYPE_ALL,
                kvStoreObserverClient);
    }

    @Override
    public void onActive() {
        super.onActive();
    }

    @Override
    public void onForeground(Intent intent) {
        super.onForeground(intent);
    }
}
```

单击任意一台设备的"分布式数据"按钮,两台设备的文本显示的数值都会同步加1,运行效果如图 8-7 所示。

图 8-7　运行效果

图书推荐

书　名	作　者
鸿蒙应用程序开发	董昱
HarmonyOS 应用开发实战（JavaScript 版）	徐礼文
鸿蒙操作系统开发入门经典	徐礼文
鸿蒙操作系统应用开发实践	陈美汝、郑森文、武延军、吴敬征
JavaScript 基础语法详解	张旭乾
华为方舟编译器之美——基于开源代码的架构分析与实现	史宁宁
鲲鹏架构入门与实战	张磊
华为 HCIA 路由与交换技术实战	江礼教
Flutter 组件精讲与实战	赵龙
Flutter 组件详解与实战	[加]王浩然（Bradley Wang）
Flutter 实战指南	李楠
Dart 语言实战——基于 Flutter 框架的程序开发（第2版）	亢少军
Dart 语言实战——基于 Angular 框架的 Web 开发	刘仕文
IntelliJ IDEA 软件开发与应用	乔国辉
Vue＋Spring Boot 前后端分离开发实战	贾志杰
Vue.js 企业开发实战	千锋教育高教产品研发部
Python 从入门到全栈开发	钱超
Python 人工智能——原理、实践及应用	杨博雄主编，于营、肖衡、潘玉霞、高华玲、梁志勇副主编
Python 深度学习	王志立
Python 预测分析与机器学习	王沁晨
Python 异步编程实战——基于 AIO 的全栈开发技术	陈少佳
Python 数据分析实战——从 Excel 轻松入门 Pandas	曾贤志
Python 数据分析从 0 到 1	邓立文、俞心宇、牛瑶
Python Web 数据分析可视化——基于 Django 框架的开发实战	韩伟、赵盼
Python 玩转数学问题——轻松学习 NumPy、SciPy 和 matplotlib	张骞
虚拟化 KVM 极速入门	陈涛
虚拟化 KVM 进阶实践	陈涛
物联网——嵌入式开发实战	连志安
智慧建造——物联网在建筑设计与管理中的实践	[美]周晨光（Timothy Chou）著；段晨东、柯吉译
人工智能算法——原理、技巧及应用	韩龙、张娜、汝洪芳
跟我一起学机器学习	王成、黄晓辉
TensorFlow 计算机视觉原理与实战	欧阳鹏程、任浩然
分布式机器学习实战	陈敬雷
计算机视觉——基于 OpenCV 与 TensorFlow 的深度学习方法	余海林、翟中华
深度学习——理论、方法与 PyTorch 实践	翟中华、孟翔宇
深度学习原理与 PyTorch 实战	张伟振
ARKit 原生开发入门精粹——RealityKit＋Swift＋SwiftUI	汪祥春
HoloLens 2 开发入门精要——基于 Unity 和 MRTK	汪祥春
Altium Designer 20 PCB 设计实战（视频微课版）	白军杰
Cadence 高速 PCB 设计——基于手机高阶板的案例分析与实现	李卫国、张彬、林超文
Octave 程序设计	于红博
ANSYS 19.0 实例详解	李大勇、周宝
AutoCAD 2022 快速入门、进阶与精通	邵为龙

书　名	作　者
SolidWorks 2020 快速入门与深入实战	邵为龙
SolidWorks 2021 快速入门与深入实战	邵为龙
UG NX 1926 快速入门与深入实战	邵为龙
西门子 S7-200 SMART PLC 编程及应用（视频微课版）	徐宁、赵丽君
三菱 FX3U PLC 编程及应用（视频微课版）	吴文灵
全栈 UI 自动化测试实战	胡胜强、单镜石、李睿
FFmpeg 入门详解——音视频原理及应用	梅会东
pytest 框架与自动化测试应用	房荔枝、梁丽丽
软件测试与面试通识	于晶、张丹
智慧教育技术与应用	[澳]朱佳(Jia Zhu)
深入理解微电子电路设计——电子元器件原理及应用（原书第5版）	[美]理查德·C. 耶格（Richard C. Jaeger）、[美]特拉维斯·N. 布莱洛克（Travis N. Blalock）著；宋廷强译
深入理解微电子电路设计——数字电子技术及应用（原书第5版）	[美]理查德·C. 耶格（Richard C. Jaeger）、[美]特拉维斯·N. 布莱洛克（Travis N. Blalock）著；宋廷强译
深入理解微电子电路设计——模拟电子技术及应用（原书第5版）	[美]理查德·C. 耶格（Richard C. Jaeger）、[美]特拉维斯·N. 布莱洛克（Travis N. Blalock）著；宋廷强译